ASIOS
超常現象の懐疑的調査のための会

UMA
【未確認動物】
事件クロニクル

UMA Incident Chronicle

彩図社

【はじめに】

魅力溢れる未確認動物の世界

ＡＳＩＯＳ代表　本城達也

ネス湖のネッシー、北米の獣人ビッグフット、ヒマラヤの雪男、海の大蛇シーサーペント。

こういった怪しくも好奇心を刺激される未確認の動物たちは、日本では「ＵＭＡ《ユーマ》（Unidentified Mysterious Animal）」と呼ばれています。世界各地の湖、森、山、海などに隠れ棲むといわれているロマンに満ちた存在です。本書を手に取られた方なら、そういったＵＭＡに関して、検索したり、本を読んだり、テレビを見たりしたことがあるかもしれません。

グーグルによると、「バッキンガム宮殿」より「ネス湖」を検索する人の方が多いといいます。21世紀になっても人々の興味が失われることはないようです。

本書では、その興味をひかれるＵＭＡがテーマになっています。通常、こういった本では、獣人型、飛行型などのタイプ別か、地域別にまとめられることが多いのですが、本書では年代順にまとめられました。

といいましても、たとえばＵＦＯのように一度しか起きなかった事件などとは違い、ＵＭＡは特定の地域で何年、ときには何十年にもわたって目撃報告が寄せられることも珍しくありません。

ですから、年代順に分類することは難しい場合もあるのですが、そうした場合でも主要な目撃事件などにスポットをあてるなどして対応するように努めました。

項目は全部で44。主要なものは取り上げつつ、特定の地域に偏らないよう配慮したつもりです。また、その他にもＵＭＡに関連したコラム、この分野の人物事典、年表なども収録し、本書を通読していただければ、ＵＭＡに関する知識を深めていただけるものと考えています。

執筆にあたっては、超常現象を懐疑的に調査する団体「ＡＳＩＯＳ《アシオス》」のメンバーを中心に、外部からはそれぞれに専門知識をお持ちの中根研一さん、小山田浩史さん、廣田龍平さんにもご参加いただきました。

皆さんできる限りよく調べ、有用な新しい情報や、日本ではあまり知られていない情報があれば紹介するように努められています。

また一方で、調べても情報が少なかったり、判断が難しかったりするものにつきましては、正直にわからないとも書かれています。

さらに、こうした分野では何を根拠にその記事が書かれているのか不明な場合も多いですが、本書では項目ごとに参考文献を明記するようにもしました。

なおインターネットの情報につきましては、本書ではURLを省略することにしています。これは長くなりがちなURLを直接入力する人が少ないことや、数年で変更される可能性があること、さらにページ数やスペースの都合もあります。

その代わり、ページタイトル（大抵はこの一部だけでも検索結果の最初に表示されます）やサイト名、執筆者名など、検索する上で必要な情報は、わかる範囲で明記するようにしました。

また先頭には「※」も付けて、それがURLを省略したウェブサイトのことであるとわかるように表記も統一しました。ご理解いただけましたら幸いです。

本書はUMAを扱った従来の本とはやや異なり、現実的な視点からも考察を加えています。夢を壊すまいとするあまり、肯定的な情報に重きを置くようなことはしていません。

夢やロマンを求めるにも、時には現実的な視点からの考察も必要と考えます。

もちろん、だからといって、書かれてあることすべてが真相だと主張するつもりはありません。中には意見の分かれるものもあるでしょう。

ですが、今後は本書で扱われる情報も検討された上で、この魅力溢れるジャンルが、より良く発展することを心から願っています。

２０１８年　６月

UMA事件クロニクル　目次

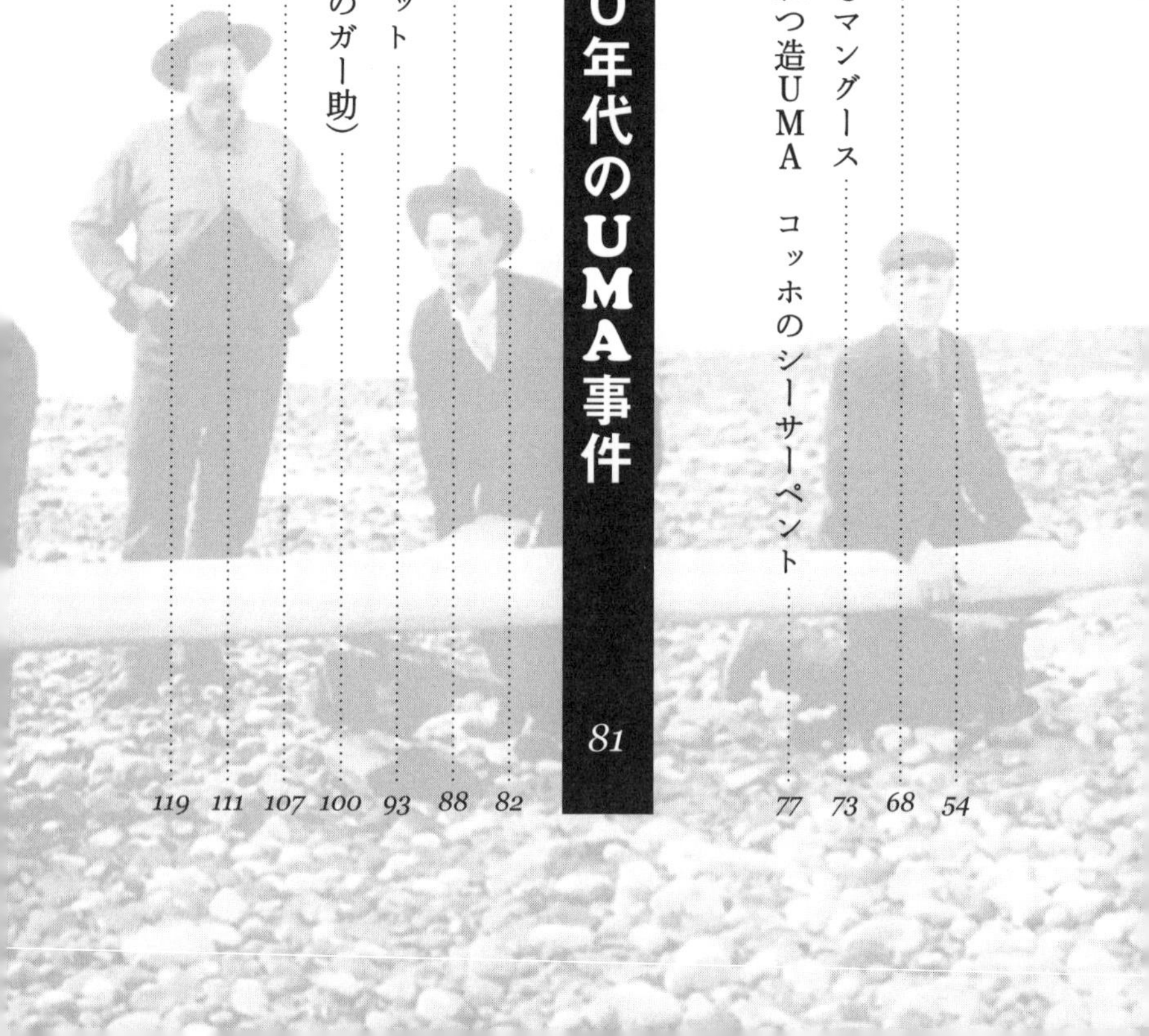

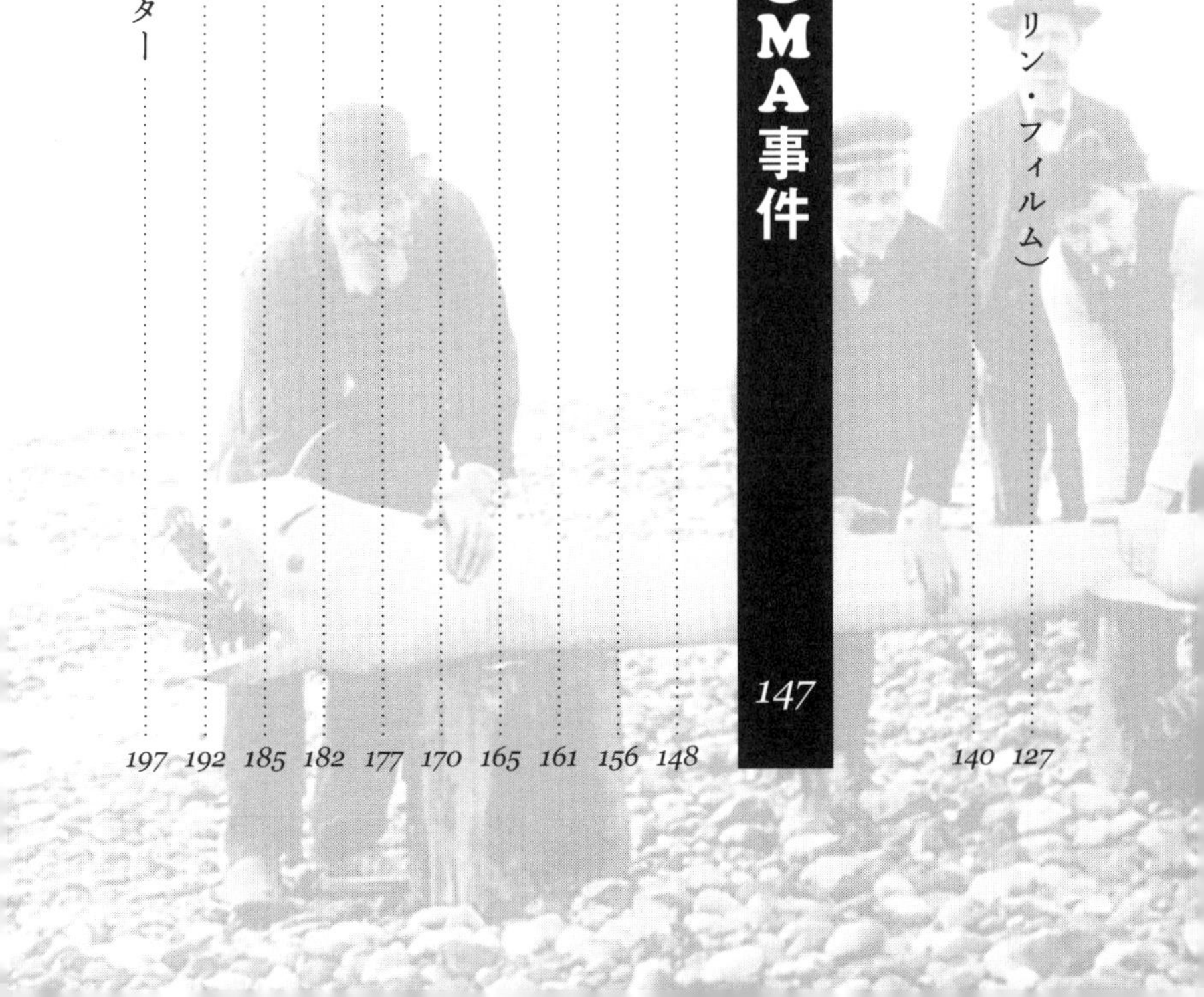

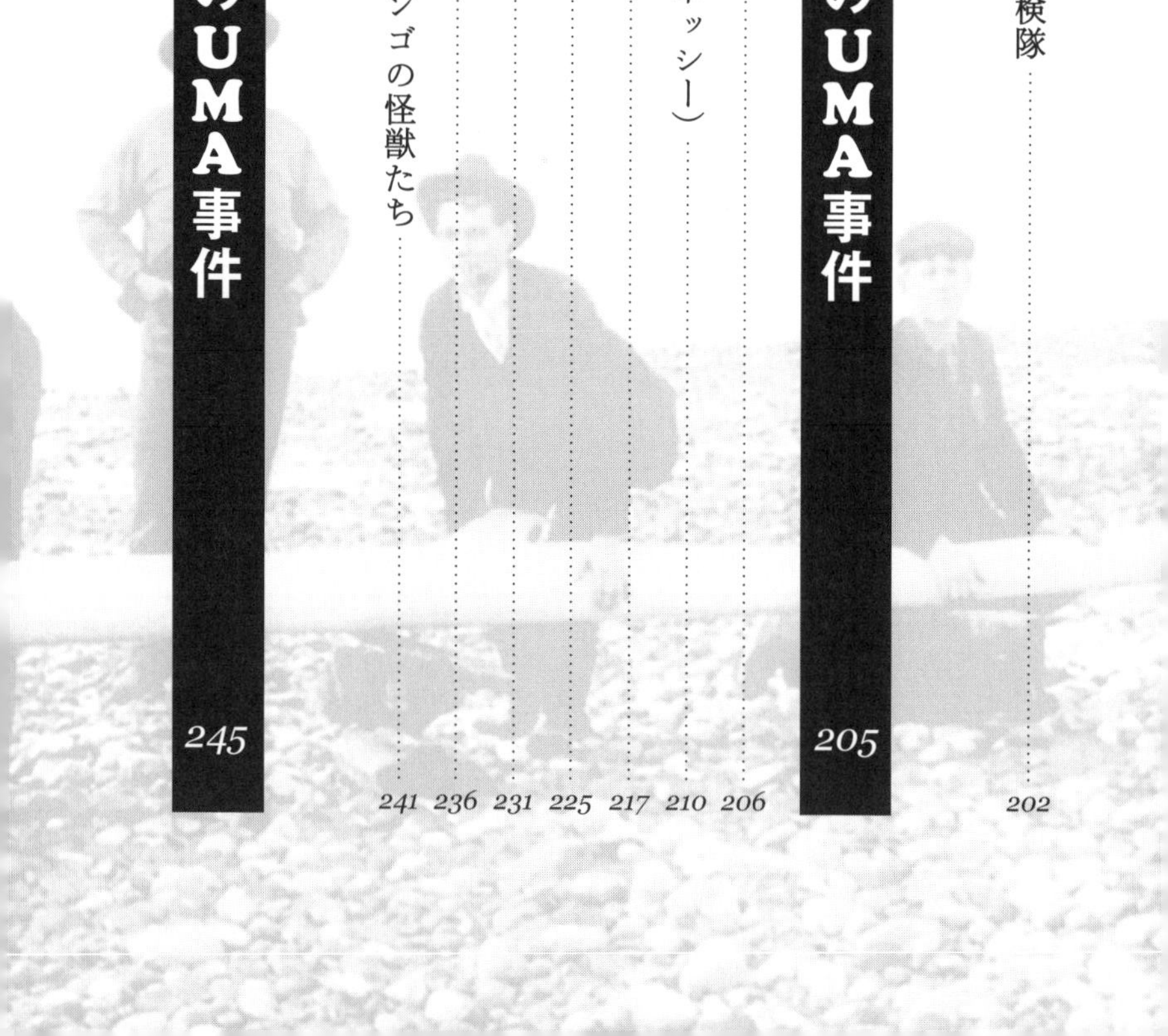

【第六章】2000年代のUMA事件 281

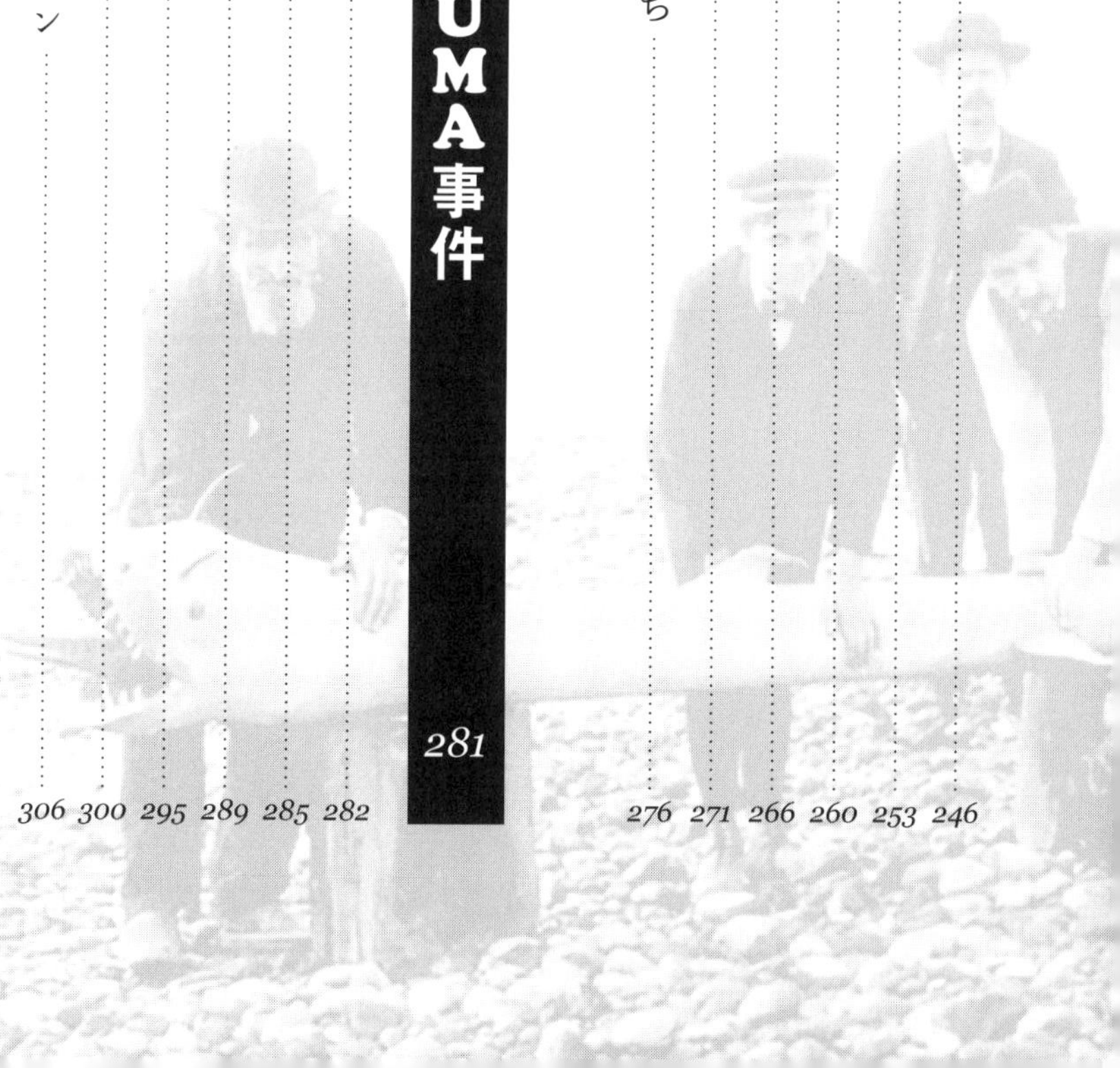

【第一章】

1930年代以前のUMA事件

【UMA事件01】

河童

Kappa
Prior to 15th century
All over Japan

河童は日本各地で古くからその存在が伝承されている妖怪、UMA。

河童という名称は総称で、各地域によってさまざまな異名を持つ。メドチ、ミズシ、ミッツドン、ガワロー、カワッパ、ガッパ、ヒョウスベ、エンコウ、ドチガメ、カシャンボ……と名称が異なれば、それぞれに細部の特徴などは異なる存在であるが、以下に一般的な河童の特徴を述べる。身の丈は子どもほど（1・0〜1・2メートル）で頭部には皿がある。この皿には水がたたえられており、水が無くなると河童の力も弱まるとされる。背中には亀のような甲羅があり、また手足には水かきがある。両腕がつながっていて、片方の腕を引っ張ると伸びるが反対側の腕が縮み、さらに引っ張ると両腕が身体から抜けてしまう。水辺に来た馬を水中に引き込もうとしたり、泳いでいる人間の尻子玉を抜いたりといった悪戯を好む。好物はきゅうりや人間の尻子玉で、金物（鉄）や鹿の角、仏飯を食べた人間を苦手とするという。また陸地で人間に会うと相撲をとろうともちかけ、自分が勝つまで何度でも勝負したがるという。

■初出は室町時代の文献

河童という言葉の確認できる初出は室町時代の辞

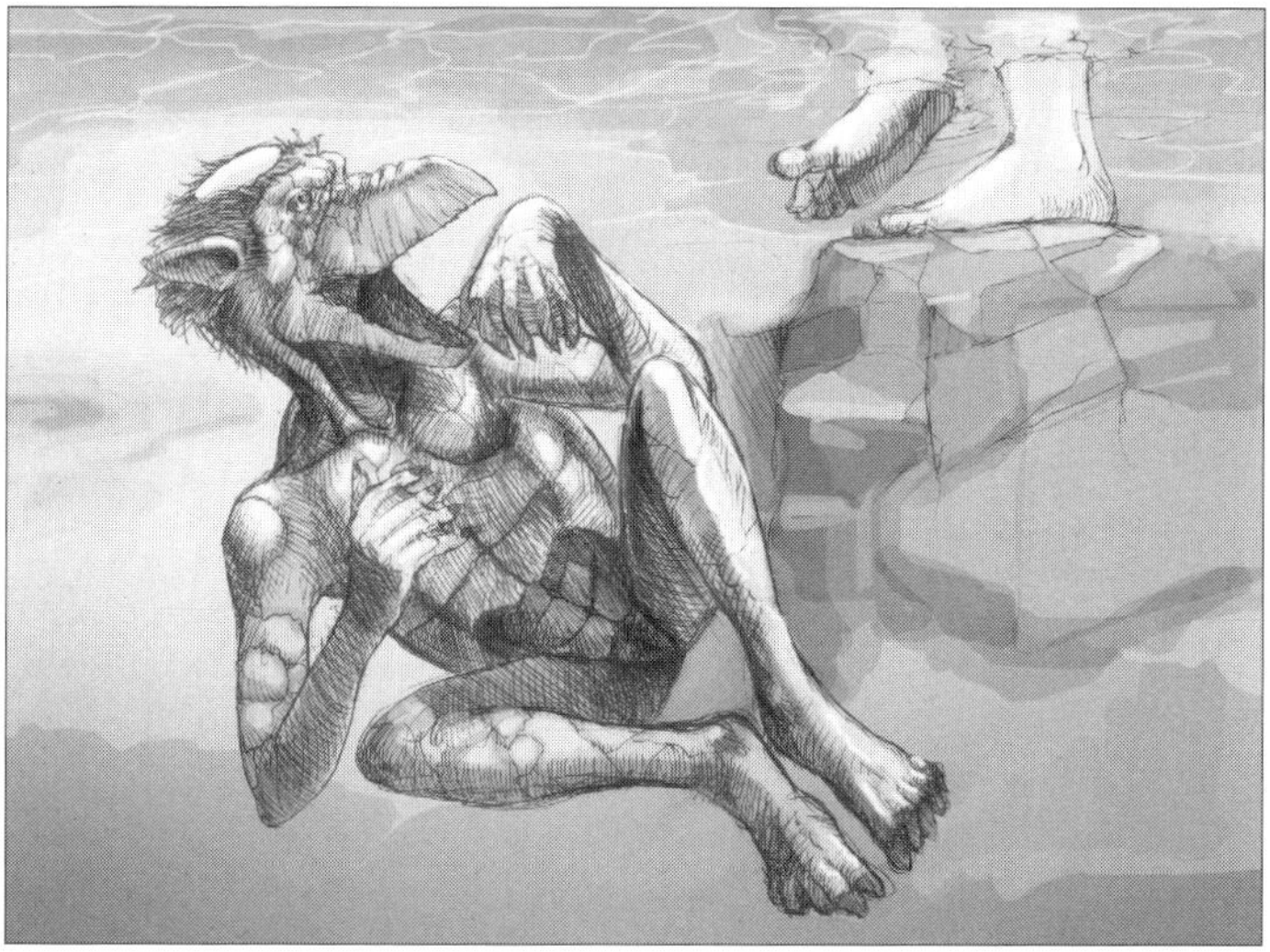

河童の想像図（イラスト：横山雅司）

書『節用集』や『下学集』であり、その生類の部門に「獺（かわうそ）老いて河童（かはらう）となる」と記されている。当時の人々には河童は生き物であり、カワウソと関連付けて考えられていたことは注目に値する。

また河童は目撃のみならず、その身体とされるものがいくつも伝承されている。これは悪さをした河童を人間が捕えて腕を斬り落として懲罰したというような物語とともに伝わることが多い。河童のミイラと伝えられているものの大半はこのような河童懲罰に由来する手（腕）のみのものである。飯倉義之が作成した、河童の身体の一部とされる遺物の一覧表では64例中全身が９例、腕のみが48例となっている。

江戸時代に根岸鎮衛《やすもり》が著した随筆集『耳袋』には、ミイラではなく塩漬けにされた河童の死体の話がある。

天明元（１７８１）年の八月、江戸の仙台藩蔵屋敷の堀で子どもが理由もなく溺れるような水難が続いて起こったので、堀をせき止め水を干上がらせたところ、泥の中を風のような速さで潜って動くモノがあった。仙台藩の藩士たちがこれを鉄砲でようやく仕留めたところ、話に聞く河童であった。その死体は塩漬けにされたという。

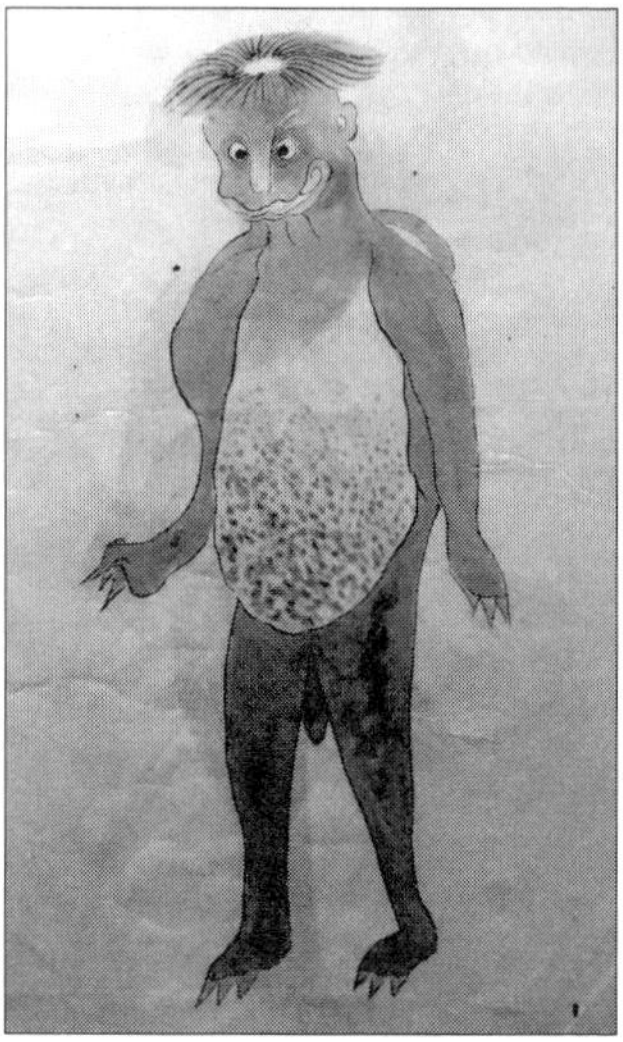
18世紀後半に描かれた河童

■現代にもある目撃例

現代でも具体的な痕跡を伴った河童の目撃が報告されている。1985年8月1日の夜、長崎県対馬で帰宅途中の自転車にのった老人が、家の近くの川辺の草むらから現れた身長1メートルくらいのザンバラ髪の裸の子どもを目撃した。子どもはそのまま久田川に飛び込んで姿を消した。老人は子どもが夜釣りの手伝いでもしているのかと思い、大して気には留めなかった。

翌日早朝、釣りに出かけようと外出した老人は昨夜子どもを見かけた地点へ差し掛かった時、地面に50個ほどの小さな濡れた足跡のような黒っぽい染みがあることに気が付いた。足跡は入江の淵から昨夜子どもを見かけた草むらのあたりまで20メートルほどの距離にわたっているようだった。老人は奇妙に思ったものの朝釣りを優先し、その場を立ち去った。

朝釣りを終え戻ってきた老人は、まだ足跡があるのを見て驚いた。真夏の炎天下にもかかわらず残っている足跡に興味を示した老人が触ってみるとそれは水ではなく、乾いてはいるもののぬめり気のある茶褐色の液体であったという。足跡は長さ20センチほど、幅10センチ程度で三角形であった。老人はこ

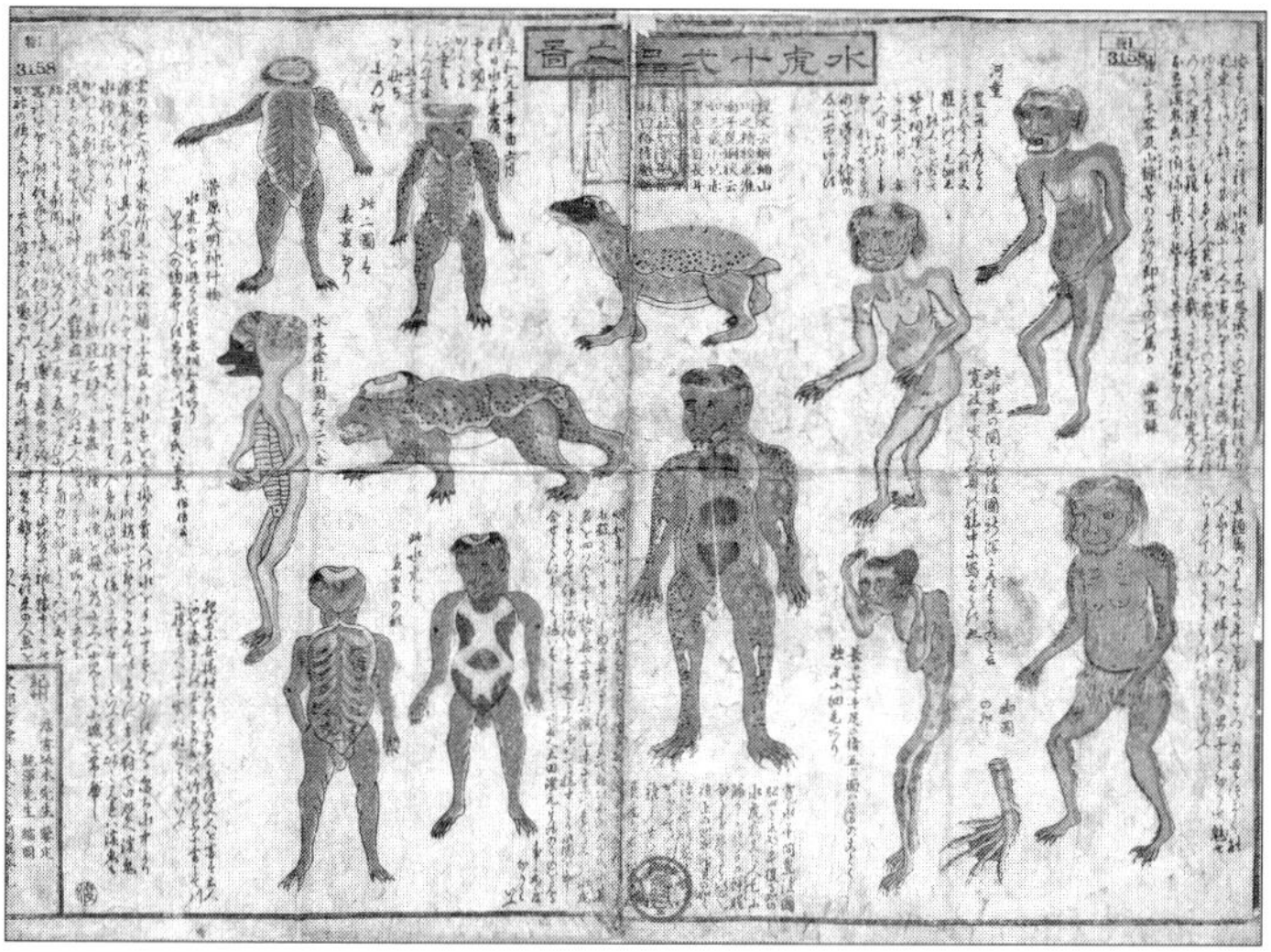

様々な種類の河童を描いた「水虎十二品之図」。江戸時代の人々は河童の実在を信じていた。

の地に伝承される河童である「ガッパ」を連想したという。やがてガッパの足跡の話は町役場と警察にも届き、現場検証が行われた。すると久田川の対岸の道にも同様の足跡が発見されたが、結局足跡の液体への成分分析などは行われないまま廃棄されてしまったという。

　河童を人型の水陸両生のUMAであるとみなすのであれば、類似例としては1972年にアメリカのオハイオ州にあるラブランドで目撃されたフロッグマン（カエル男）がいる。こちらは文字通り二足歩行するカエルのようなUMAで、2016年の夏に再び目撃されたとのニュースもある現役である。

■河童の正体は何か？

　UMAとしての河童の正体仮説については、まず既存の動物の誤認説があげられる。水辺の小動物であるカワウソやスッポンと、猿とのイメージの混交が河童には見られるというものである。

デール・ラッセルが提唱した恐竜人の模型（カナダの自然博物館所蔵の模型）（※ Pegasus Research Consortium「Reptilian Connection」）

また、1982年に古生物学者デール・ラッセルが提唱したヒト型に進化した恐竜「恐竜人」の爬虫類的な肌やくちばしに似た口が河童と類似していることから、人間とは別の進化をしてきた恐竜人的な存在であるとする説もある。

さらには、地球外知的生命体、特にグレイ・タイプと河童の類似からいわゆる宇宙人仮説も提唱されている。この説では河童が人間の尻子玉を抜き馬を水中に引き込む行為がアブダクションでのDNA採集やキャトル・ミューティレーションとの関連で語られる。なお、「河童＝宇宙人」仮説を最初に唱えたのはSF作家・UFO研究家の北村小松だが、北村の説は本来の意図はジョークであった。

今後のさらなる研究により伝承の世界と現実の間を泳ぎ回るUMA河童の正体が解き明かされるのかもしれない。

（小山田浩史）

【参考文献】

飯倉義之編『ニッポンの河童の正体』（新人物往来社、2010年）

小松和彦編『怪異の民俗学3　河童』（河出書房新社、2000年）

国立歴史民俗博物館、常光徹編『河童とはなにか【歴博フォーラム民俗展示の新構築】』（岩田書院、2014年）

山口直樹『日本妖怪ミイラ大全』（学研パブリッシング、2014年）

Barton M. Nunnelly『The Inhumanoids』（Triangulum Publishing, 2017）

【UMA事件02】

人魚

Mermaid
Prior to 9th century
All over Japan

1973年4月、イエメン沖の紅海で一頭の女性人魚が捕獲された。

人魚捕獲を報じた4月7日付の英字紙には写真入りで掲載されたが、「逆人魚（REVERSE MERMAID）」と表現したように、通常、われわれが抱く人魚のイメージとはまったく異なっていた――。

人魚といえば、長い髪で美しい女性の上半身と魚の下半身を持っているものだ（ほんとうは男性の人魚もいるのだが）。しかし、この人魚はそれが逆転――腰から上はサカナそのもので手はなく、ヒトの生脚が生えていたのである。

2011年3月になってこの逆人魚は、未確認動物学者カール・シューカー博士により、ほぼ真相が明らかにされた。ベルギーのシュールレアリスムの画家ルネ・マグリット（1898～1967）が1934（昭和9）年から翌年にかけて完成した油彩画作品『共同発明』（ノルトライン＝ヴェストファーレン州立美術館蔵）を直接、ないしは間接的に模倣した捏造写真だったのである。

■目撃例から生物を特定できるか

逆人魚は極端にしても、人魚がつねに「人間の上半身と魚の下半身」とみられてきたわけではない。

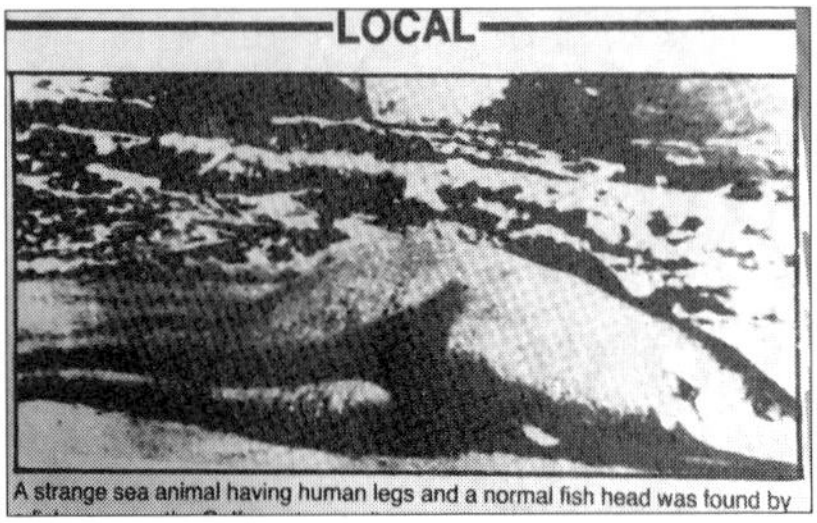

サウジアラビアの英字新聞に掲載された逆人魚（※スティーブ・ロイストン「59steps」より）

江戸時代以前の人魚の目撃（捕獲・出現・漂着）事例を整理すると20、21ページの表のようになる。36例のうち、具体的に人魚の容姿に触れたものは意外に少なく、事例15の大魚「其の形、偏《ひとえ》に死人の如し」（その形は、まるで死体［膨れ上がったヒトの水死体の意味か］のようだった）とする『吾妻鏡』の描写（事例15）を含めても16例しかない。

ヒトなのは頭部・顔だけだったり、上半身だったりと揺れは大きいが、おおむね頭（顔）部以外が魚身で、多くは頭髪、手（ときとして足も）があるという特徴が浮かびあがる。上半身がヒトになるのは、江戸時代後期の『甲子夜話《かっしやわ》』あたりである。

鎌倉幕府の編纂物『吾妻鏡』には兵乱・災害の予兆として、金色の蛇が出たとか蝶が乱舞したとかいう記載と同じく、人魚（「大魚」とある）の出現が記されている。たとえば１１８９（文治５）年夏、陸奥の津軽の海辺（青森県）に人魚が漂着すると（事例８）、同年秋には奥州藤原氏が滅亡。１２４７（宝治元）年５月に津軽の海辺（青森県）に人魚が流れ着く（事例15）と６月には鎌倉で宝治合戦が起こり、三浦一族が滅ぶ、といった具合である。

考えるヒントになりそうなのが、20年ほど前、秋田県の洲崎遺跡（13〜16世紀）井戸跡から出土した「人魚木簡（「人魚供養札」）」（秋田県指定有形文化財）である。板の伐採年代から１２８６（弘安９）年ころのものとされ、年代的に事例８〜14に近い。板上部の袈裟に高下駄の僧侶は、前にした両手に長数珠を握る。人魚らしき動物は人面魚身で４足、顔と足を除く部分に鱗（もしくは斑点）が描かれている。一見すると、北海道の北方などに生息する、斑点模様のあるアザラシやアシカなどの鰭脚類《ききゃくるい》にも見え

大槻茂質（玄沢）訳考『六物新志』掲載の「人魚図」。西洋の文献から写されたもので、上半身がヒトとして描かれている。『甲子夜話』の著者・松浦静山も本書を読んでいた。

観音正寺の人魚の由来を描いた錦絵、2代歌川広重・3代歌川豊国画『観音霊験記 西国巡礼三拾二番近江観音寺　人魚』（国立国会図書館蔵）

るが、絵には四肢と尾が描かれている。足ヒレが独立している鰭脚類には尾はなく、おまけに背ビレがあるのも疑問だが、腐敗が進んでいた死骸を前にスケッチせず、机上の想像（記憶）で描かれたとすれば、説明はつく。アザラシなどなら水死体のようだったという。『吾妻鏡』のイメージにも合致する。鎌倉時代には大魚（アザラシ類＝人魚）が漂着すると悪い兆しとして供養していたのかもしれない。

　出現事例で最大の人魚は、江戸時代の1805（文化2）年5月6日付で描かれた、越中国放生《ほうじょう》淵（放生津）四方浦で撃ち殺された『幻獣尽くし絵巻』の「悪魚」だ（事例35）。優しげな顔立ちながら、頭に2尺（約60センチ）ほどの白い角があり、髪の毛は1丈4尺余（4・2メートル）もあった。白い顔だけで3尺5寸（約1・1メートル）、全長になると3丈5尺6寸（約10・8メートル）、脇には金銀の鱗がある。口から火を吹き、1日に2、3度四方浦の海（富山湾）を渡るのだが、その時は海が赤々と光り、発する声は25、26町（2・7〜2・8キロ）まで聞こ

人魚の容貌など	典拠（1点のみ）
ヒトのような形の物	日本書紀
児のような形だが、魚でもヒトでもない	日本書紀
	嘉元記
	嘉元記
（3日死なず、仁愛の人が買い取って琵琶湖に放流）	広大和本草別録
	嘉元記
人頭魚身。口は猿似、細かい歯がある	古今著聞集
大魚（形は15と同様？）	吾妻鏡
	嘉元記
大魚（形は15と同様？）	吾妻鏡
大魚（形は15と同様？）	吾妻鏡
	北条五代記
	北条五代記
人面（美女）魚身で頭に紅鶏冠。4足あり	武道伝来記
その形は、まるで死体のようだった	吾妻鏡
	北条五代記
大魚。ヒトのような姿	吾妻鏡
	鎌倉志
（「真仙」と名付けられた）	嘉元記
（「延命寿」と名付られた）	嘉元記
人面魚身で鳥の趾（あし）	碧山日録
人頭で手足胴は魚。鱗あり	江源武鑑
	当代記
	遠碧軒記
	津軽一統志
頭はヒトで襟に赤鶏冠様のヒラヒラ、それより下は魚身	諸国里人談
（海女房から「魚皮1枚」をもらった者がある）	広大和本草別録
上半身はヒトで下半身魚。青白い女の顔立ちに薄赤い長髪	甲子夜話
（夜は火を灯して白日のように海を照らすことあり）	広大和本草別録
牝人魚。色白人面で魚身。暗赤髪。両乳・両手はヒトと同じ	六物新志
人頭魚身。襟に赤鶏冠。角2本、髪あり。胸に輪袈裟様をまとう	三橋日記
坊主頭（？）の人魚	津軽旧記
人頭魚身。全長4.7m。角2本、長髪。両脇鰭各3本。腹色赤	奇怪集
婦人のような姿。下半身は魚。一本眉。年は16歳くらい。	六物新志
人頭魚身。全長10.8m。両脇に金銀鱗。頭に白角2本。火を吹く	幻獣尽くし絵巻
全身は不明ながら、頭は女で色白く乱髪	甲子夜話

■人魚目撃事例年表

	出現年次・西暦（和暦など）	場所	状況
①	619（推古27）4月1日	近江・蒲生河	出現
②	619（推古27）7月	摂津・堀江	捕獲（網）
③	756（天平勝宝）5月2日	出雲・ヤスキのウラ（安来浦）	出現
④	778（宝亀9）4月3日	能登・ススのミサキ（珠洲岬）	出現
⑤	810～824（弘仁年間）	近江・琵琶湖	捕獲（網）
⑥	994（正暦5）11月7日	伊予・ハシラの海	出現
⑦	1123～55（崇徳・近衛朝）ごろ	伊勢・別保浦	捕獲（網に3頭）
⑧	1189（文治5）夏	陸奥・津軽の海辺	漂着（死骸）
⑨	1189（文治5）8月4日	安岐（芸）・イエツのウラ（浦）	出現
⑩	1203（建仁3）夏	陸奥・津軽の海辺	漂着（死骸）
⑪	1213（建保元）4月	陸奥・津軽の海辺	出現
⑫	1213（建保元）夏	出羽・秋田の浦	漂着
⑬	1247（宝治元）3月11日	陸奥・津軽の海辺	漂着
⑭	1247（宝治元）3月20日	陸奥・津軽の海辺	漂着（死骸）
⑮	1247（宝治元）5月11日	陸奥・津軽の海辺	漂着（死骸）
⑯	1248（宝治2）秋	陸奥・外の浜	漂着
⑰	1248（宝治2）9月10日	陸奥・津軽の海辺	漂着（死骸）
⑱	1247～49（宝治年間）	陸奥・海	捕獲
⑲	1310（延慶3）4月11日	若狭・ヲハマ（小浜）の津	出現
⑳	1357（正平12・延文2）3月3日	伊勢・フタミのウラ（二見浦）	出現
㉑	1460（長禄4・寛正元）6月28日	東の海の某地	出現
㉒	1550（天文19）4月21日	豊後・大野郡の海	捕獲
㉓	1579（天正7）春	若狭	捕獲
㉔	1677（延宝5）10月	肥前・唐津の海上	捕獲
㉕	1688（元禄元）	陸奥・津軽野内浦	捕獲
㉖	1704～11（宝永年間）ごろ	若狭・大野郡乙見村	打ち殺す
㉗	1736～41（元文年間）	越後・海上	出現
㉘	1744～48（延享年間）初め	玄界灘	出現
㉙	1744～48（延享年間）ごろ？	能登・鳳至郡の海中	出現
㉚	1751～64（宝暦年間）？8月上旬	陸奥・津軽野内の海	出現
㉛	1757（宝暦7）3月下旬	陸奥・津軽外が浜石崎村	捕獲（網）
㉜	1758（宝暦8）3月	陸奥・津軽石崎村の湊	出現
㉝	1759（宝暦9）4月	加賀・海	撃ち殺す
㉞	1781～86（天明年間の6年以前）	出羽・牡鹿郡（秋田男鹿郡）の河	出現
㉟	1805（文化2）5月	越中・放生淵四方浦（富山湾）	捕獲
㊱	1818（文政元）春	讃岐・四嶋	出現

えたという。船の往来を邪魔するため、加賀本藩の松平加賀守（年代からは第10代藩主・前田治脩《はるなが》）が家来1500人を動員し、450丁の鉄砲を撃ちかけて退治させたのだとか……。

江戸では評判を呼んだらしく、瓦版「人魚図」も出まわっている。こちらの顔は般若のようで、体はまったくの魚に描かれ、人面魚のイメージに近い。

こんな火を吹く巨大人魚が実在したとも思えない。実際、江戸の考証家・石塚豊芥子《ほうかいし》（鎌倉屋十〈重〉兵衛）は、「加州諸侯屋敷にては一向沙汰もなく、甚虚説なるよし云々」と記しており（『街談文々集要』）、事実ではなかったらしい。

■ミイラは実在証明にならない

人魚にはミイラがいくつも伝わっており、未確認動物の本では、人魚実在の根拠とされる場合がある。

静岡県富士宮市に鎮座する天照教社には、1400年前に聖徳太子が琵琶湖のほとりで発見したものとの由来をもつ人魚のミイラが伝わる。体長1・7メートルもあるかなり大きなものだ。

事実だとすれば、1400年を経過した人魚ミイラということになるが、これは事例1『日本書紀』推古天皇27（619）年に琵琶湖にそそぐ蒲生河《がもうがわ》（蒲生川＝日野川）で発見された「人のような形をした物」がベースにある。聖徳太子とは時代が合うだけだったものが、917（延喜17）年成立の『聖徳太子伝暦』になると、聖徳太子が「人魚」と関係あったことにされてしまう。さらに時代が下って江戸時代までくると、聖徳太子絡みの「人魚のミイラ」にまで話は発展していくのである。

しかも、聖徳太子にまつわる人魚のミイラは天照教の1体だけではなかった。

聖徳太子開基とされる観音正寺（滋賀県東近江市）や願成寺（同市）も、1400年前の聖徳太子ゆかりの人魚のミイラを寺宝としている（前者は焼失、後者は非公開）。

また、高野山麓にある学文路《かむろ》苅萱堂《かるかやどう》（和歌山県橋

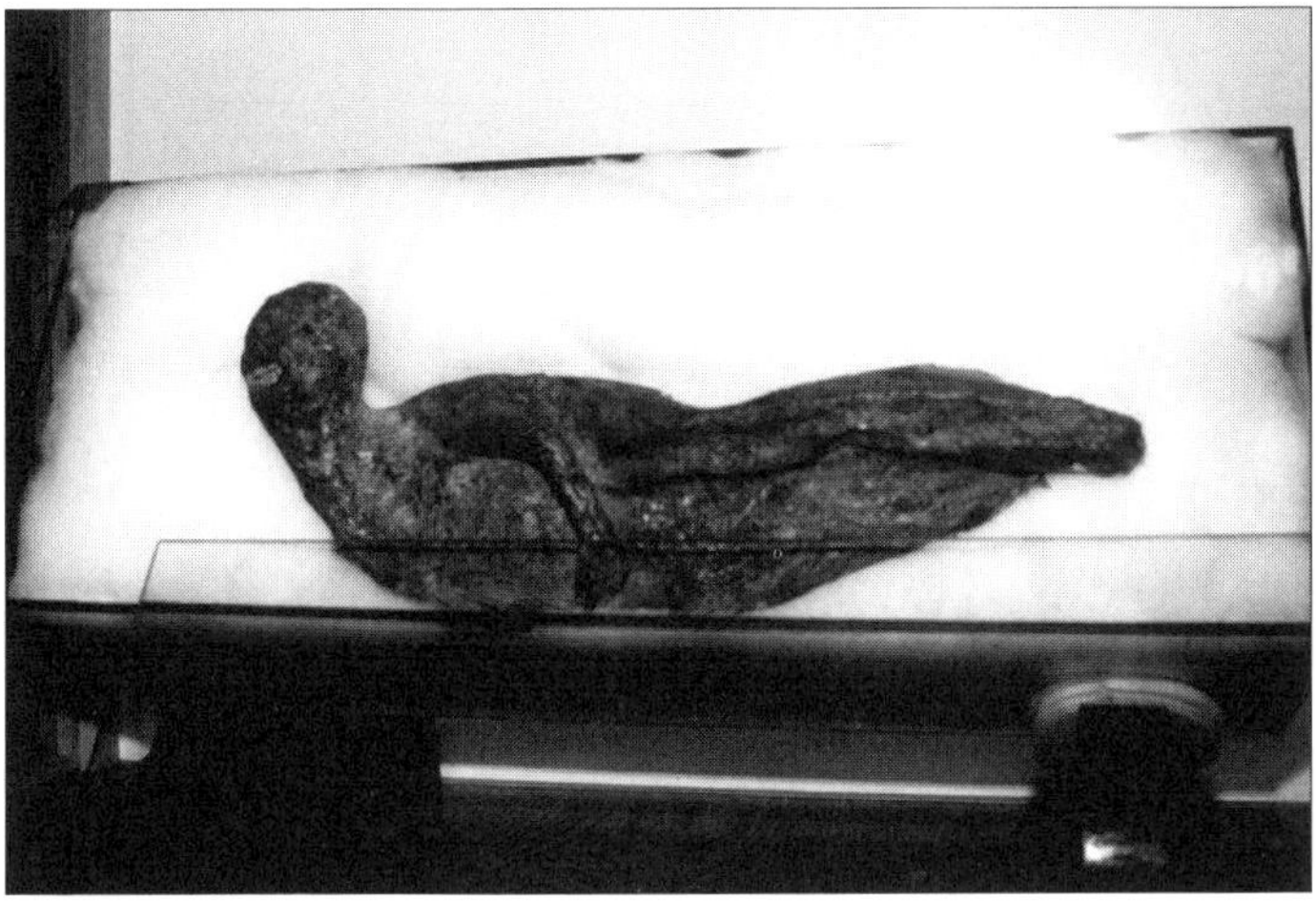

1987年10月に撮影された観音正寺のミイラ人魚（南山宗教文化研究所「日本宗教 写真アーカイブス」より※）。観音正寺本殿に安置されていたが、1993年の本殿火災で本尊とともに焼失。サイトでは「奇妙な木片にみえる」と説明されている。

本市）に所蔵の人魚ミイラは、仁徳寺に伝わったものだというが（現在は西光寺管理）、やはり推古天皇27（619）年に「蒲生川で獲た」との所伝をもっている。

4体も聖徳太子絡みの人魚ミイラが存在するのも不自然だろう。信仰の対象なので、個々の真偽論には踏み込まないが、一般論としていえば、人魚のミイラそのものには造り物が多いのである。

1888（明治21）年には、医科大学（帝国大学の分科大学）が人魚の正体解明に乗り出したことがあった。四ツ谷あたりの薬種屋が秘蔵していたミイラなど2体を借り出して調査したところ、薬種屋のものは鯉の胴体に猿猴の頭部を、某家のものは猿頭に胴体はホウボウ（魴々）と鯖《サバ》とを接継したものだった（『東京絵入新聞』明治21年2月1日付）。

魚類学者の本間義治は、1989年、新潟県柏崎市の妙智寺所蔵の人魚のミイラを調査し、猿類の頭胸骨に脂ヒレをもつサケ型魚類の一種の胴尾をつないだものと鑑定し、報告している。

原野農芸博物館が所蔵するミイラ。奈良県文化財研究所のX調査によって、歯は真鯛のあご、頭部は竹ヒゴでできた骨格に紙を貼ったもの、首には木材が使われており、下半身は魚の皮、尾も竹ヒゴでできた、〝工芸品〟であることが判明した。

八戸市博物館にはよく知られた南部家旧蔵の双頭人魚ミイラを所蔵する。30センチ程度の小さなミイラだが、国立科学博物館による「化け物の文化誌展」開催（2006年）にあわせて、最新式のX線装置で撮影された。結果、頭部は木製で、尾の部分は実際の魚のウロコを使っていたことが判明している。会場には、X線撮影の写真も展示されていた。

最近でも奄美アイランドの博物館（原野農芸博物館）所蔵のミイラ（和歌山県・東浦庄太郎旧蔵）が、奈良県文化財研究所の埋蔵文化センターによってX線CT調査された。人魚の「凶暴な歯は真鯛のあご、丸みのある頭部は竹ヒゴを丸めて十字に組み紙を張ったもの、持ち上げた首を支えているのは木材で、4年分の年輪が見える。下半身はカサゴ科の魚の皮を巻いたもので、尾ヒレは竹ヒゴで作った精巧な工芸品」であることが明らかとなっている。

製法の違いは、複数の業者（職人）があったことをうかがわせる。

結局のところ、人面魚身で淡水・海水の両方に適応し、目撃情報をすべて充足するような生物「人魚」は存在しないと思われる。目撃情報ほどあてにならないものはないが、従来から、人魚のモデルとして、両生類のオオサンショウウオ（ハンザキ）や海牛目ジュゴン（儒艮）、鰭脚類のアザラシ（海豹）、魚類アカマンボウ目のリュウグウノツカイ（竜宮の使い）などが想定されてきた。たとえば事例１・２から淡水性のオオサンショウウオが、14・26・31などの「鶏冠《とさか》」からリュウグウノツカイ、などである。こうした現実の不思議な生物に遭遇した際、これに見たことのない中国・ヨーロッパ経由の人魚イメージを投影させて、擬人化して成立したものが、人魚の正体だろう。

じつは、「人魚」の目撃・捕獲はその後も続いている。紹介できなかったが7事例を発掘してみた。近代の事例はジュゴンが多いように思われる。

（藤野七穂）

【参考文献】

※Karl Shuker「RENÉ MAGRITTE AND THE REVERSE MERMAID – A VERY FISHY TALE, IN EVERY SENSE!」『ShukerNature』

※「１９７３年カイロ沖で捕らえられた逆人魚の画像とその顛末。〈やっと見つけた〉」『マッドハッターの保存の壺ブログ』

※「『人魚ミイラ』X線CTで調べてみたら…ホンモノ？　つくりもの？」

本間義治「妙智寺（鯨波）所蔵の人魚をめぐって」『蒲原』78（１９９０年5月）

吉岡郁夫「人魚の進化」『比較民俗研究』8（１９９３年8月）

鬼頭尚義「聖徳太子と人魚」『説話・伝承学』20（２０１２年3月）

花咲一男『江戸の人魚たち』（太平書屋、１９７８年）

『六物新志・稿／一角獣考・稿』（恒和出版、１９８０年）

吉岡郁夫『人魚の動物民俗誌』（新書館、１９９８年）

笹間良彦『人魚の系譜―愛しき海の住人たち』（五月書房、１９９９年）

『日本の幻獣』（川崎市民ミュージアム、２００４年）

湯本豪一『日本幻獣図説』（河出書房新社、２００５年）

九頭見和夫『日本の「人魚」像―『日本書紀』からヨーロッパの「人魚」像の受容まで』（和泉書院、２０１２年）

湯本豪一『日本の幻獣図譜―大江戸不思議生物出現録』（東京美術、２０１６年）

並木伸一郎『決定版　未確認動物UMA生態図鑑』（学研プラス、２０１７年）

【UMA事件03】

クラーケン

Kraken
Prior to 1930
Sea around the world

クラーケンは北欧の海に働く男たちの間で語り継がれる伝説の巨大怪獣である。その巨体の一部を水面から出していると、船乗りが島だと思って上陸してしまうほどで、航行する船を太い腕で絡めて沈め、乗組員を食うと恐れられてきた。

だが、これだけならあくまで伝説上の怪物に過ぎない。近代に入っても超巨大な海洋生物の目撃談は消えることはなく、1861年にはフランスの砲艦が海上で遭遇した巨大イカを攻撃、回収した体の一部を持ち帰るという事例があったし、1887年の論文によるとニュージーランドの海岸に、なんと全長17メートルのイカが打ち上げられたという。これは現代ではダイオウイカと呼ばれている種類と見られ、日本近海にも生息していることが知られている。

■クラーケンと頭足類

クラーケンの姿はイカやタコ、時にドラゴンとして描かれるなど一貫性がないが、一般的には巨大なイカやタコとしてイメージされるのが普通だろう。イカ、タコの仲間はまとめて頭足類と呼ばれ、オウムガイや絶滅種のアンモナイトなどもこの仲間に含まれる。頭足類は分類学上は貝の仲間である。

頭足類は4億年以上前から存在する恐竜より古い

クラーケンの想像図。海に潜む巨大生物の伝説は古来人々の心を捉えてきた。（CG：横山雅司）

動物群で、初期の頃は現在のオウムガイのように殻を持っていたとみられる。約4億年前の古生代には、現在のオウムガイに近い仲間のチョッカクガイ類が生息していた。名前の通り殻を巻かずにまっすぐ伸ばしながら成長するのが特徴である。小さなものは十数センチにすぎないが、大きなものは10メートルほどになったと推定されている。現存していればまさに怪物であったろう。

古代の頭足類の中から、特に遊泳に特化したものや岩礁の岩の隙間を好むものが現れ、これらが後にイカやタコに進化してゆくことになる。もし伝説にあるようなクラーケンが実在するのなら、外洋の表層にいなければならず、海底を好むタコよりも遊泳を好むイカの方が可能性が高いだろう。

イカは頭足類の中でも特に遊泳に特化したグループで、体の側面についたヒレを巧みに動かして泳ぎ、漏斗と呼ばれる噴射口から水を吹き出すことで非常に速く泳ぐこともできる。イカは種類によって、海底付近から海面まで幅広く生息している。広大な空間を自在に移動できることが、ダイオウイカのような巨大種を生んだと考えられる。

■伝説の巨大イカ

イカには特に目を引くような大型種が何種かいる。ニュウドウイカは外套長で2メートル、触腕を含めると6メートル近くに達する。これは最大全長で比べるとダイオウイカに及ばないものの、十分に巨大な種である。ソデイカはNHKが生きたダイオウイカの撮影に成功した際に、誘き寄せるための餌として使われたイカだが、そのソデイカ自体1メートルになる大型イカである。

ダイオウイカは深海に生息するため人目に触れず、ともすれば希少種であるかのように思われがちだが、マッコウクジラはダイオウイカを常食しているとみられ、クジラの餌にできるほど世界中に大量に生息していると考えて良いだろう。ダイオウイカの標本は日本はもちろんニュージーランドからオーストラリア、カナダからヨーロッパまで、世界各地で発見されている。そのためダイオウイカというグループは日本産や大西洋産など、いくつかの種に分かれるとみられてきたが、最近では1種に統合できるという説もある。

現在知られている最大の個体は、ニュージーランドの海岸に打ち上げられていた全長17メートルの個体とされているが、軟体動物の柔軟な体は計測の仕方によって数値が上下してしまうので、正確

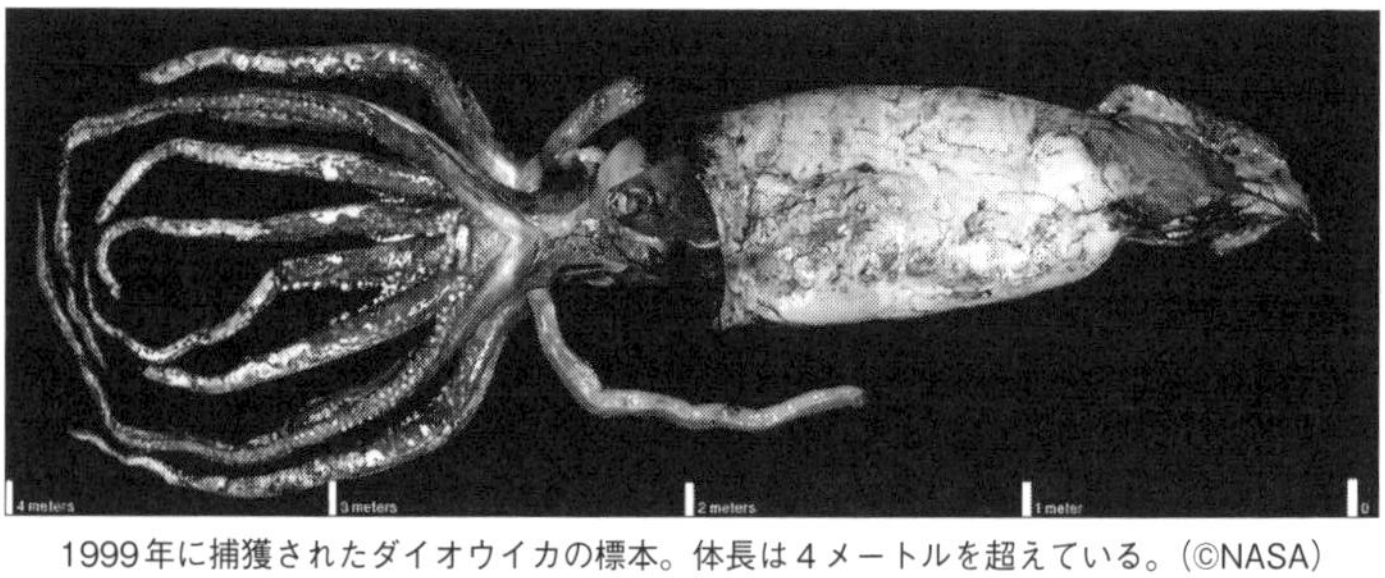

1999年に捕獲されたダイオウイカの標本。体長は4メートルを超えている。(©NASA)

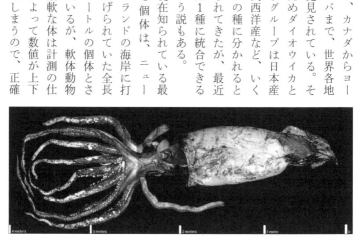

なところはよくわからない。21世紀にはっきり実測された記録が残っている個体で約12メートルである。

　ＵＭＡ本などには二十数メートルのダイオウイカが掲載されていることもあるが、かなり怪しい。２０１４年の年初に49メートルの巨大イカの写真がネットを賑わせたが、あからさまな合成写真であり（打ち上げられた鯨を見物する人々の写真に、9メートルほどのダイオウイカの写真を合成したもの）、全くお話にならない。

ネットで話題になった画像。明らかな合成写真だった。

　ダイオウイカは二本の触腕が特に長く、例えば全長12メートルの個体でも、そのうち触腕の長さが10メートルほどを占めていたりする。全長が長いからといってそのまま本体の部分も巨大であるとは限らない。この触腕には強力な吸盤が密集していて獲物を捕らえると考えられるが、もちろん船を沈めるというわけにはいかない。また、ダイオウイカの触腕は長すぎて自重を支えられないので、映画のように触腕を船上にまで持ち上げることと自体困難である。

　ダイオウイカとは別に、冷たい南極海に生息するのが、重さではダイオウイカを凌ぐダイオウホウズキイカである。ダイオウホウズキイカは腕がダイオウイカほど長くないので最大全長はダイオウイカに及ばない可能性があるが、体自体はダイオウイカよ

ジュール・ヴェルヌの『海底二万里』に掲載された巨大頭足類の挿絵。触腕には自重があるため、人間を持ち上げることはできないと思われる。

り大きく、全長10メートル以上、体重は500キロ以上に達するとみられる。ダイオウホウズキイカは南極の深海に生息するため研究が難しく、詳しい生態はよくわかっていない。

頭足類では一部例外を除き基本的にタコの腕は8本、イカの腕はそれに2本の触腕を足した10本であるが、再生異常などを起こし、腕が枝分かれして膨大な数の腕を持つ個体が稀に出現する。鳥羽水族館に収蔵されているタコの標本は85本腕、志摩マリンランドのものはなんと96本腕である。巨大種でこのような個体がいたらさぞかし迫力があるに違いない。

■人間を襲う頭足類

人を襲う種類という観点で見れば、イカにもタコにも人を襲ったことのある種類がいる。アメリカオオアカイカという大型のイカは活発かつ獰猛で、撮影しようと海に潜ったダイバーに執拗に突進を繰り返す映像が撮影されている。ちなみにイカもタコも体は柔らかいが、口の中には猛禽類のものにも匹敵するクチバシ（俗にいうカラストンビ）が隠されており、獲物の肉をサックリ咬み切ることができる。どの種も多かれ少なかれ毒を持っているとみられ、咬みついた時にこれを注入する。ヒョウモンダコは人間を殺せるほどの毒を持っており、咬まれて死亡した例もある。イカの仲間には吸盤の歯を鉤爪状に発達させた種も多く、前述のダイオウホウズキイカには巨大な猫の爪を思わせる鉤爪がある。もし人間が襲われたらあっさりやられてしまうだろう。しかし、ダイオウホウズキイカの生息地はあくまで南極の深海であり、そもそも人間が泳ぎまわること自体ほとんど不可能である。また、ダイオウホウズキイカは漂いながら獲物を待つ、不活発な待ち伏せ型のハンターだという説もある。

クラーケンはあくまで伝説上の怪物である一方、海には怪物的な巨大生物が生息しており、その意味ではクラーケンとも呼べる生物は実在するということになる。とても紹介しきれないが、他にも傘の直

1996年に捕獲されたリュウグウノツカイ。体長7メートル、重さは140キロもあったという。

径が2メートルになるエチゼンクラゲや、全長8メートルになる深海魚リュウグウノツカイなど、奇怪で怪物と間違われそうな巨大生物がいくつもいる。また、広大な海には未発見のまさに未確認動物が存在している可能性もある。

個人的な願望を元に想像の翼を羽ばたかせれば、クラーケンの正体にイカでもタコでもない、遊泳性の未知の頭足類を想像することができる。その怪物は全長20メートル以上で強力な腕を持ち、分泌した炭酸カルシウムで島のように巨大な、ウキがわりにもなる殻を構築する。無論、人間を襲う恐ろしい怪物である。

ただし、当然ながら空想は空想であり、根拠もなしにまるで科学的な仮説であるかのように振り回すべきではない。怪獣が実在していては欲しいが、だからと言ってありもしない根拠をひねり出したり、証拠もないのに実在すると決めつけては、それはもはや研究ではなく信仰である。もし本当に怪獣がいるとしても、それに出会うために必要なのは、信じる心ではなく確認する態度であろう。

（横山雅司）

【参考文献】

並木伸一郎『未確認動物UMA大全』（学研、2012年）

『特別展　深海2017　最深研究でせまる生命と地球』（NHK、2017年）

『生き物の超能力―おどろきの超機能、不可思議な生態』（ニュートンプレス、2012年）

重田康成著、国立科学博物館編『アンモナイト学―絶滅生物の知・形・美』（東海大学出版会、2001年）

【UMA事件04】

モンゴリアン・デスワーム

Mongolian Death Worm
Prior to 1922?
Gobi Desert, Mongolia

モンゴリアン・デスワームは、モンゴルのゴビ砂漠で目撃されるUMA。生息地はモンゴルのダランザドガドから南東へ約130キロの場所に広がる砂丘ともいわれる。

体長は45〜150センチ。ミミズのような体形から、モンゴルの人たちからは「オルゴイ・コルコイ」(腸虫という意味)と呼ばれる。

頭部には目や鼻がない。そのため頭と尾の区別はつきづらいという。体色は暗めの赤。1年で最も暑い6月と7月に出現し、他の時期は砂に潜って眠っているともいう。

性格は非常に獰猛。「モンゴリアン・デスワーム」(モンゴルの死の虫)の名のとおり、周囲約1メートルに人や動物がいれば、毒や電気による攻撃で死に至らしめるとされる。

■噂になっていた怪物

記録上、モンゴリアン・デスワームについて最初に言及したのは、中央アジア探検隊の隊長を務めたロイ・チャップマン・アンドリュースによる1926年の著書『原人の足跡を追って』(邦題『恐竜探検記』)である。

この本の中でアンドリュースは、1922年の探

モンゴリアン・デスワームの想像図（CG制作：横山雅司）。デスワームの体長は目撃情報によって様々だが、45～60センチというのが主流である。

検の前に、モンゴルの外務省で聞いた話を紹介している。当時、アンドリュースは探検の最終許可をもらうため、外務省で打ち合わせをしていた。その際、同席していた総理大臣から、もし可能ならオルゴイ・コルコイの標本を手に入れてくれないか、と言われたという。

その場にいた人たちは、「誰もこの動物を見たことはないのだが、皆その存在を固く信じて」いたそうで、アンドリュースによれば、モンゴル人にとってのオルゴイ・コルコイとは、中国人にとっての龍のようなものだったという。

つまり以前から、そういった伝説的な生き物の噂があったようだ。とはいえ、そうなると捕まえるのは難しいのかもしれない。

探検隊の一番の目的は原人の化石を発見することだったが、残念ながらモンゴルでは、原人の化石もオルゴイ・コルコイも見つけられなかった（その代わり、世界で初めて恐竜の卵の化石を発見するという偉業は成し遂げた）。

■90年代になり情報が拡散

アンドリュースの探検隊はモンゴリアン・デスワームの発見に至らず、著書での言及もわずかだった。そのため、モンゴリアン・デスワームの話は、モンゴル以外の人たちにはほとんど知られないままだった。

転機が訪れたのは、1990年のことである。チェコの作家イヴァン・マッケルレ（英語読みではイワン・マッコール）が、偶然、あるパーティーでモンゴル人女性からオルゴイ・コルコイの話を聞き、興味を持った。もともとネッシーを探しにネス湖まで行ったことがあった彼は、モンゴルの謎の生物にも魅了され、1990年にモンゴルへ渡った。

そこで彼は、後にモンゴリアン・デスワームと呼ばれるようになる伝説の生き物についての情報を収集。残念ながら発見まではできなかったが、彼が集めた情報によって、モンゴリアン・デスワームの話は、未確認動物を愛する人たちの間で広く知られるようになっていった。

■目撃情報の考察

これまでモンゴリアン・デスワームは、生きたまま捕獲されたことはもちろん、死骸も発見されたことはなく、写真や動画が撮影されたことも残念ながらない。

残っているのは目撃情報のみである。しかし、その目撃情報も、実は調べてみると心もとない。まず目撃情報の多くは、人から聞いた又聞きの話で、自分では直接目撃していなかった。ひどいものになると、「死んだ妻の妹のいとこ」という又聞きの話すらある（アンドリュースがある大臣から聞いた話）。

また、毒や電気によって殺されたという話も、その殺されたという人、もしくは動物が、信頼できる第三者によって確認されたことはなかった。

そうした中、ナショナル・ジオグラフィック・

デスワームの調査を行ったイヴァン・マッケルレ。モンゴルへは息子のダニーも連れていき、精力的に情報を集めた。（写真の出典：※「Ivanのアルバムアーカイブ」より）

デスワームが生息するとされるゴビ砂漠

チャンネルの番組「世にも奇妙な伝説バスター」では、子どもの頃に比較的近くで目撃したという遊牧民を見つけている。ただしその遊牧民の目撃内容では、ないはずの目があったり、尾に触角があったりと、通常、言われているモンゴリアン・デスワームの姿とは異なっていた。さらに毒や電気による攻撃も受けず、死にもしなかった。

こうしたことから、目撃情報の多くには尾ヒレがつき、誇張されている可能性がある。創作も含まれているかもしれない。もちろん、すべてがそうではなく、中には実際に何かを目撃したケースもあるだろう。

ただし、そうした場合でも、他の生物を誤認した可能性は考えられる。

■正体として考えられるもの

それでは、誤認される可能性がある生物には、具体的にどんなものがあるだろうか。

デスワームの正体として、イヴァン・マッケルレらが挙げた「ミミズトカゲ」。外見は似ているが、これまでモンゴルでは同種のトカゲの発見例はない。(©Viktor Loki / shutterstock)

モンゴルに生息するスナボア（タタルスナボア)。英語ではサンドボアとも呼ばれる。(©Viktor Loki / shutterstock)

最もよく言われるのは、ミミズトカゲである。これは前出のイヴァン・マッケルレや、チェコの未知動物学者ヤロスラフ・マレシュなどが可能性としてあげている。

ミミズトカゲは、ヘビやトカゲなどの仲間に分類される爬虫類。穴を掘って地中で生息しているため、目は痕跡化し、手足も数種を除いてない。色は基本的に赤茶で、ミミズやヘビのように細長く、体長は約30～70センチ。外見だけなら、モンゴリアン・デスワームに最もよく似た生物といえる。

しかし、生息域は基本的に熱帯地域で、モンゴルではこれまでに生息が確認されていない。そのため、もしミミズトカゲが誤認されたというのであれば、それは新発見ということになる。

その他によく言われるのは、巨大ミミズの可能性。ジャイアント・パルース・アースワームというミミズなどは、全長が最大で1メートルにもなるといわれるが、こういった巨大ミミズも残念ながらモンゴルでは確認されてない。

それでは、実際にモンゴルに生息する動物では何が考えられるのか。モンゴル自然史博物館のカヤンキャルバー・テルビッシュ教授によれば、スナボアというヘビの可能性が考えられるという。スナボアには様々な種があるが、砂漠に生息する種は体長が40～60センチほど（稀に約1メートル）。色は環境によって個体差があり、茶、緑、黒、オレンジのほか、ゴビ砂漠特有の赤土に適応した赤みがかったタイプもいるという。その中にはモンゴリアン・デスワームに似たタイプも稀に出てくるのかもしれない。

いずれにせよ、仮に既存生物の誤認だったとしても、そこには何らかの新発見をともなう可能性が残っている。

モンゴリアン・デスワームは、ネッシーのような花形のUMAではないものの、モンゴルの砂漠で強烈な個性を放つ、根強い人気があるUMAである。今後、何らかの新発見があれば、どこかの機会でぜひ紹介してみたい。

（本城達也）

【参考文献】

Loren Coleman, Jerome Clark『Cryptozoology A To Z: The Encyclopedia Of Loch Monsters Sasquatch Chupacabras And Other Authentic M』(Touchstone, 2013)

ロイ・チャップマン・アンドリュース『世界探検全集11 恐竜探検記』（河出書房新社、1978年）

※Ivan Mackerle「In Search of the DEATH Worm」

「旧ソ連の怪奇ファイル」（ナショナル・ジオグラフィック・チャンネル、2015年6月16日放送）

「世にも奇妙な伝説バスター」（ナショナル・ジオグラフィック・チャンネル、2015年9月14日放送）

海老沼剛『世界の爬虫類ビジュアル図鑑』（誠文堂新光社、2012年）

上野俊一ほか『動物たちの地球 第5巻』（朝日新聞社、1993年）

内田亨、山田真弓『動物系統分類学 第9巻 下』（中山書店、1992年）

デイヴィッド・バーニーほか『世界動物大図鑑』（ネコ・パブリッシング、2004年）

※Chris Harrison「The Sand Boa Page - The Desert and Black Sand Boas」

【UMA事件05】

ジャージー・デビル

Jersey Devil
1735?
New Jersey, USA

馬のような顔に真っ赤な目。先が割れた長い尻尾。コウモリのような羽をパタつかせて空を飛び、歩くと割れた蹄の跡を雪の上に残す。米国ニュージャージー州で今も語り続けられるジャージー・デビルは大体、こんな姿をしている。

ジャージー・デビルの誕生は、1735年のことと言われている。同州のパインバレンズという荒地に極貧のマザー・リーズという女性がいた。リーズは12人の子持ちだったが13番目の子供を身籠り、その出産があまりに難産だったため、ついこう叫んでしまったという。「産まれてくる子供が悪魔であればいい!!」。その呪いの言葉に誘われるかのように彼女のお腹からポンと現れたのが「ジャージー・デビル」だった。ジャージー・デビルは彼の兄弟12人を残らず食い殺した挙げ句、煙突から宙へと消えていった、ということになっている。

出産を助けていた産婆は恐ろしさのあまり金切り声を上げ、ショックでその場で死んだ、といったオマケな感じがする話もついているが、まぁ大体、こんなような誕生譚なのである。つまりは昔話や寓話の類。ジャージー・デビルは、正体を本気で探る対象のUMAというより、日本で言えば妖怪変化の類に近いと思ったほうがいいだろう。

ハードな超常現象ファンなら、深追いしても「あ

1909年にフィラデルフィアの新聞〈フィラデルフィア・ペーパー〉に掲載された「ジャージー・デビル」の予想図。この年の1月16日から8日の間に、ジャージー・デビル目撃事件が集中的に発生。大きな騒動になった。

まり面白みのなさそうな話」に聞こえるかも知れない。しかし、米国のジャージー・デビル研究は、ここ20年ほどで目覚ましく進歩した。ジャージー・デビルは単なる寓話ではなく、当時その地域に渦巻いていた宗教的な軋轢をバックにして歴史的に生み出された伝説だったのではないか、と考えられるようになってきている。米国建国の父のひとり、ベンジャミン・フランクリンもジャージー・デビル伝説を生み出す一端をどうも担っていたらしいのである。

最新研究で見えてきたもの

ジャージー・デビルの故郷パインバレンズは、大西洋に面したニュージャージー州南東部の「リーズポイント」という地域にあり、ジャージー・デビルは彼を産み落とした母親の名前から別名「リーズの悪魔」とも呼ばれている。これら「リーズ」という名前を手掛かりに郷土史家らが調べたところ、パインバレンズにダニエル・リーズという人物が、17世

ジャージー・デビル伝説が生まれたリーズ家（1930年代に撮影）

紀末に本当に住んでいたことが判明した。このダニエル・リーズとその息子のタイタン・リーズが、地元住民らとの間で引き起こした数々のトラブルが、後に「リーズの悪魔＝ジャージー・デビル」という伝説を生み出す原因となったようなのだ。

西洋人のニュージャージー州への入植は1620年代に始まり、その多くは英国のクエーカー教徒だった。1677年に、26歳で米国にやってきたダニエル・リーズもまた、そんなクエーカー教徒の1人だった。彼はニュージャージー州の地方議会に所属して英国植民地の測量監督官に就任した。そして1690年代に彼が手に入れた土地が、後にリーズポイントと呼ばれるようになるジャージー・デビルの故郷だった。

■発端は暦の出版を巡る争い

リーズが周囲のクエーカー教徒と大きな騒動を起こすきっかけとなったのは、1687年に出版した

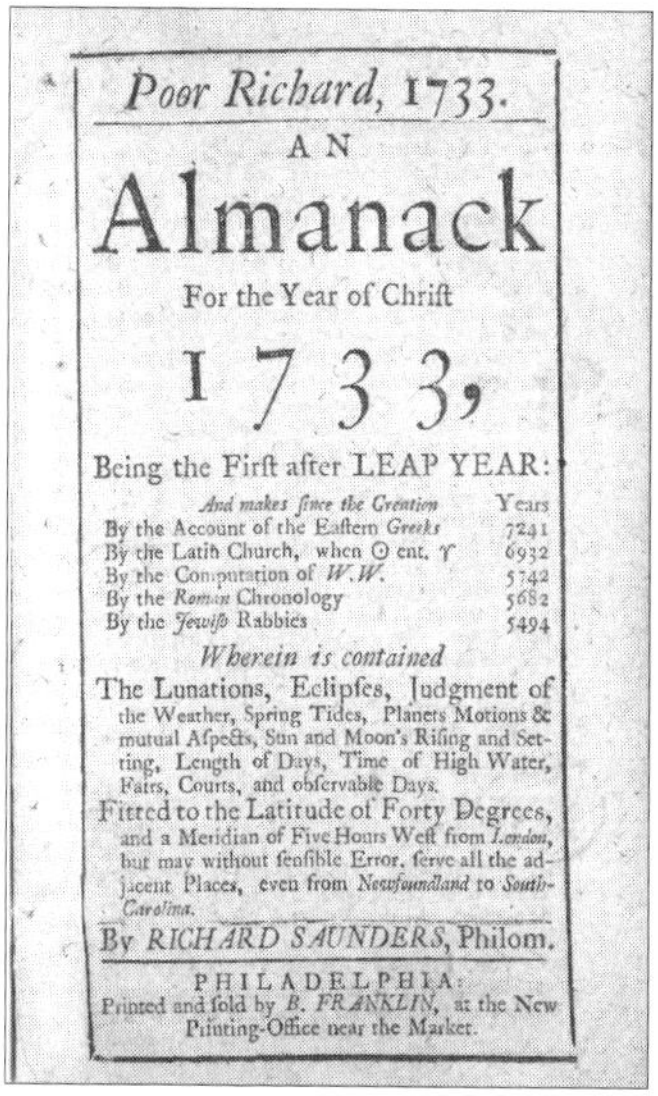

Poor Richard, 1733.

AN

Almanack

For the Year of Chriſt

1733,

Being the Firſt after LEAP YEAR:

And makes ſince the Creation	Years
By the Account of the Eaſtern *Greeks*	7241
By the Latin Church, when ☉ ent. ♈	6932
By the Computation of *W.W.*	5742
By the *Roman* Chronology	5682
By the *Jewiſh* Rabbies	5494

Wherein is contained

The Lunations, Eclipſes, Judgment of the Weather, Spring Tides, Planets Motions & mutual Aſpects, Sun and Moon's Riſing and Setting, Length of Days, Time of High Water, Fairs, Courts, and obſervable Days.

Fitted to the Latitude of Forty Degrees, and a Meridian of Five Hours Weſt from *London*, but may without ſenſible Error, ſerve all the adjacent Places, even from *Newfoundland* to *South-Carolina.*

By *RICHARD SAUNDERS*, Philom.

PHILADELPHIA:
Printed and ſold by *B. FRANKLIN*, at the New Printing-Office near the Market.

ベンジャミン・フランクリン（上）と彼が発売した暦（左）。「Almanack」は「生活暦」とも訳される、日没入や祝祭日、各種行事などが書き込まれたもの。ベンジャミン・フランクリンはそこにライバルの悪口を書き加えた。

彼の暦だった。暦といっても今のものとは違い、日付だけでなく、リーズが心酔していた占星術の占いの言葉なども掲載されていた。これが周囲のクエーカー教徒を怒らせ、リーズは「異教徒」と断罪され、暦の在庫を全て破棄するよう命じられた。

　占星術が神の働きの解明に役立つと本気で信じていたリーズはこの命令に従わず、闘いを激化。「クエーカー神学は反国家主義でキリストの神性を否定している」と主張するパンフレットを撒いた。クエーカー側もすぐに応戦し「裏切り者リーズは悪魔の手先」と決めつけるパンフレットを配った。

　この争いが「リーズ＝悪魔」という図式を決定した。暦の発行とそれに付随した争いは、1716年以降息子のタイタン・リーズへ受け継がれた。それから16年経った1732年、暦の市場に目をつけて新規参入をしてきたのがフィラデルフィアの印刷業者ベンジャミン・フランクリンだった。彼はリーズの暦を真似て占いを掲載した暦を販売しただけでなく、先行業者の追い落としを狙って「タイタン・リーズは1733年10月17日に死ぬであろう」などというやがらせの占いの言葉まで暦に載せた。リーズも負けずに「フランクリンはバカで嘘つき」などと暦に書いて反撃を行った。

タイタン・リーズは結局、死亡の占いから5年長生きし1738年に亡くなった。だが、その後もフランクリンは「リーズの幽霊が、未だ私に暴言を吐きかけ続けている」などと書いて、リーズをからかう手を止めなかった。

フランクリンとの罵り合いとリーズの死の時期は、リーズの悪魔が生まれたとされる1730年代半ばの時期とちょうど重なっている。邪教とか悪魔の手下とか罵られ、霊となっても暴言を吐き続けたとあざ笑われたリーズ家。またリーズ家の家紋が、ジャージー・デビルを連想させるコウモリの羽を生やしたドラゴンであったことなども手伝って、リーズ家と周辺社会との軋轢の怨恨が、現在のジャージー・デビル伝説を生み出すルーツとなったのではないか、とニュージャージー州のキーン大学のブライアン・リーガル助教（科学史）は推測している。

歴史が浅く固有の神話伝説が少ない米国で、独立戦争以前の物語として語り継がれるジャージー・デビル伝説は、地元の人々にとって自らのルーツを思い出し郷愁を誘う物語となっているようだ。

ニュージャージー州では未だにリーズの悪魔が目撃され続け（詳細な目撃事例は『新・トンデモ超常現象60の真相（下）』を参照）、ジャージー・デビルは「アメリカの遠野物語」と呼んでもいいような伝説となってきている。


（皆神龍太郎）

【参考文献】
カール・シファキス『詐欺とペテンの大百科』（青土社、1996年）
ゴードン・スタイン『だましの文化史』（日外アソシエーツ、2000年）
皆神龍太郎、志水一夫、加門正一『新・トンデモ超常現象60の真相（下）』（彩図社、2013年）
Brian Reagal「The Jersey Devil: The Real Story」『Skeptical Inquirer』(Vol 37.6, Novemver/December, 2013)

【UMA事件06】

モノス

De Loys' Ape
1920?
the Tara basin?, Venezuela

モノスは南米のベネズエラの森に生息するといわれる獣人型のUMA。

体長は150〜160センチ。尾がなく、歯は32本、二足歩行ができるといわれている。

日本では「モノス」という名称で知られているが、これはスペイン語でサルを意味する単語「モノ」の複数形で、モノスという言葉自体にはサルという意味しかない。

そのため海外ではモノスとは呼ばれておらず、一般的には、撮影者から名前を取った「ドロワの類人猿」と呼ばれている（ただし本稿では馴染みのあるモノスで統一する）。

■モノスの一般的な来歴

モノスといえば、その死体を正面から撮ったという写真が有名だが、来歴については、一般的には次のようになっている。

1920年、スイスの地質学者フランソワ・ド・ロワ率いる探検チームが、ベネズエラのタラ川流域の未開の森で、突然、2頭の奇妙な生き物に遭遇した。

その2頭はオスとメスのようで、背は高く、二足歩行をしており、全身が毛に覆われていたという。性格は凶暴で、探検隊に対しては、絶叫しながら木の枝と排泄物を投げつけてきたとされる。

枝はともかく、さすがにウンコはキツい。そこで探検隊のメンバーたちはライフル銃を取り出し、応戦。最初は近づいてきたオスに向かって多数の銃弾を浴びせようとしたが外してしまい、代わりに銃弾はメスに当たって死亡。オスは森の中へ逃げていったという。

残されたメスの死体は近くの野営地へ持ち帰られ、記録として写真が撮られた。それが今日も残っている、あの有名なモノスの写真である。

モノスの写真と探検隊の遭遇談は、後に1929年3月、ドロワの友人で人類学者のジョルジュ・モンタンドンによって正式に発表された。モンタンドンはドロワの話から、写真に写る生物が全長157センチ、体重50キロ、尾はなく、歯は32本だったとしたが、そのような特徴に合致する生物は南米には生息していなかった。

そこで提案されたのが新種の類人猿説である。モンタンドンは「アメラントロポイデス・ロイシ」という学名まで提唱。こうした話は写真と共に大きな反響を呼び、とくに写真の方は世界的にも広く知られるようになっていった。

■1962年の告白

残念ながらドロワは証拠になるものを写真以外に残さなかった。しかもその写真も1枚だけで、それだけでは全長、体重、尾の有無、歯の数などもわからなかった。

普通とは違うという根拠はドロワの話のみである。そのため、モノスは長らく真偽論争が絶えなかった。

ところが1990年代と2000年代に転機が訪れる。それまで埋もれていた資料が発見されたことなどにより、研究が大きく進んだのである。

とくに大きかったのが、ドロワの友人による告白記事の発見だった。それは1962年にさかのぼる。この年の7月18日、ベネズエラの首都カラカスの新聞『エル・ウニベルサル』紙に、ドロワの友人で医

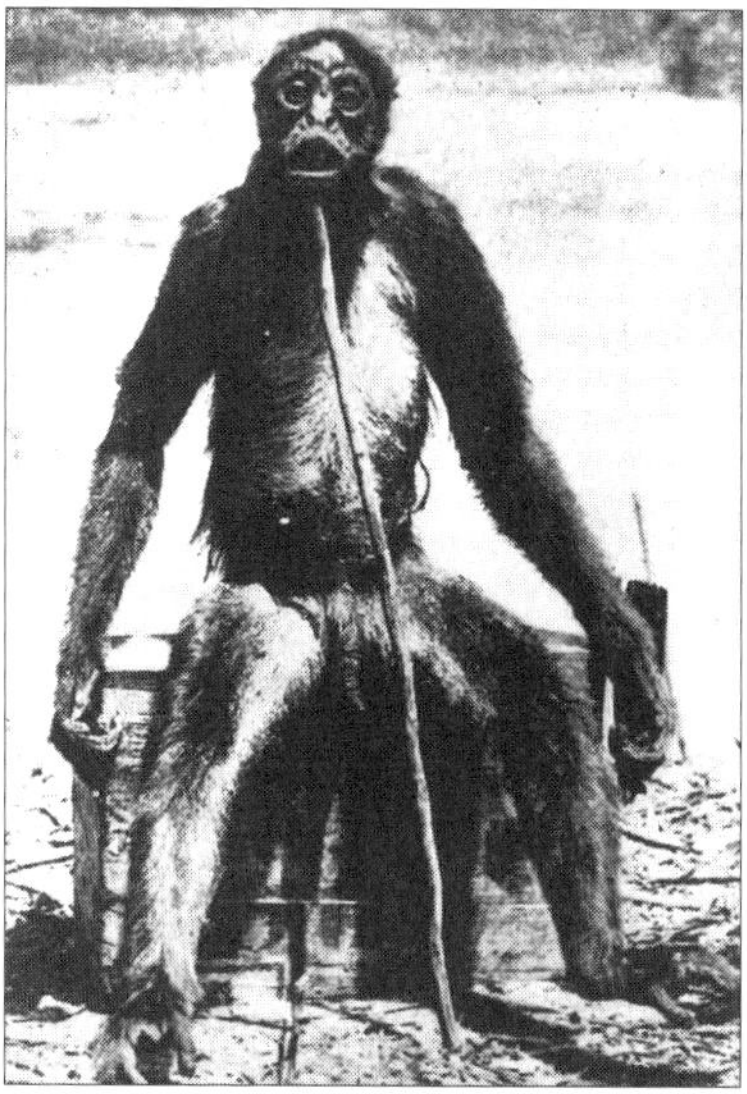

【左】モノスの写真。アゴの下につっかえ棒を入れて支えている。長い手足に加え、額、胸、腹、足の内側の毛が白いという特徴がある。
【上】フランソワ・ド・ロワ。とても冗談が好きなイタズラ者で、よく周囲の人々を笑わせていたという。

師のエンリケ・テヘーラの手紙が掲載された。

もともとその手紙は、同紙で前日に取り上げられていたモノス事件の記事を受けて、真相はこうであると指摘するものだった。

テヘーラによれば、写真に写る生物は、当時ドロワが飼っていたペットのクモザルだったという。名前は「モンキーマン」。このペットは1917年に、ベネズエラのメネ・グランデ油田の近くに滞在中、死んでしまった。しかし、もともと冗談好きだったドロワは、その死体を使って写真を撮影。それが、問題の写真だったという（尾は病気が理由で切断していた）。

これと同様の話は、アメリカの地質学者ジェームズ・ダーラチャーも明らかにしていたことが後にわかった。ダーラチャーによれば、1927年にベネズエラで石油関係の仕事をしていた際、ドロワの探検チームに参加していたメンバーたちから、クモザルを使ったイタズラが行われていたことを聞かされていたという。

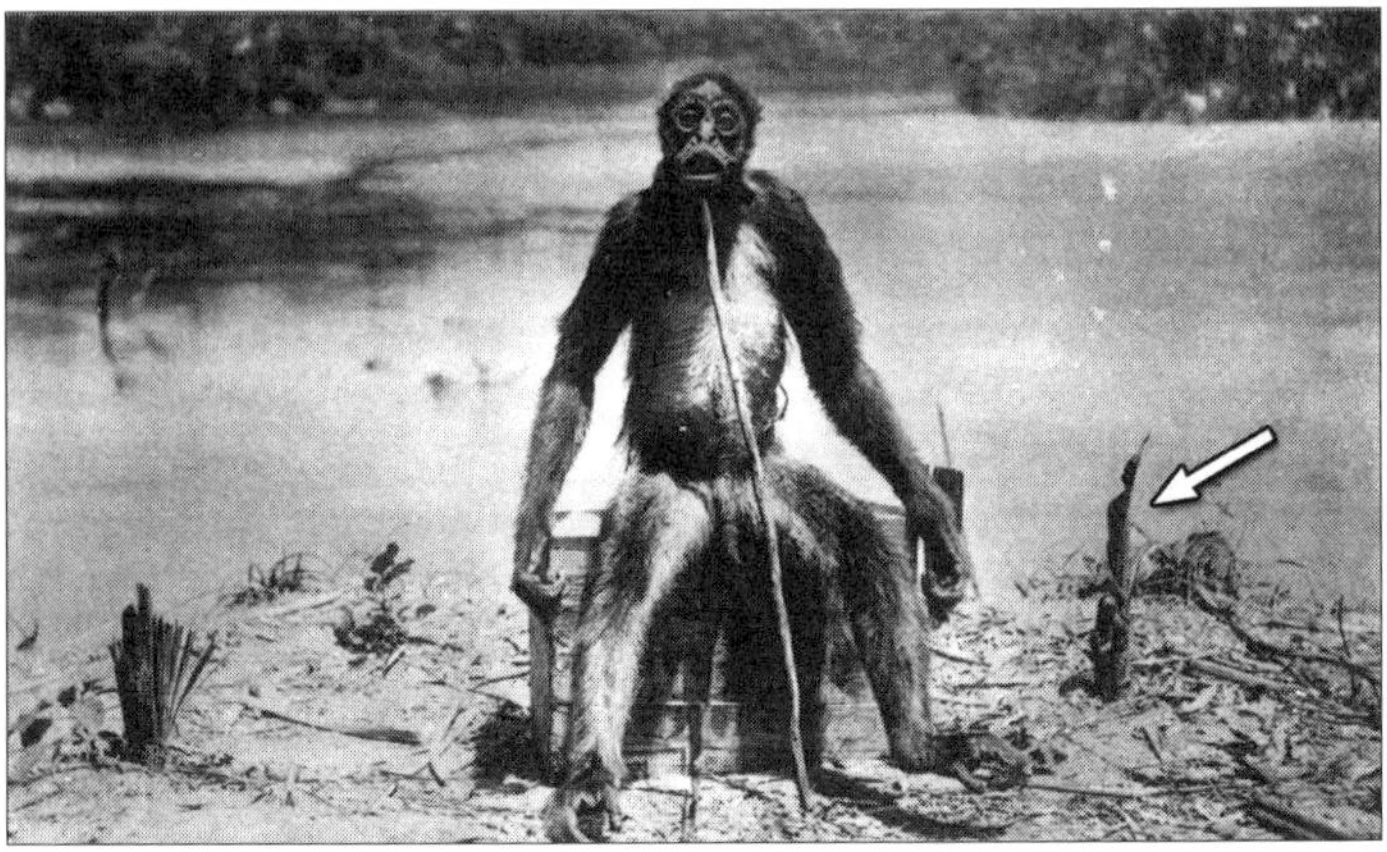

左右が切り取られていないノーカット版。右下の矢印で示した場所に植えて間もないバナナの木が見える。しかしバナナは南米に自生していない。つまり、ここは「未開のジャングル」などではなく、人が作物を植えて生活している場所だった。また、モノスは前方から襲ってきて多数の銃弾を浴びたはずなのに弾痕が見当たらず、血の跡も見られないことからも、ドロワの話はホラ話だと考えられている。

ちなみに日本では、地名に関して「モノ・グランデ峡谷」なる場所でモノスが発見されたとよく書かれるが、これは前出のメネ・グランデを誤読したものだと思われる。モノ・グランデ（「でっかい猿」という意味）と名づけられた場所は実在しない。

また、この実在しない場所で、1954年にイギリス人ハンターがモノスに襲われたという話も見かけるが、これも日本でしか広まっていない話である。

■人種差別に利用された写真

このようにモノスの話は、イタズラとして始まったものに尾ヒレがついて膨らんだものだった。

しかし、モノスが世に発表されるに至った動機に関しては、もっと深刻な問題が絡んでいたことが指摘されている。

未知動物研究家のローレン・コールマンとミシェル・レナルによれば、その動機には人種差別的な考えがあったという。最初にモノスの写真を公表したモンタンドンは、ユダヤ人を増やさないためにはユダヤ人女性の鼻をそぎ落とすべきだと主張するような極端な人種差別主義者だった。

彼の主張を要約すれば、人類は共通の祖先から進化したのではなく、各人種が別々に生まれたというものである。白人はクロマニヨン人から進化したが、他の人種は類人猿から進化したという。黒人はゴリラ、アジア人はオランウータンというように。

ところが、こうした主張では、ひとつ説明できない欠点があった。それがアメリカ先住民の祖先で、アメリカ大陸では類人猿が見つかっていなかった。

ジョルジュ・モンタンドン。スイス生まれの人類学者。1926年に反ユダヤを宣言。第二次世界大戦中の1944年にフランスのレジスタンスによって射殺された。

しかし、そのミッシングリンク（失われた環）にうまく当てはまりそうな類人猿がモノスだった。モンタンドンの主張は明快で、モノスこそ、探し求めていたアメリカ先住民の祖先だというものである。

つまりモノスは、人種差別主義的なイデオロギーを正当化するために世に出たものだったのだ。

■正体はブラウンケナガクモザル

最後は、近年の情報があるので触れておきたい。2016年にNHKスペシャルの番組にてモノスの特集が組まれた。この番組では写真内でモノスが座る箱が約40センチだと推測し、そこからクモザル（通常1メートル以下と言われる）では説明できない大型のサルの可能性があるとしていた。

しかし箱の大きさについては、もっと小さかったのではないかという異論が昔から出ている。番組のようなクモザル否定論は周回遅れの話だった（南米に通常より大きなサルがいる可能性はあっても、写

【左】ブラウンケナガクモザル。手足の長さや指の形、毛の色など、モノスと非常によく似ている（撮影：本城）。

【右】こちらはまだ成長段階。それでも額の白い毛や、鼻など、顔の特徴がモノスとよく一致することがわかる（撮影：本城）。

真に写るモノスと後述する特徴が一致しないのであればそれは別の話。残念なことに写真をよく観察していない人は非常に多い）。

そもそも1929年8月には、イギリスの霊長類学者アーサー・キースが、写真に写る生物として最も合致するのはクモザルであると主張している。

その後も、クモザル説は多くの研究者から指摘され、2008年にはモノスの資料を丹念に追って研究成果をまとめたベネズエラ科学研究機構のベルナルド・ウルバーニによって、モノスの正体は、具体的には「ブラウンケナガクモザル」だと結論された。

このサルは、実は日本にもいる。埼玉県の大宮公園小動物園と、東京都の江戸川区自然動物園である。

筆者（本城）が確認のため、江戸川区の方を訪れてみたところ、比較的近い距離から2時間ほど観察することができた。

ブラウンケナガクモザルの最大の特徴は、額にある三角形の白い毛だったが、これは実物でもモノスの写真でも確認ができた。また長い手足や指の形はもちろんのこと、見逃されがちな胸、腹、足の内側に見られる白い毛、それに長い性器といった特徴も一致していた。

やはり、モノスの正体はブラウンケナガクモザルで間違いない。

なお、「ブラウンケナガクモザル」は、従来、ケナガクモザルの亜種とされていた。しかし、先ほどあげた額の毛をはじめとした特徴の違いがあったことから、2016年に種に格上げとなったという。つまり新種だったのだ。

モノスは、写真に写るものと、その正体とされるものの姿が見事に一致する珍しい例である。すでに確認されているという点ではUMAとは言えないが、それでもあえて言わせてもらうならば、モノスは実在するUMAである。しかも日本にもいて、会いに行けるのだ。

「南米の未開のジャングルに潜む」わけではないからといって、ロマンを感じないのはもったいない。子どもの頃から見ていたUMAが目の前に存在しているというのは、やはり心を動かされる。あなたも機会があれば、ぜひ会いに行っていただきたい。

（本城達也）

【参考文献】
Bernardo Urbani, Angel L. Viloria『Ameranthropoides loysi Montandon 1929 : The History of a Primatological Fraud』（Libros en Red, 2008）
Karl. P. N. Shuker『Extraordinary Animals Revisited』（CFZ Press, 2007）
※Loren Coleman「Racism In Cryptozoology」
「大アマゾン最後の秘境　緑の魔境に幻の巨大ザルを追う」（NHK、2016年6月12日放送）
※大宮公園小動物園「動物日誌ケナガクモザル」

【UMA事件07】

コンガマトー

Kongamato
Since 1923
The African continent

コンガマトーはサハラ砂漠以南のアフリカ大陸に生息するとされる大型の飛行UMAで、未知の大型コウモリあるいはジュラ紀の翼竜の生き残りだと考えられている。コンガマトーの他に地域によってオリティアウ（Olitiau）、ササボンサン（Sasabonsam）などの呼び名がある。

翼長1・5〜2・0メートルほどで、コンガマトーとは現地語で「ボートをひっくり返して沈めるもの」の意味。ザンビアのカオンデ族の魔除けの呪文にもその名が登場する。オリティアウはカメルーンのイプロ語の「Ole」「Ntya」を誤解したものと言われており、現地では一般的に悪魔を指して使うもので厳密にはその動物そのものを指しているわけではないという。ササボンサンはガーナにおいて用いられる言葉で、アササボンサンともいい、西ガーナのアシャンティでは木の上に住み人を襲う毛深い吸血鬼として伝承の中で語られている。

■発端は原住民の伝承

フランク・H・メーランドが著書『In Witchbound Africa』（1923年）の中で原住民から聞いた話として、翼長1・2〜2・1メートルの赤い大型の飛行生物で口に歯があると紹介したものがヨーロッパに

コンガマトーの想像図（CG：横山雅司）

もたらされた最初期のコンガマトーの報告である。メーランドが持っていた本の中の翼竜の図を見た原住民たちはコンガマトーだと認めたという。

1925年にはイギリスの新聞記者G・ワード・プライスが南ローデシアの沼地でコンガマトーに襲われた男を取材した。動物図鑑などを見せてどのような動物かたずねたところ、男は翼竜を示したという。

1932年にはカメルーンのアスンボ山脈で若き日のアイヴァン・T・サンダースンがオリティアウと遭遇している。サンダースンによれば彼が目撃したものは翼長が少なくとも3・6メートルはあり、彼の上空を飛び越えていくときには「シュシュシュシュ……」という声のようなものが聞こえたという。このとき周囲にいた現地民が口々に「Ole」「Ntya」、つまりは「悪魔」だと口走ったのをサンダースンはその怪鳥の名前（オリティアウ）だと思ってしまったようだ。通訳から得られた情報も、「とてもよくない鳥だと皆言っている」程度であった。

コンガマトーが出現したというザンビア北東部のバングウェウル湖（©SA-Pictures/shutterstock）

1956年、北ローデシアにあるザンビアのバングウェウル湖付近でエンジニアのJ・P・F・ブラウンが二頭の翼竜のようなものを目撃した。道路に沿って飛ぶそれは翼長1メートルほどの大きさで、長く細い尾を持ち、犬のような鼻づらをしていた。怪鳥が円を描くように飛び、ブラウンの方に向かって飛んできたときにその口には鋭い歯が見えた。この話が新聞に載ると、南北ローデシアの各所からコンガマトーを見たという目撃談が寄せられたという。

1988年の夏にはアフリカ南西部のナミビアを調査のために訪れたシカゴ大学のロイ・マッカルがコンガマトーの目撃情報を収集しているが、自身による目撃はかなわなかった。この調査では、コンガマトーは丘の上を飛び回るのを好むという情報が得られた。

■コンガマトーの正体は？

コンガマトーの正体については未知動物学的には

翼竜派と大型の未知のコウモリ派に大別される。

　自身がオリティアウを目撃したサンダースンは著作によってこの二つの説のどちらかを採用するのにばらつきがあるが、アフリカに生息するウマヅラコウモリの未知の大型種という説を提唱しており、ユーベルマンも同意している。

　ウマヅラコウモリは通常翼長が0・7〜1・0メートルほど、体長は0・2〜0・3メートルなので、サンダースンが目撃したオリティアウは3倍以上の翼長を持つことになるのだが……。彼はオリティアウに「すべてのコウモリの祖父」という綽名をつけている。

　他の未知動物学者の中では、カール・シューカーやアフリカでコンガマトーの情報収集を行ったこともあるロイ・マッカルは、それほど真剣にというわけではないが翼竜説を採用している。

　コンガマトーとそれに類するアフリカの怪鳥については、目撃証言と目撃者が怪鳥に負わされたという負傷程度しか証拠がなく、写真に収められたことすらない謎の多いUMAであることを最後に付け加えておく。


（小山田浩史）

サンダースンはコンガマトーの正体として、「ウマヅラコウモリ（画像）の未知の大型種」を主張している。

【参考文献】
Ivan T.Sanderson『Investigating The Unexplained: A Compendium of Disquieting Mysteries of The Natural World』(Prentice Hall, 1972)
Loren Coleman,Jerome Clark『Cryptozoology A to Z』(Touchstone, 1999)
並木伸一郎『決定版 未確認動物UMA生態図鑑』(学研プラス、2017年)

【UMA事件08】

ネッシー

Loch Ness Monster
22/07/1933
Loch Ness, Scotland

ネッシーは、イギリス、スコットランド北部のネス湖で目撃されるUMA。

体長は3～13メートル。小さな頭に細長い首、ヒレと長い尾を持つとされる。体色はグレー、もしくは黒。

海外ではニックネームのネッシーの他に、「ロッホ・ネス・モンスター」という呼び名も一般的。「ロッホ」はスコットランドの方言で「湖」の意味。つまり一般的な呼び名は「ネス湖のモンスター」になる。

その知名度と人気は抜群で、ネッシーは単独でもUFOのような一大ジャンルと並べて紹介されることも多い。

■『聖コルンバ伝』に登場？

ネッシーが記録上、はじめて現れるのは西暦700年頃に書かれた『聖コルンバ伝』という書物だとされている。これはアイルランドの聖人コルンバにまつわる聖人伝である。

そこには聖人コルンバが聖なる力によって水の獣を追い払ったという話が載っている。その獣がネッシーのことだという。

本当だろうか？　実際に該当箇所を読んでみると、生物そのものについては単に「水の獣」としか書か

ネッシーの代名詞ともいえる有名な「外科医の写真」。海外では首謀者の名前から「ウェザレル
の写真」と呼ぶべきだという意見もある。（Machal『The Monsters of Loch Ness』より）

れていないことがわかった。どんな姿をしていて、どれほどの大きさだったのかなど、外見がよくわかる描写はない。

しかも、その獣が現れたのは「ネス川」で、ネス湖ではなかった。他の箇所ではネス湖についての言及があることから、書き手はネス川とネス湖が別の場所であることはわかっていたことがうかがえる。

とはいえ、そもそも歴史的な事実が書かれている保証はない。『聖コルンバ伝』を書いたアイオナ島の修道院長アダムナーンは、コルンバ（５９７年没）の死後約30年経ってから生まれた人物。当然、面識はなく、『聖コルンバ伝』自体もコルンバが亡くなってから約１００年後（完成時期は６９７年～７０４年の間）に書かれたものだった。

さらにいえば、聖人のエピソード自体もありふれたものだという指摘がある。歴史家のチャールズ・トーマスは、「聖人が残忍な生き物を追い払い、その奇跡を目の当たりにした異教徒が神の偉大さを認めるというストーリー」は、他の初期のイギリスとアイルランドの聖人伝にもよく見られると指摘している。

このように、『聖コルンバ伝』にネッシーの記録があるという主張には残念ながら明確な根拠がなかった。

●1933年以降に目撃が急増

ネッシー研究家のエイドリアン・シャインによれば、1933年7月22日までは、ネッシーの典型的なイメージである「長い首を持つ水棲怪獣」の目撃報告はなかったという。

それを初めて目撃したというのは、ロンドンからネス湖にドライブに来ていたジョージ・スパイサーという人物。彼はネス湖畔の道路を走行中、前を横切る首の長い怪獣のようなものに遭遇したと主張している（口には動物のようなものをくわえていたらしい）。

この主張に対し、UMA研究家のダニエル・ロクストンは、スパイサーの目撃内容は同じ年に公開された大ヒット映画「キングコング」の影響を受けていると指摘する。

この映画がロンドンで公開されたのは4月10日のことで、映画には先述のイメージによく似た水棲怪獣が登場する。それは陸地も歩き、口に人をくわえてもいた。実際、スパイサーは「キングコング」を観ていたことを認め、自身が目撃したものは映画に出てくる水棲怪獣のようだったとも語っている。

残念ながらスパイサーは写真を撮っておらず、証拠もないため、彼が何を見たのか（もしくは見なかったのか）、今となっては検証することが難しい。

けれども映画が公開され、スパイサーの目撃内容が新聞で大きく報じられて以降、首の長いネッシーの目撃報告が増えるのは確かである。

ちなみに1933年以前のネス湖は、決して寂れた場所などではなく、むしろ過去数十年にわたって観光地として賑う場所だった。1840年代にはネス湖と近くの都市を結ぶカレドニア運河が建設され

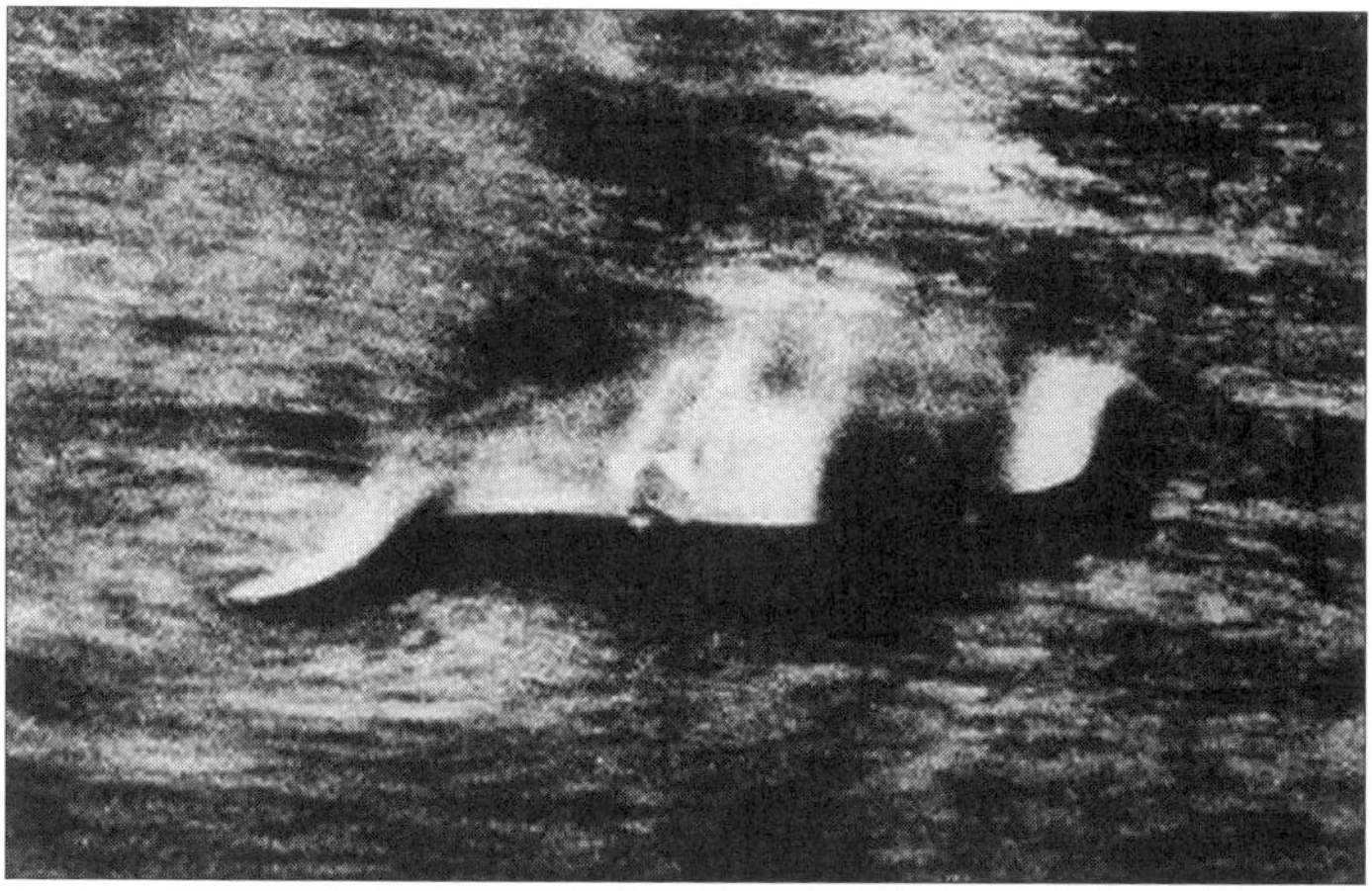

世界初のネッシー写真（コントラスト強調版）。1933年11月12日にヒュー・グレイによって撮られた。被写体は、「犬が棒をくわえて泳いでいるところ」、あるいは白鳥、サンショウウオだという意見も。不鮮明なため、見る人によって様々な解釈ができてしまう面白写真となっている。（Naish『Hunting Monsters: Cryptozoology and the Reality Behind the Myths』より）

たことにより、汽船で小旅行をする観光客が増えていた。１８７３年９月にはヴィクトリア女王もネス湖に旅行している。

しかし、それだけ賑わっていたにもかかわらず、謎の生物の目撃報告自体ほとんどなかった。こうしたことを踏まえれば、１９３３年の映画と新聞報道の影響力の大きさがよくわかる。

■１９３４年の外科医の写真

ここからは、ネッシーを扱った本などでよく紹介されている、ネッシーの写真を取り上げていきたい。

まずは１９３４年４月19日に、婦人科医のロバート・ケネス・ウィルソンによって撮られたという写真。同年４月21日に『デイリー・メール』紙に掲載され、世界的に広まった。今日では通称「外科医の写真」としてよく知られている。

この写真は１９９３年に、ウィルソンの友人だというクリスチャン・スパーリングという老人が、死

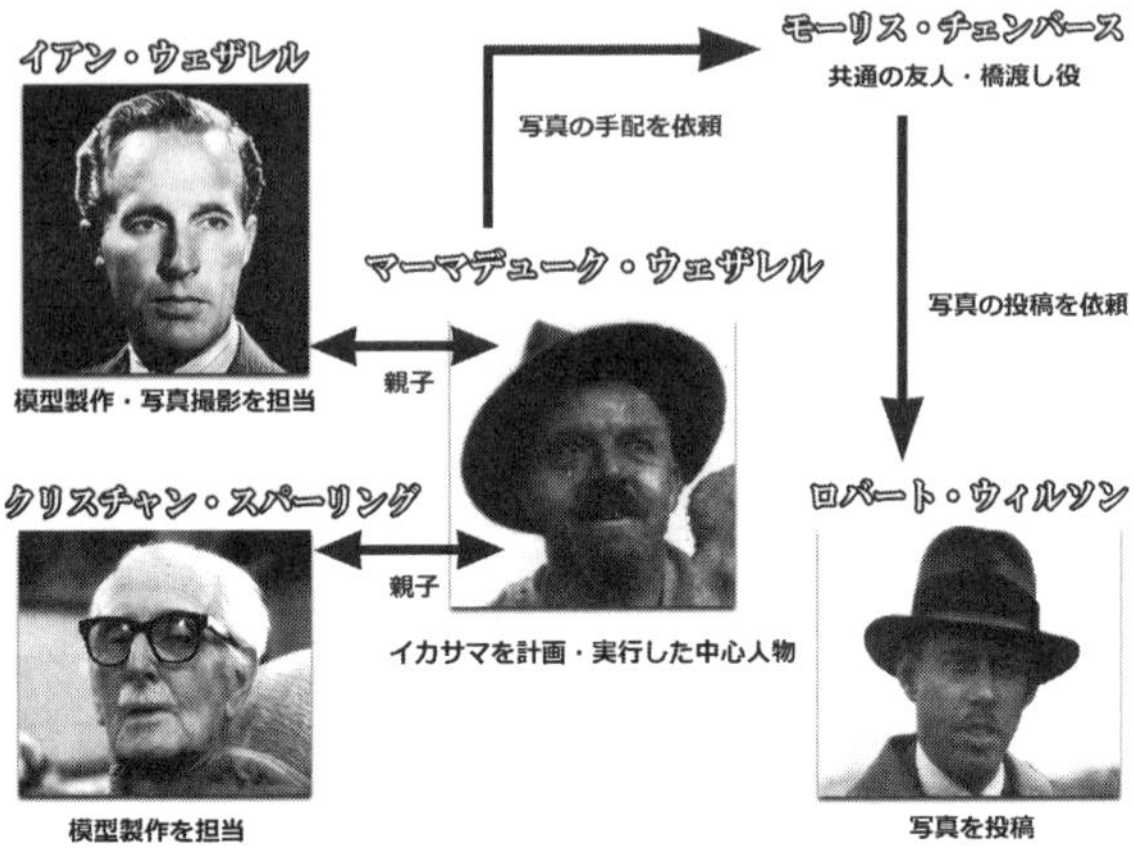

外科医の写真に関係する５人の主要人物たち。イアンは75年にイカサマを告白。スパーリングはそれを追認するかたちで91年にイカサマを認めた。スパーリングの告白は没後の94年に発表されたが、それまでの間、何度も研究者の取材に協力していた。ウィルソンは写真の受け取りと投稿をしただけで、カバの足跡事件にも関わっていなかった。

に際に「外科医の写真はオモチャを使って撮ったイタズラだった」と告白したことでも知られている。

一部では死に際の告白で証拠は何もなく、告白自体がジョークだったのではないかとする意見もあるが、これには大きな誤解がある。実はスパーリングが告白したのは亡くなる数年前からで、イカサマを告白した人物も他にもいたからだ。

1975年の12月7日。この日、イギリスの『サンデー・テレグラフ』紙に、外科医の写真は潜水艦のオモチャを使って撮られたイタズラであるという告白記事（タイトルは「モンスターの作り方」）が初めて掲載された。

告白した人物はイアン・ウェザレル。イアンによれば、イタズラの発案者は父のマーマデューク・ウェザレルで、その父らと潜水艦のオモチャを使って撮ったのが外科医の写真だったという。

ところが、この告白記事には写真がなく、量もそれほど多くなかったためか、当時ほとんど注目を集めることはなかった。

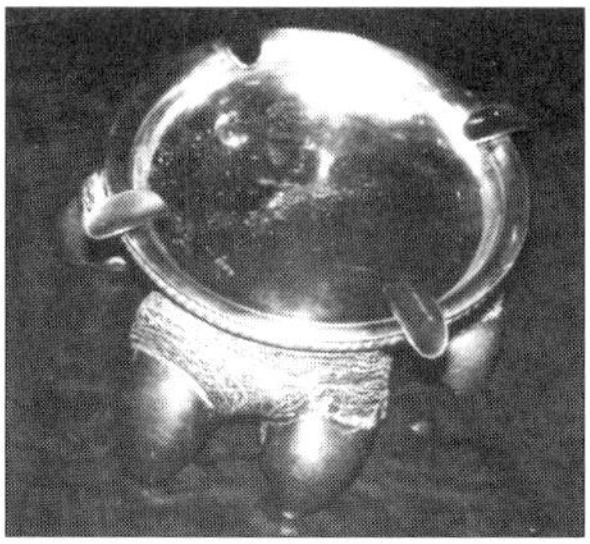

【上】孫のピーターが現在も保管しているカバの足の灰皿。

【上】周囲が切り取られていないフルサイズの外科医の写真。こちらを見ると「ネッシー」とされたものが実は小さかったことがわかる。
【右】２枚目の外科医の写真といわれるもの。実際には同じ場所で同じ時に撮られたものかはわかっておらず、原板も1930年代になくなっている。写っているのはカワウソだという意見もある。（画像はすべて Martin, Boyd『Nessie : The Surgeon' s Photograph Exposed』より）

そうした中、１９９０年にネッシー研究家のエイドリアン・シャインが、この埋もれていた重要な記事を発掘。知り合いの研究者、デヴィッド・マーティンとアラステア・ボイドに調査を依頼し、彼らは３年あまりにわたって関係者に取材を重ねた。

その結果、様々なことがわかった。まず、外科医の写真をデッチ上げるきっかけになったのは、１９３３年12月に起きた「カバの足跡事件」だった。これは当時、イギリスのタブロイド紙『デイリー・メール』が組織したネッシー調査隊が、湖畔で謎の足跡を発見したというものだ。

このとき調査隊のリーダーを務めていたのが、前出のマーマデューク・ウェザレルである。彼は現地につくと、わずか2日で足跡を発見。しかし、その足跡の石膏型がイギリスの自然史博物館に送られ、鑑定されると、「カバの足跡で、おそらく標本などによってつけられた作り物」という結果が出た。

この鑑定結果については、前出のマーティンとボイドが追跡調査している。それによれば、１９９４

年にウェザレルの孫のピーター・ウェザレルを見つけ出し、彼から当時、祖父が足跡の偽造に使ったとされる銀製の灰皿を見せられたという。

その灰皿は土台部分にカバの足が装飾されており、その足は、当時スケッチされた足跡とそっくりであることが確認された。

やはり、ウェザレルは足跡をデッチ上げていたのだ。しかし、これにより、ウェザレルは『デイリー・メール』をクビになってしまった。これを逆恨みして起こしたのが「外科医の写真」のデッチ上げである。

ウェザレルは模型を使った計画を立てると、息子のイアン・ウェザレルと義理の息子のクリスチャン・スパーリングを誘った。彼らは模型作りを担当したという。模型は湖面に浮かべるための潜水艦のオモチャ部分と、湖面から突き出て「ネッシー」に見せるための恐竜模型部分からなっていた。潜水艦のオモチャは「ウールワース」というイギリスの雑貨チェーン店で購入され、恐竜模型は手作りだった(製作期間は約8日)。

こうして出来たネッシーの模型は、当時、ロンドン近郊のトゥイッケナムにあった池でテストされた後、ネス湖に運ばれる。そこでは「小さな波が大きな波のように見える入り江」が選ばれ、イアンが「外科医の写真」を撮った。

あとは発表するだけである。しかし、ウェザレルが発表したのでは疑われるのが目に見えている。そこで彼は写真を友人で保険ブローカーのモーリス・チェンバースに渡し、チェンバースは友人で医師のロバート・ウィルソンに写真の投稿を依頼した。

ウィルソンが選ばれたのは、社会的に信用されやすい「医師」という肩書きを持っていたからである。この思惑は当たった。しかし、その反響は予想を大きく超えていた。本来はスクープに見せかけて話題にさせた後に真相を暴露して、『デイリー・メール』に恥をかかせるつもりが、なかなかそんなことは言い出せない状況になってしまったのだった。

これが外科医の写真の顛末である。

なお、後にスパーリングが告白した模型の大きさでは不安定でまっすぐ水に浮かないという指摘が出たが、これについてはイギリスのテレビ制作会社「ITN」が同じ寸法の複製モデルをつくり、まっすぐ浮くことを確認しているという。また、デヴィッド・マーティンとアラステア・ボイドも同様の模型を使い、再現写真を撮ることに成功している。

●ピーター・マクナブの写真

続いては、1955年7月29日に、銀行員のピーター・マクナブが撮影したという写真を取り上げる。これはネッシー研究家のコンスタンス・ホワイトが、マクナブからオリジナルのネガの提供を受けた通称「ホワイト版」と、UMA研究家のロイ・マッカルが同様に提供を受けた「マッカル版」がある。

奇妙なのは、共に1枚しか残っていないといわれていたオリジナルのネガからフルサイズで現像された写真にもかかわらず、細部が異なっているように見えることだ。マッカルはこの点を不審に思い、ホワイト版との詳しい比較を試みた。

その結果、マッカル版ではホワイト版にあった左下の木の茂みや、右側の湖岸、そして湖面に反射する建物の像などが異なっていることがわかった。

筆者（本城）も2つの写真を重ねて比較してみたが、ホワイト版を基準にすると、マッカル版は左上にずれていることがわかった。

マッカルは、マッカル版の建物や反射像が不自然に傾いている（歪んでいる）ことな

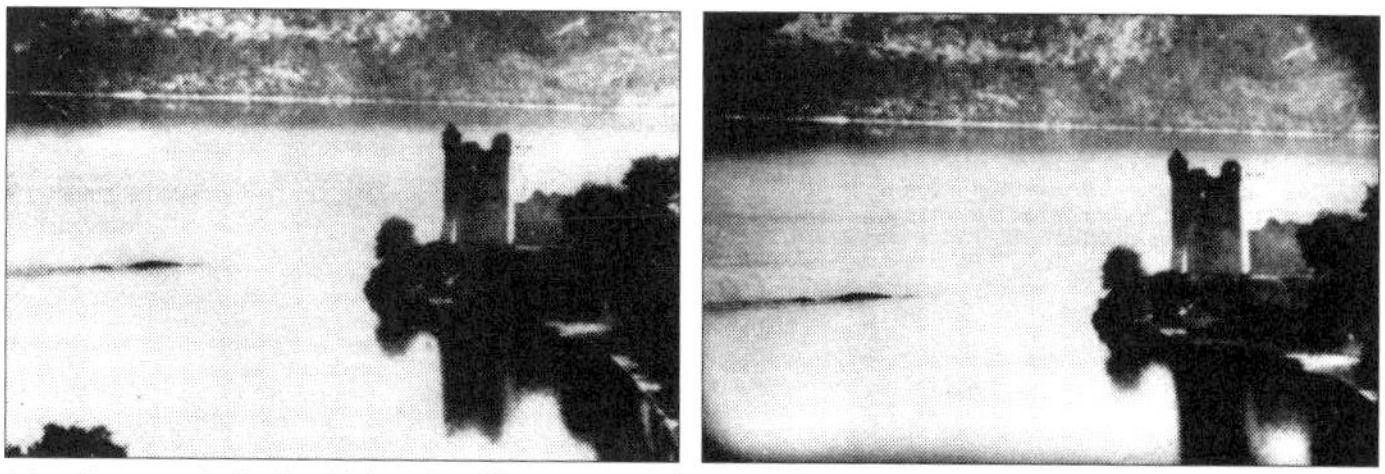

ピーター・マクナブの写真。左が「ホワイト版」で右が「マッカル版」。左側の水面に映る細長いものがネッシーだという。（Machal『The Monsters of Loch Ness』より）

【その他の著名なネッシー写真】

【写真①】ラフラン・スチュアートの写真（1951年7月14日撮影）

史上初めてネッシーのコブをとらえたとされた写真（左）。しかし後にスチュアートはイカサマを告白。「コブ」は、干し草を入れるカゴに防水シートを被せたものだったという。撮影現場はネッシー研究家のリッキー・ガードナーとディック・レイナーが特定（右）。水深はわずか60～75センチしかなかった。（画像は※ Raynor「The Lachlan Stuart Photograph examined」より）

【写真②】ティム・ディンスデールのフィルム（1960年4月23日撮影）

ネッシー研究家のティム・ディンスデールが撮影したムービー・フィルムの一コマ。英空軍の統合航空偵察情報センター（JARIC）が映っているものは「おそらく生き物」と発表したため信憑性が高いとされてきたが、2005年の調査でボートの可能性が浮上。当時分析を担当したJARICのメンバーもその可能性を認めた。（Campbell『The Loch Ness Monster The Evidence』より）

【写真③】ピーター・オコンナーの写真（1960年5月27日）

消防士のピーター・オコンナーが撮影した写真。後日、イギリスの動物学者モーリス・バートンが現場を訪問した際、3つの大きなポリエチレン袋と紐、それに石と棒を発見。フェイク写真の可能性が指摘されている。（Raynor『A Study of the Peter O'Connor photograph of the Loch Ness Monster』より）

【写真④】ボストン応用科学アカデミー調査団の水中写真（1972年8月）

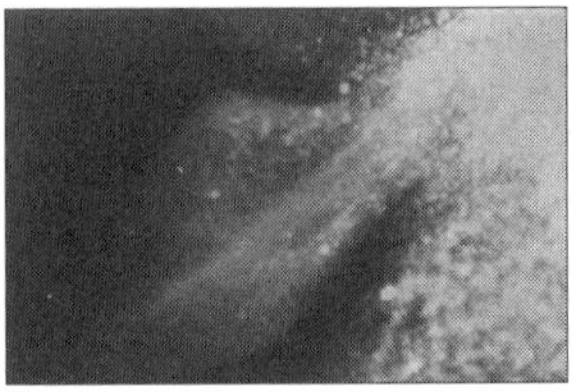

ボストン応用科学アカデミー調査団によって撮影された水中写真。ネッシーのヒレが写っているとされたが、実際は鉛筆を使って強調されたものだった。（Shine『Loch Ness』より）

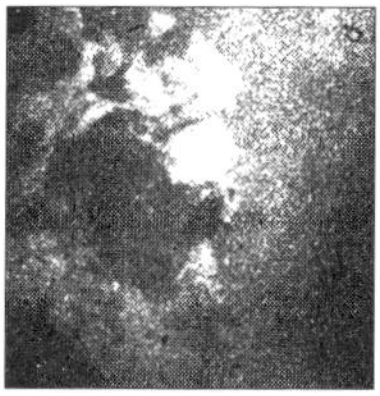

【写真⑤】ボストン応用科学アカデミー調査団の水中写真２（1975年6月）

ネッシーの頭が写っているとされたが、1987年にディック・レイナーが同じ水域からよく似た木の幹を発見した。また75年に撮られたネッシーの全身写真とされるものも、同様に突起などが似ていることから木の幹だった可能性が考えられている。（※ Raynor「Sunken Logs」より）

【写真⑥】アンソニー・シールズの写真（1977年5月21日）

元はカラー。外科医の写真とよく似た典型的なネッシー像のため、多くの本などで紹介されている。ただし肯定的な本でも偽造の可能性に言及されるなど評価は低い。（Campbell『The Loch Ness Monster The Evidence』より）

【写真⑦】ジョージ・エドワーズの写真（2011年11月2日）

【左】撮影者はネス湖で遊覧船の船長を務めるジョージ・エドワーズ。2013年10月に本人がイタズラだったと告白。（※ Daily Mail「Skipper claims to have finally found proof that Loch Ness Monster exists」より）
【左下】水面から見えていたものは、2011年にナショナル・ジオグラフィック・チャンネルの番組で使われたネッシーの模型。エドワーズはこの番組の制作に関わっていたため模型も入手しやすかったという。（※ Daily Mail「Loch Ness Monster photograph is a hoax」より）

【参考】ネス湖の流木写真

実際にネス湖で見られる流木の写真。こうしたものが流れとは逆方向に移動していたらネッシーと誤認してしまうのも無理はない。（Shine『Loch Ness』より）

ども指摘した上で、そうした歪みは写真を偽造した際にできたものではないかと疑っている。

おそらく本当のオリジナルは別にあり、そこから偽造して成功したのがホワイト版で、少し失敗したのがマッカル版ではないかという。

■アンソニー・シールズの写真

63ページの【写真⑥】は1977年5月21日に、自称サイキック・エンターテイナーのアンソニー・シールズによって撮られたとされる写真。

この写真については、アメリカのUFO研究団体「GSW」が分析している。それによれば「ネッシー」は平面的で、本来あるべきところに影がなく、頭と首に見える明るいハイライト部分は描かれたように不自然だという。

またネッシー研究家のスチュアート・キャンベルは、シールズ本人から撮影場所や被写体までの距離、使われたカメラなどについて詳しく話を聞いた。

その結果、シールズの話が正しければ、背景にネス湖の対岸が写っていなければおかしいことが判明。彼の話は信用できないとしている。

今日では、シールズの写真を本物だと考える研究家は少なく、その多くは模型か絵を合成したものだと考えている。

■ネッシー＝プレシオサウルス説

これまで話題になった画像は、どれもネッシー実在の証拠とするには難しいものばかりだった。

それでもネス湖でネッシーのようなものを目撃したという報告は後を断たない。そこでここからは、ネッシー目撃報告の正体として考えられているものをいくつか紹介しておきたい。

まず、最もよくあげられるのはプレシオサウルス説。プレシオサウルスは約2億年前の海に生息していた大型の爬虫類で、体長は約3メートル。細長い首を持つ外見から、ネッシーの正体として昔から考えられてきた。

ところが、プレシオサウルス説には問題点がいくつもあると指摘されている。まずプレシオサウルスが絶滅を逃れ、生き残っていたとしても、どうやってネス湖に入ったのかという問題。

実はネス湖ができたのは約７０００年前と新しく、残念ながら昔からネス湖で生きていたという可能性はない。

また、仮に何かたどり着く方法があったとしても、今度はネス湖でどうやって生きていくのか、という問題が出てくる。ネス湖は生息している魚類が少なく、その魚類の餌となるプランクトンも非常に少ない。信州大学の花里孝幸教授の試算では、体長3メートルの変温動物の場合、わずか1・9個体しか生息できないという。これではすぐに絶滅してしまう。

ならば、仮に未発見の海とつながった湖底トンネルがあるとしたらどうだろう。この場合、餌は海で取ることができるかもしれない。

ただし、これにも問題点があった。ネス湖の海抜は16メートル。もし海とつながっているなら同じ高さになるはずだという指摘がある。また、そもそも高低差があるなら強い水圧が生じるため、トンネルから弾丸のように押し出されてしまうはずだという指摘もある。

このようにプレシオサウルス説自体は魅力があるものの、残念ながら問題点は多いようだ。

■正体として考えられるもの

それでは他の説はどうだろうか。海外では誤認説も根強い。具体的には、波、流木、水鳥、アザラシの誤認がよく指摘されている。

波はうねるため、コブ状の目撃報告を生みやすい。たとえばネス湖で１９３１年から運航されていた「スコットⅡ」という定期船の船首は砕氷仕様になっていたため、特にうねる波を生みやすかったことで知られている。

そうしてできた波は簡単には消えない。ときには船から100メートル以上離れて船が視界から消えても、波は残っていることすらあった。その場合、遠く離れた場所から目撃して、それが船によってできた波であると認識することは困難である。

流木も誤認を生みやすい。エイドリアン・シャインによれば、ネス湖では独特の地形と気候により、水面上の波の向きと、水面下の水の流れが逆方向になる現象が起きるという。

この現象が起きると、本来、推進力を持たないはずの流木でも、流れに逆らって泳いでいるように見えてしまう。その結果、流れに逆らっているのだから生物に違いない、という誤認につながる。

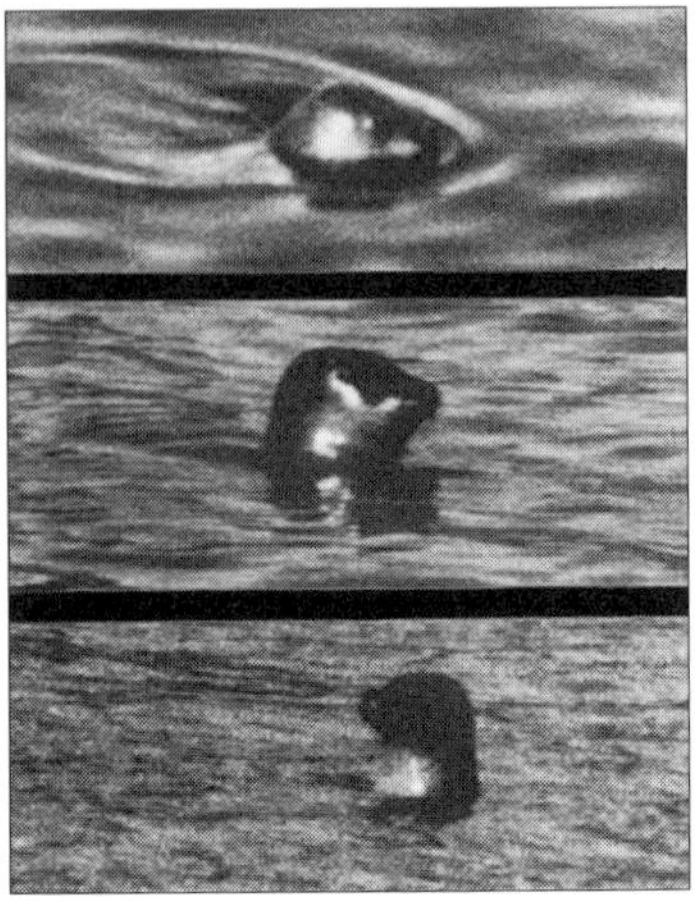
1985年2月27日にネス湖で撮影されたアザラシの写真。ネス湖ではハイイロアザラシとゼニガタアザラシの存在が確認されている。（※Williamson「SEALS IN LOCH NESS」より）

一方、水鳥の場合は、水面から首を出した姿そのものが、首の長い生物に似ているために誤認されやすい。実際、初期の目撃者の1人、アレックス・キャンベルは、1933年にプレシオサウルスを目撃したと証言したものの、正体は水鳥（鵜）だったとして、後に証言を撤回している。

最後にアザラシの場合は、複数頭が泳いだり沈んだりを繰り返している姿がコブを持つ生物に誤認されやすい。そのため古くは1930年代からネッシーの正体のひとつとして指摘され続けている。

ちなみに、かつてネス湖のアザラシについては、目撃報告はあるものの写真が撮られていなかったため、その実在を疑う声があった。

ところが、1985年に初めて決定的な写真が撮られた。そして約7ヵ月にわたってその生態も観察されたことにより、ネス湖にアザラシがいることは証明された。

アザラシ実在論争に終止符が打たれるまで約50年。ネッシーの方も、いつかそうした日が訪れるだろうか。

（本城達也）

【参考文献】

George M. Eberhart『Mysterious Creatures：A Guide to Cryptozoology - Volume 2』（CFZ Publications, 2010）
Adomnan of Iona『The Life of Saint Columba』（Penguin Classics, 1995）
Charles Thomas『Gathering the Fragments』（The Cornovia Press, 2012）
常見信代「アダムナーンの『聖コルンバ伝』を読む：史料とその問題点」『年報 新人文学』（第12号、２０１５年）
Adrian Shine『Loch Ness』（Loch Ness Project, 2006）
ダニエル・ロクストン、ドナルド・R・プロセロ『未確認動物ＵＭＡを科学する』（化学同人、２０１６年）
『幻解！　超常ファイル ダークサイド・ミステリー』（ＮＨＫ ＢＳプレミアム、２０１３年４月24日放送）
Ronald Binns『The Loch Ness Mystery Solved』（Prometheus Books, 1983）
Darren Naish『Hunting Monsters: Cryptozoology and the Reality Behind the Myths』（Arcturus Publishing, 2016）
David Martin, Alastair Boyd『Nessie：The Surgeon's Photograph Exposed』（Martin and Boyd, 1999）
Nicholas Witchell『The Loch Ness Story』（Penguin Books, 1976）
※ Tony Harmsworth「Loch Ness and Loch Ness Monster Information. Facts about Nessie, Loch Ness Research and Exploration」
※ Dick Raynor「Loch Ness Investigation」
Roy P. Mackal『The Monsters of Loch Ness』（The Swallow Press, 1980）
Richard Raynor『A Study of the Peter O'Connor photograph of the Loch Ness Monster』（2015）
Steuart Campbell『The Loch Ness Monster The Evidence』（Aberdeen University Press, 1991）
※ Daily Mail「Skipper claims to have finally found proof that Loch Ness Monster exists」
※ Daily Mail「Loch Ness Monster photograph is a hoax: Cruise boat skipper admits he faked image」
花里孝幸『ネッシーに学ぶ生態系』（岩波書店、２００８年）

キャディ

Caddy
01/10/1933
British Columbia, Canada

キャディは、カナダのブリティッシュ・コロンビア州のビクトリア周辺の沿岸部から、キャドボロ湾、ガルフ諸島にかけての海域で目撃されるUMA。

体長は5~34メートル。ヘビのような体を持ち、頭はラクダか馬に似ている。

体の横にはヒレのようなものがあり、尾はクジラかイルカのような形をしているともされる。体色は暗め。水中を時速40~74キロで泳ぐことができるともいう。

カナダではオゴポゴと双璧をなす存在のUMAで、知名度も人気も高い。

目撃報告が増えた1933年

キャディの目撃談が最初に話題となるのは1933年のことである。この年の10月1日、W・H・ラングリーという人物がビクトリア沖を妻とセーリング中、30メートルほど先で巨大なドームの一部のようなものを目撃した。

当時、「大きなシューシューという音」も聞こえたという。

その正体は何だったのか？　最も考えられるのはクジラの可能性だった。ビクトリア周辺の海域では、ザトウクジラやコククジラ、マッコウクジラなどが

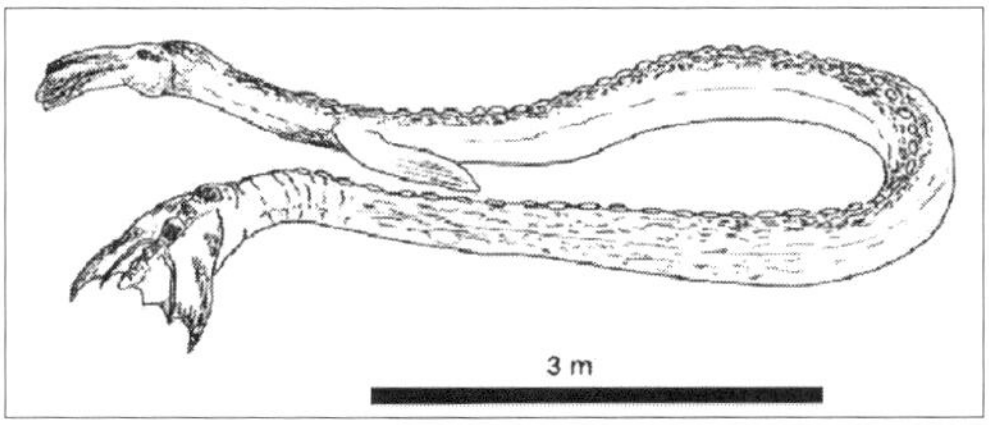

【左】キャディの想像図。（「A Baby Sea-Serpent No More : Reinterpreting Hagelund's Juvenile "Cadborosaur" Report」『Journal of Scientific Exploration』Vol.25, No. 3, 2011より）

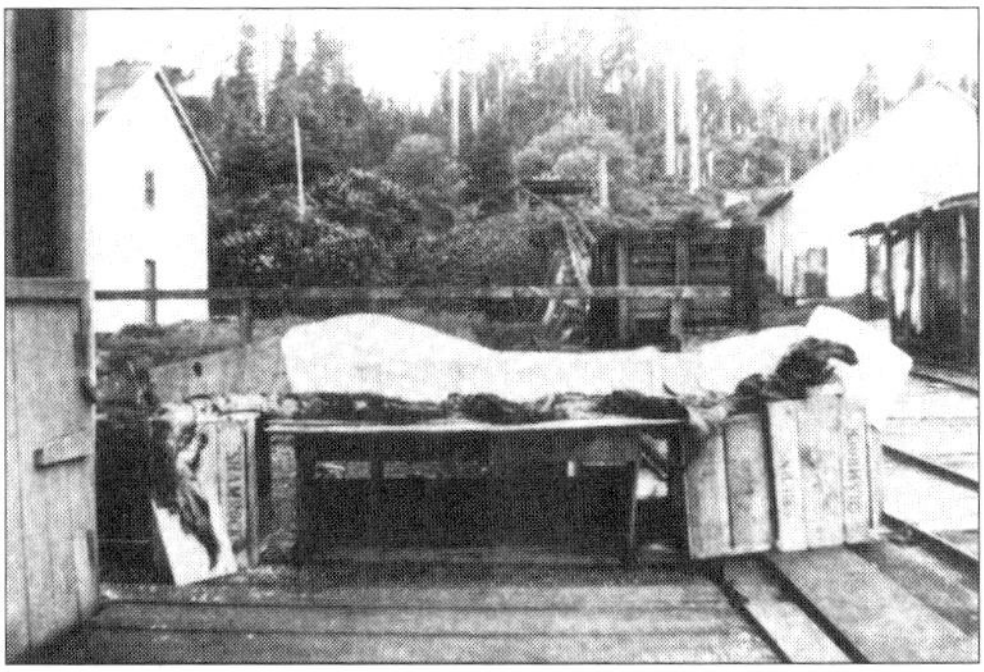

【右】1937年の死骸写真。海外では「ナデン湾の死骸」と呼ばれる。写真は他に2枚あり、合計で3枚撮られた。写真中央の黒っぽく細長いものがキャディの死骸とされている。

生息している。これらのクジラが海面から呼吸のために体の一部を出していれば、それが誤認される可能性があった。

ちなみに、1933年はイギリスのネッシーが話題になっており、それと連動するようにビクトリア沿岸部でも謎の生物の目撃報告が増えていった。

とくに『ビクトリア・デイリー・タイムズ』紙がラングリーらの目撃事件を取り上げ、キャドボロ湾から「キャドボロサウルス」（愛称はキャディ）と名づけて以降、目撃報告が相次ぐことになった。

■1937年撮影の死骸写真

目撃報告が増えて話題になっていくと、やがて写真も撮られるようになる。そうした写真の中でも最も有名になったものが、1937年にキャディの死骸を撮影したという写真だ。

これはブリティッシュ・コロンビア州の西に位置するグレアム島北部にあるナデン湾の捕鯨基地で、

1937年に撮影されたものだという。当時、基地に持ち込まれたマッコウクジラの胃の中から、出てきたものだといわれている。

ただし、この死骸は、後に博物館に送られることになっていたが、輸送途中に行方がわからなくなってしまったという。

現在も実物は見つかっていないことから、手がかりは残念ながら写真しかない。

では、その写真からは何がわかるだろうか。イギリスの動物学者ダレン・ナイシュは、ウバザメ、もしくはチョウザメの可能性を指摘している。

ナイシュによれば、とくにチョウザメの頭骨は、その一部が欠けるとラクダの横顔のようにも見えることがあり、写真に写る死骸の顔と似たところがあるという。

ちなみに、博物館に送られる予定だったという話については、「フィールド博物館」、もしくは「太平洋生物学研究センター」、あるいは「王立ブリティッシュ・コロンビア博物館」といった複数の名前が入り乱れている状態で、実際にどこだったのかはっきりしない。もとより記録も残っておらず、そもそも博物館云々の話自体が確認の取れない信憑性の薄いものとなっている。

■キャディの実在が宣言された？

このようにキャディの死骸を写したとは言えそうにない1937年の写真だったが、この写真をもとに、キャディの実在を主張した人たちがいた。

それが、ロイヤル・オンタリオ博物館の准研究員エドワード・バウスフィールドと、ブリティッシュ・コロンビア大学の海洋学教授ポール・ルブロンである。

彼らは1992年、問題の写真をもとに「キャドボロサウルス・ウィルシ」と名づけた新種を認めてはどうかと提案。この話は未知動物学を研究する人たちの間で話題となり、やがて「学者たちの前でキャディの実在が宣言された」という話へと発展していった。

ところが、実際はそういった話とはほど遠かった。学者たちからは酷評されてしまった。中でも前出のダレン・ナイシュは次のように厳しく指摘している。

「まず、写真をもとに新種を認めさせるやり方は適切ではない。国際動物命名規約では、図、あるいは記述のみで基準標本としてはならないとしている。『キャドボロサウルス・ウィルシ』は写真にもとづいているため、公式なものにはならず、無視されるべきである」

また他にも次のように指摘する。

「バウスフィールドとルブロンが論文にいれた数多くの憶測は、専門的な仕事としては不適当であり、それらの憶測が空想的で論理的に欠陥があることは言うまでもない」

このように、本によってはキャディ研究の科学的な権威であるかのように紹介されることもあるバウスフィールドとルブロンについては、厳しい指摘が出されていることも知っておきたい。

■考えられる誤認の例

最後は、あまり日本では紹介されることがない、キャディの誤認の例を紹介する。

よく海外で指摘されているのは、アシカ、ゾウアザラシ、オットセイ、クジラ、水鳥、海藻、波の跡の可能性。このうち、とくに海棲哺乳類はビクトリア周辺の海域に数多く生息しており、誤認される原因となりやすい。

たとえば、ブリティッシュ・コロンビア大学の動物学教授イアン・コーワンは、カナダの雑誌『マクレアンズ』にて、自身の目撃体験を次のように振り返っている。

「私はこれまで2度、キャディを見る機会があった。それぞれのケースでは、オスのアシカに、他の2頭のアシカが続いているものだった。私はそれらがシーサーペントだと納得してしまいそうなほど似ていたことを認めなければならない。また、それらがアシカだとわからなかった人がいたとしても彼らを責めることはできない」

コーワンによれば、彼が目撃したものは、次の日の新聞ではキャディとして報道されていたという。こうした例は、他にもあったのかもしれない。

■それでも愛されるキャディ

ところで、このコーワンの話が紹介された1950年の『マクレアンズ』の同じ記事の中では、次のようなことも書かれていた。

「キャディが実在する、しないに関わらず、みんなキャディのことが好きなんだ」

これが書かれたのは最初にキャディが話題になってから17年後のことで、その頃にはすでに、キャディは存在の有無を超えて愛されるUMAとなっていたことがうかがえる。もちろん、人気は今も健在である。

その正体については議論があっても、キャラクターのように地元の人たちからは愛され続ける。これは、ある意味、UMAとしての理想の姿なのかもしれない。


（本城達也）

【参考文献】

George M. Eberhart『Mysterious Creatures : A Guide to Cryptozoology - Volume 2』(CFZ Publications, 2010)
並木伸一郎『増補版 未確認動物UMA大全』（学研パブリッシング、2012年）
ダニエル・ロクストン、ドナルド・R・プロセロ『未確認動物UMAを科学する』（化学同人、2016年）
Darren Naish『Hunting Monsters: Cryptozoology and the Reality Behind the Myths』(Arcturus Publishing, 2016)
※Darren Naish「Cadborosaurus and the Naden Harbour carcass: extant Mesozoic marine reptiles, or just bad bad science?」
Ray Gardner「Caddy, King Of the Coast」『Maclean's』(June 15 1950)
Loren Coleman, Jerome Clark『Cryptozoology A To Z: The Encyclopedia Of Loch Monsters Sasquatch Chupacabras And Other Authentic M』(Touchstone, 2013)
「世にも奇妙な伝説バスター」（ナショナル・ジオグラフィック・チャンネル、2015年9月7日放送）

【コラム】

マン島のしゃべるマングース

小山田浩史

イギリスのマン島は妖精伝承が今でも生きている土地だが、1930年代には妖精とは違った存在がこの島を、そしてイギリス全土をにぎわせた。その奇妙な存在とは、人間の言葉をしゃべるマングース・ジェフである。

●壁の向こうから聞こえてきた声

1931年の秋、マン島郊外の丘の上にある一軒家に住む一家――60歳になるジェームズ・アーヴィングとその妻マーガレット、そして13歳の娘ヴォラ――が奇妙な体験をした。ジェームズは事業に失敗しマン島にやってきたと言われており、一家はこの地で農場を営んでいたが生活は苦しく、屋敷には電気が通っておらず電話もラジオもなかった。また周囲1マイル（1・6キロ）以内には他の人家もないような場所であったという。

9月1日の夜、家の壁を通して外から聞きなれない音が聞こえてきたのが始まりだった。ジェームズはそれを鳥の鳴き声だと思い、追い払うために犬や猫の鳴き真似をした。すると外の音は、ジェームズの声をそのまま真似て返してきた。彼はひどく驚いたが、娘のヴォラはその音は言葉をしゃべるマングースによるものだと言い始めた。

ヴォラによるとそのマングースは名前をジェフ（Gef）といい、インドのニューデリーで1853年に生まれた「とても賢いマングース」であると彼女に語ったという。マン島には1910年代に増えすぎたウサギを駆除する目的でインドからマングースが持ち込まれていたのは事実である。ジェフの姿を見ることが出来るのは娘のヴォラだけ

【左上】マングース・ジェフが現れるようになったというアーヴィング家【左下】ジェフが住処にしていたという棚【右】左の少女がヴォラ。唯一、ジェフとコンタクトできる人物だった。

であったが、一家はジェフと会話する中で交流を深め、やがて一家に迎えられた。ジェフはヴォラの部屋の隣に住処を与えられ、一家はそこを「ジェフの書斎」と呼んだ。

ジェフは甲高い声でユーモアを交えて英語で語り、また歌うことも好んだ。得意な曲はカロライナ・ムーン（1928年のアメリカのポップソング）だったという。

●イギリス全土の注目の的に

しゃべるマングースの話題は近隣からやがてマン島中、そしてイギリス全土へと広まっていった。

新聞記者たちがアーヴィング家に押しかけて取材をし、また興味を持った心霊研究家たちがやってきて調査を行ったりもした。記者がヴォラにカメラを渡し、ジェフの写真を撮影してくれと依頼したところ、農場の柵の上にのったイタチともマングースとも、また猫とも見える動物が写っていた。

ジェフは自らの体毛を黄色がかっていると話して

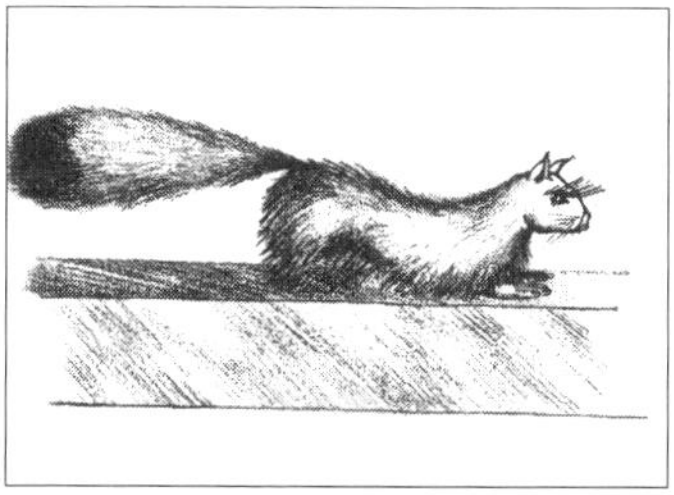

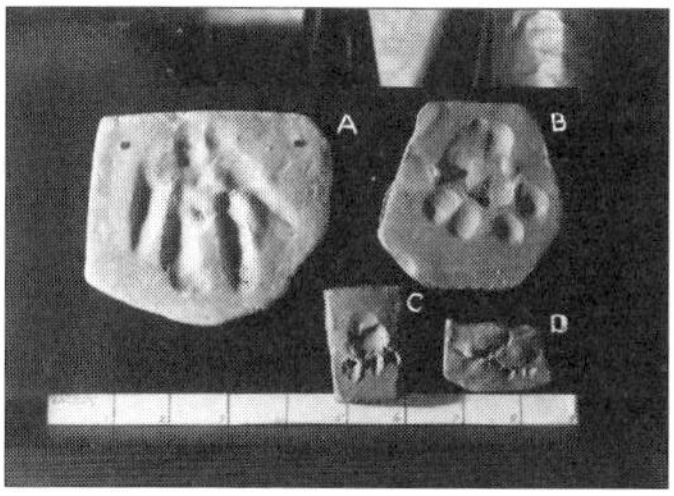

【左上】マングース・ジェフのスケッチ【左下】ジェフのものだとされる足跡
【右】ヴォラが撮影したジェフ。木製の柵の上に小動物のようなものがいるのが確認できる。

いたが、アーヴィング屋敷での調査でよく似た色合いの毛が採集され、分析されたこともある。しかし分析結果は犬の体毛というもので、おそらくは農場で飼われていた牧羊犬・モナのものであろうと推測された。こうした事柄がイギリスのタブロイド紙の紙面を飾り、しゃべるマングース・ジェフの存在はイギリス中に広く知られていった。

●姿を消したジェフ

１９４５年にジェームズの死去によりアーヴィング一家はマン島を去ったが、ジェフは一家についてマン島を出て行ったわけでもなく、翌年新たに農場と屋敷の所有者となったレスリー・グラハムという人物の前に現れることもなかった。島の者たちはジェフが消え去ったのだと考えた。そして１９４７年２月、グラハムが屋敷でついにジェフを捕え、殺したとマン島の新聞に記事が載ったのである。

もっとも、グラハムが殺したという獣はジェフが語った自らの外見とは体色も大きさも異なっていた。グラハムはその後屋敷を出て行き、しゃべるマングースが暮らしていたという屋敷は解体されてしまった。

●騒動が少女の心に落とした影

ジェフ騒動は思春期の少女が引き起こすというポルターガイスト現象との類似が指摘されており、また多くのポルターガイスト現象と同様に少女によるイタズラなのではないかという見解が今日では主流である。この場合、ジェフの声はヴォラによる腹話術であったとされる。

なお、このしゃべるマングース事件はアメリカのTVドラマ『世にも不思議な物語』の第3シーズン9話「The Voice」（1960年）の題材に採用されている。ドラマでは舞台がアメリカのニューイングランドになっていたり、なぜかマングースではなくしゃべるアライグマが登場したりと細部は異なる。

ヴォラはその後2005年に亡くなるまで、ジェフ騒動は本当に起こったことであり、自分の仕掛けたイタズラやねつ造ではないと主張し続けた。1970年のアメリカのオカルト雑誌『Fate』のインタビューの中でも、「ジェフのことは本当にあったことよ。でも、彼には私たち一家にかまったりはしないでいてほしかった」と語っている。

【参考文献】

山本弘・著、尾之上浩司・監修『世にも不思議な怪奇ドラマの世界「ミステリー・ゾーン」「世にも不思議な物語」研究読本』（洋泉社、2017年）

Christopher Josiffe『GEF! The Strange Tale of An Extra-Special Talking Mongoose』(Strange Attractor Press 2017)

※怪奇幻想 OKA-COMPLEX!「マン島の喋るマングース伝説」

※「Gef:The Eighth Wonder of The World」

【コラム】

博物館が買ったねつ造UMA コッホのシーサーペント

ナカイサヤカ

15世紀以降、異国の珍品を集めて楽しむ「驚異の部屋」をはじめ、珍奇なもののコレクションを楽しむのは、貴族や財力のある上流階級の特権だった。一般庶民にその楽しみが解放されたのは、19世紀に博物学という学問が生まれて、博物館という展示施設ができてからだった。

好奇心をエネルギーとして、モンスターや化石や珍獣に真剣に取り組むのが学者の仕事の一つになったことで、大衆の好奇心を満たす「驚異」も地方を巡業するカーニバルの付け足し的な見世物（サイドショー）から娯楽の中心へと出世した。

実際のところ、現在でも動物園・水族館を含む博物館の展示に対する人々の認識は「見世物」を見るところから抜けきっていないところがある。

19世紀の終わりごろはさらに混沌としていて、映画『グレイテスト・ショーマン』の主人公、興行師P・T・バーナムの「アメリカ博物館」では、奇人たちのパフォーマンスが行われ、太平洋フィージィー島で捕まったという触れ込みの「フィージィー人魚」（日本各地に残る人魚のミイラと同種のもので、おそらくは日本製だと言われている）が人気を集めていた。

●コッホ博士の〝ミズーリウム〟

このような時代に、絶滅動物の化石を使って、巨大な見世物をでっち上げたのが、ドイツ人化石収集家アルベルト・コッホだった。古生物学者を名乗る「コッホ博士」は、セントルイスにバーナムのアメリカ博物館のような展示施設を構えていた。

1840年にミズーリ州内で大量のアメリカマス

トドンの化石が発見されると、さっそくこれを買い取り、つぎはぎしてマストドンの2倍はある巨大な四足獣を組み立てた。マストドンが古代の象であることはすでにその40年前に判明していたのだが、コッホは聖書に出てくるリバイアサンのような海の怪物のミズーリウムだと銘打って（コッホ自身もこれが水棲生物だと信じていた節がある）、アメリカ各地を巡業して回った。

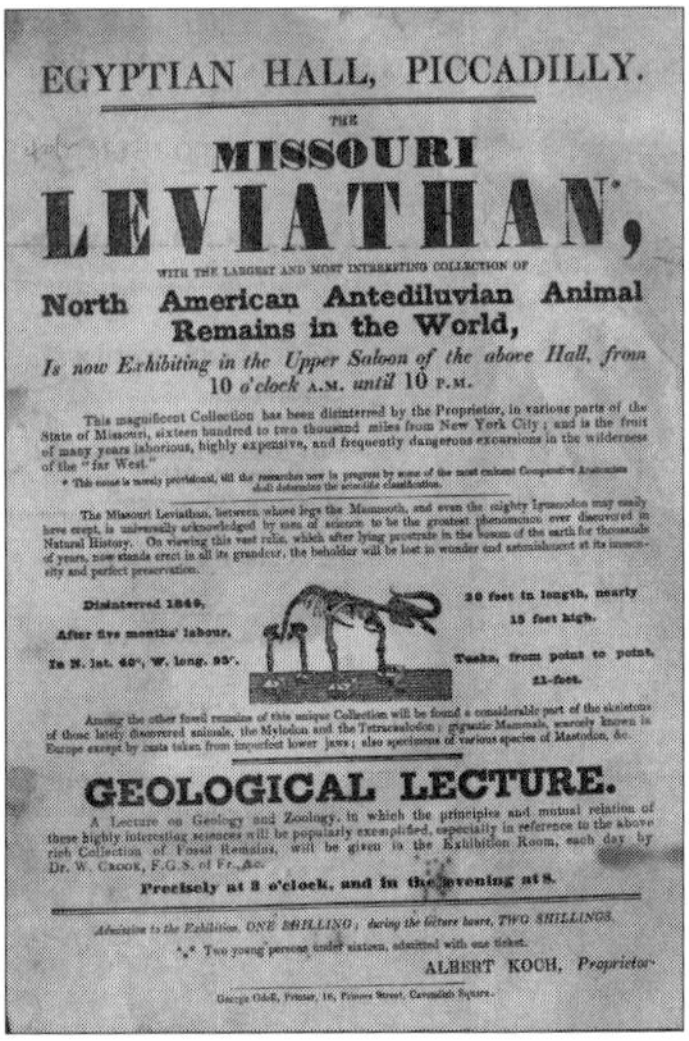

〝ミズーリウム〟の展示を知らせるチラシ

アメリカの古生物学者たちがインチキを批判してアメリカでの人気に陰りが出始めると、コッホはヨーロッパ巡業に転じて、1843年にこの怪物を高額で大英博物館に売りつけた（大英博物館の古生物学者オーウェンは、もちろんこれがマストドンであることを承知していて、購入後、巨獣を分解して正しいマストドンに復元したという。現在、ロンドンの自然史博物館に展示されているマストドンがそれだと言われている）。

●注目される〝バシロサウルス〟の化石

大金を手にアメリカに戻ったコッホは、今度はアメリカ南部で古くから掘り出されていた大型生物の化石に目を付けた。

地元では背骨部分が円筒形の便利な石として建物の土台や家具の一部に使われるほど大量に出土していた。コッホがマストドンの化石を入手する数年前の1832年に新たに発見された化石が医師で化石コレクターだったフィラデルフィアのリチャード・ハーランの目に留まった。

1834年にハーランは論文を発表し古代の水棲爬虫類の化石であるとして「バシロサウルス」と名付けた。そして1839年にこの化石を大英博物館のオーウェンのもとに持っていった。オーウェンはアメリカ出土の化石の信憑性を疑っていたが、自分で検証して間違いなく古代生物であると確認した。ただし、爬虫類ではなく哺乳類で、バシロサウルスは古代クジラだったのだ。

バシロサウルスの化石

現生のクジラ類でもそうだが、鯨類の骨からその本当の姿を想像するのは難しい。ましてバシロサウルスは全長18メートル、時には20メートル以上と細長い体格で伝説のシーサーペントを思わせる姿をしていた。イギリスで19世紀初頭に最初に発見されていたのが首長竜や魚竜だったので、ハーランがこれも爬虫類だと考えたのも無理もなかった。

●伝説の巨大怪物〝ヒドラルゴス〟

学者たちが生物の正体を探っている同時期に、コッホはアメリカ南部をめぐってバシロサウルスの化石を買い集めた。そしてアンモナイトなど他の動物の化石も加え、「ヒドラルゴス（のちにヒドラルコス）」と命名した全長35メートルの海の怪物を作り上げた。

コッホは1845年のニューヨークを皮切りに巡回興業を始め、人々は伝説のシーサーペントが存在した証拠に驚嘆し、見物に押し掛けた。コッホのリバイアサンを知っている古生物学者たちから巨大すぎると批判が出て、アメリカでの興業が難しくなると、1846年再びヨーロッパ巡業に出た。ドレスデン、ライプチヒ、ベルリンとドイツを廻ったあと、ドイツの専門家も懐疑を述べる中、「シーサーペント」をプロシア国王に売却してアメリカに戻ると、26メートルとやや小ぶりながら2体目を作り、再び巡業に出た。このモデルはコッホの死後1871年にシカゴの私設博物館が購入したが、さすがにヒドラルコスではなく「ゼウグロドン」（バシロサウルスが古代クジラであることが判明してつけられた名前）と銘打たれていた。

学者たちのいらだちをよそに、コッホの「古代の海の怪物」は大衆の好奇心を満たし、上手に波に乗ったコッホは、富とセントルイスでの名声を手に入れて1867年に天寿を全うしたのだった。

ドイツで売却された海の怪物は戦争で、シカゴのものはシカゴ大火で失われてしまったが、ベルリンのフンボルト博物館にはその一部が残っているという。

〝ヒドラルコス〟の展示を知らせるチラシ

【参考文献】
※ Brian Switek「How Did Whales Evolve?」(smithsonian.com)
※ Extinct Monsters「The Chimeric Missourium and Hydrarchos」
※ Kerry Lotzof「Missouri Leviathan: the making of an American mastodon」

【第二章】

1940〜60年代のUMA事件

【UMA事件10】

ローペン

Ropen
Since 1945
Papua New Guinea

ローペンは、日本から南へ約4600キロ離れた太平洋にあるパプアニューギニアで目撃される飛行型のUMA。

翼を広げた長さは1~3メートル（最大7メートルとも）。細長いクチバシに鋭い歯があり、翼の上部中央には鉤爪を持つとされる。羽毛の類はなく、体色は黒、もしくは褐色系。尾は長い。肉食で、ときには死肉もあさり、性格は凶暴。夜間に飛行する際には発光するともいわれる。

「ローペン」という名前は、現地の言葉で「悪魔の飛行生物」という意味。

■重要な役割を果たす創造論者

ローペンの話が、パプアニューギニア以外で知られるようになったのは第二次世界大戦以降のこと。キリスト教の宣教師たちがニューギニア島に入り、謎の怪生物についての情報を集めたことに始まるという。

それを2000年以降に大きく拡散させていったのが、熱心なモルモン教徒だったジョナサン・ウィットコムという人物。

このウィットコムや宣教師たちは、いわゆるキリスト教の創造論者でもあった。創造論者とは、聖書

ローペンの想像図（CG制作：横山雅司）

に記される神による天地創造を、字義どおりに信じる人たちのことをいう。

創造論を信じる人たちにとって、否定したいものは進化論である。人間や動物は神によってそのまま創造されたと主張する創造論にとって、下等生物から枝分かれしていったという進化論は認めがたい。

けれども、もし絶滅したとされる動物が実は今も変わらず生きていて、そうした動物と人間が昔から共存していたとしたら、どうだろう。進化論は間違っていたことになるのではないか。そう考える創造論者は多い。

そこで出てくるのがローペンだった。ローペンはもともと宣教師によって見出されたUMA。そして絶滅した恐竜の仲間である翼竜の生き残りだという説が唱えられており、ローペンが実在するとなれば、進化論は間違いで、神の正しさを証明できるかもしれないと考える。

実際、ウィットコムが書いた本には、『ローペンを探すこと、そして神を見つけること』というタイトルが付けられている。

また、彼は本の内容を「保守的なキリスト教徒が現代の翼竜を探し求めて、進化論が明らかに虚偽であると宣言する本」だと説明している。

それでも、発信される情報が信頼できるなら構わない。ところが、そうした情報の信頼性に疑問符がつくような出来事が2014年に明らかとなった。

■偽名を使ったマルチサイト

2014年7月、それまでローペンについての情報を精力的に発信していた複数の独立したウェブサイトだと思われていたものが、実は1人の人物によって運営されていたことが明らかになった。

その人物こそ、ジョナサン・ウィットコム。彼は「Ropens.com」（ローペン・ドットコム）というサイトの他、「LivePterosaur.com」（生きている翼竜）や「Modern Pterosaur.com」（現代の翼竜）、さらには「Dinosaurs and Pterosaurs Alive.com」（生きている恐竜と翼竜）といった複数のサイトを運営。

それらは本名に加え、「ノーマン・ハンティンドン」や「ナサニエル・コールマン」といった偽名が使い分けられて、まるで別人が運営しているかのように装われていた。

ウィットコムは指摘を受けてこうした行為を認めたが、その理由については、検索結果から否定的な情報を排除するためだったと述べている。

複数のサイトで肯定的な情報を発信し、話題となれば、検索結果の上位はそうしたサイトで占められる。そして否定的な情報を載せているサイトは相対的に順位が下がる。それが目的だったという。

実際、ウィットコムのサイトは指摘を受けるまで注目を集めた。

テレビでも、サイファイ・チャンネルの「デスティネーション・トゥルース」と、ヒストリー・チャンネルの「モンスター・クエスト」という番組が、彼の情報をもとに制作された。本人も、「私は他の誰よりもずっと、この主題（ローペン）に関して書い

ローペンが飛行する姿を撮影したとされる連続写真のうちの１枚。（『ムー』2015年7月号より）

飛行するグンカンドリ。気流にのって飛ぶため、翼を広げたまま滑空できる。（※ YouTube「グンカンドリ ガラパゴス Fregata minor, Isla North Seymour, Islas de Galapagos, ECUADOR」より）

たように思う」とまで書いている。

しかし、目的のためには手段を選ばないような人物が集めた情報には、疑念を抱かざるをえない。もちろん、ウィットコムがローペンについての情報をすべて発信しているわけではないものの、現地民の裏付けの取れない情報や、検証不能な情報が多く発信されているのも事実である。

■写っているものの正体は？

このように目撃情報については、残念ながら確かな証拠をともなったものがない。それでは写真や動画はどうか。ローペンの場合は、そうした写真などの数自体が少なく、ほとんどは詳細も不明になっている。

そのため検証するのは難しいが、中には写真に写っているものの正体を推測できるケースもある。たとえば画像2。これはローペンが飛行する姿をとらえた連続写真のうちの1枚とされている。異様に

グンカンドリのオスには赤色のノド袋があるが、メスにはノド袋がない。体はメスの方が大きくなる。(Michal Sarauer/shatterstock)

尾が長く、普通の鳥とは明らかに違うように見えるという。

ところが、こうした姿の鳥を調べてみたところ、そっくりな鳥を見つけた。それがグンカンドリだった。

比較用の画像3をご覧いただきたい。これはガラパゴスに生息するグンカンドリの姿を撮影した動画のキャプチャー画像だが、翼の形も尾の長さも非常に似ている。

もともとグンカンドリは、パプアニューギニアを含む熱帯地域に生息する鳥で、翼を広げた大きさは、2・4メートルに達することがある。

海外では、このグンカンドリがローペンとして誤認されるのではないか、という意見が根強い。

たとえばUMA研究家のカール・シューカーは、ブラジルのリオデジャネイロにある通称シュガーローフ・マウンテンの頂上に登った際、上空を飛行する翼竜のような複数の鳥を目撃して驚いたと報告している。

近年よく見かけるローペンの写真。カール・シューカーによればCGでつくられたものだという。（※Karl Shuker「Nandi Bears and Death Birds - My Top Ten Deadliest Mystery Beasts」より）

しかし、シューカーはそのとき持っていた双眼鏡でよく確認したところ、その翼竜のように見えた鳥は、実際はグンカンドリだったことが判明したのだという。

たしかに、角ばった翼と長い尾は翼竜とよく似ている。

なお、他にも誤認されやすい鳥としては、ワシ、コウノトリ、ツル、サイチョウなどの比較的大型の鳥もあげられる。

ローペンについては、こうした野鳥の見間違いの可能性があることも十分に考慮しておきたい。

（本城達也）

【参考文献】

南山宏『生きていた恐竜・翼竜・海竜 ドラゴンUMAの謎』（学研、2005年）

泉保也「パプアニューギニアの怪鳥UMAローペン」『ムー』（学研、2015年7月号）

※Donald Prothero「Fake Pterosaurs and Sock Puppets」

※Nathaniel Coleman（Jonathan Whitcomb）「True-Life Adventure and Cryptozoology – Nonfiction」

※Darren Naish「Pterosaurs alive in, like, the modern day!」

Sharon Hill「Prehistoric Survivors? They Are Really Most Sincerely Dead」『Skeptical Inquirer』（February 28, 2014）

宇田川竜男『日本鳥類分布生態図説』（岩崎書店、1967年）

相賀徹夫『大図説 世界の鳥類』（小学館、1979年）

※Karl Shuker「I thought I saw a terror saur! - do prehistoric flying reptiles still exist?」

【UMA事件11】

イエティ

Yeti
11/1951
Himalayan Range, Nepal

巨大でがっしりとしたゴリラみたいな毛むくじゃらの体。二本脚で雪原に大きな足跡を残しながら大股で消えていく謎の巨大類人猿。ヒマラヤに棲む雪男（イエティ）と聞くと、多くの人はこんなイメージを抱くことだろう。だが、世界的に有名な割に動画はおろかまともな写真すら未だ一枚も撮られていない。呼び名も一定せず、生物なのか、そもそもこの世に実在しているものなのかすらはっきりせず、イエティは混沌としたUMAと言える。

■19世紀に西洋社会に紹介

イエティの存在が西洋社会に初めて紹介されたのは1832年のことだ。ネパールに駐在していた英国高官B・H・ホジソンがベンガルの学会誌に「ヒマラヤには、現地人がラクシャス（サンスクリット語で悪魔）と恐れる毛むくじゃらの野人がいる」と報告をした。もっともホジソン自身は「オランウータンでも見間違えたのだろう」と雪男の話を本気にしていなかった。

雪男の証拠の定番とされる「大きな足跡」は、1889年に初めて報告された。英国陸軍中尉だったL・オースティン・ワッデルが、インド・シッキム州北東部の山岳地帯で見つかった足跡のことを本

【左】アメリカのホラーコミック誌の表紙に描かれたイエティ（『CREEPY』1971年1月号）
【上】ネパール・ポカラの「国際山の博物館」に展示されたイエティの模型（©MMuzammils）

に書いている。だがワッデルは雪男を類人猿だとは思わず、その正体を「巨大な黄色雪熊」と指摘していた。この雪男＝クマ説は現在有力な説となっており、有名な登山家ラインホルト・メスナーを始め、ヒマラヤで30年以上雪男を追ってきた日本の登山家根深誠なども雪男の正体はヒグマだという説をとっている。

現在、英語圏で定番の呼び名となっている「Abominable Snowman（忌まわしき雪男）」という言葉は、当時インドの英国陸軍にいたヘンリー・ニューマンという人物が1920年に作った言葉だ。現地語の「不潔な雪男」という言葉を直訳したものとされ、日本語では単に「雪男」になった。だがニューマンもまた雪男を信じてはおらず「雪男の話は自分のデッチ上げだ」と息子に話していたという。

ちなみにイエティという呼び名はクーンブ地方のシェルパ族の呼び名で、ブータンやシッキム地方では「ミゲ」「メギュ」、チベットの遊牧民は「テモ」、ネパールの少数民族は「ソクプ」、一般的には「メテ」

と呼ばれているという。だが、これらの単語が各地域でどこまで同じものを指しているのかはよく分からない。またイエティには大きなズーティと小さなミティという2種類があるとも3種類あるとも言われる。ミティが雌だとも、イエティと言えば普通ミティだけを指すとも言われる。さらに言えば、イエティはチベットの神マハカーラに仕える神の従者であって、そもそも「姿は見えないものだ」とも言われている。それだったら写真に写るわけがない。

■シプトンの写真の真偽

そんな中、雪男の実在を最も強く印象づけたのが1951年11月に、英国の登山家エリック・シプトンが、メンルン氷河で撮影した足跡写真だった。長さ30センチ、幅13センチという巨大さで、足には大きな親指が他の4本と離れて付いていた。「シプトンの写真さえなければ、イエティなど気の迷いに過ぎないと言い切れたのに」と、雪男に懐疑的な立場のロンドン大学の生物学者ジョン・ネーピアも認めていた証拠写真だった。だが後になって、シプトンが大のイタズラ好きで人を引っ掛ける悪趣味の持ち主だったことが明らかにされ、この写真も疑惑の目でみられるようになった。ちなみにシプトンがこの足跡を発見した時に同行していたマイケル・ウォードはシプトン写真を「シェルパ族の異形な足跡」の写真と考えていた。

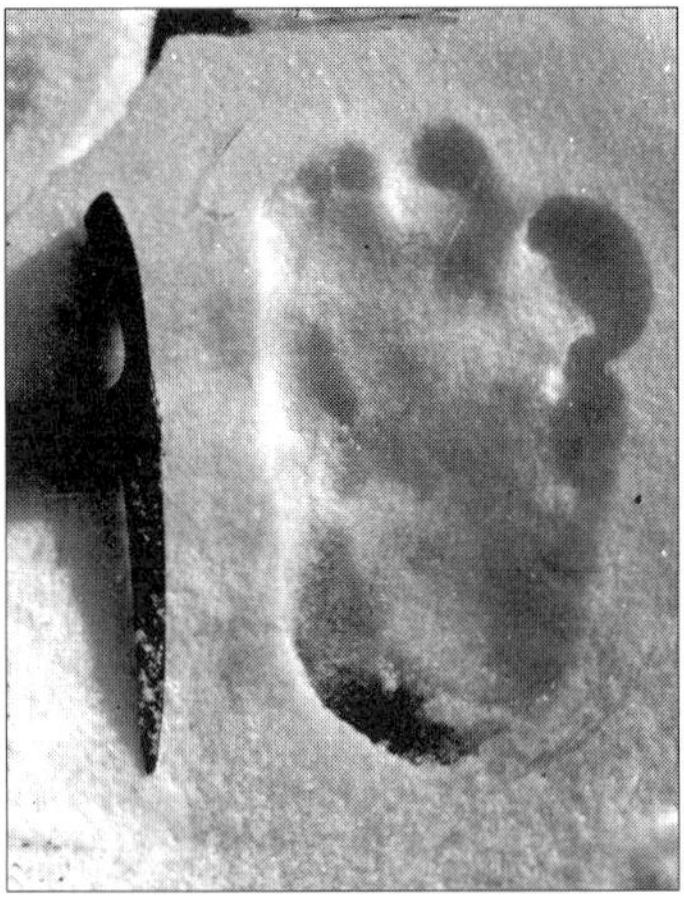

登山家のエリック・シプトンが撮影した足跡の写真。イエティ実在の証拠とされたが、現在では人間など既知の動物の足跡か、足跡そのものがフェイクだと考えられている。

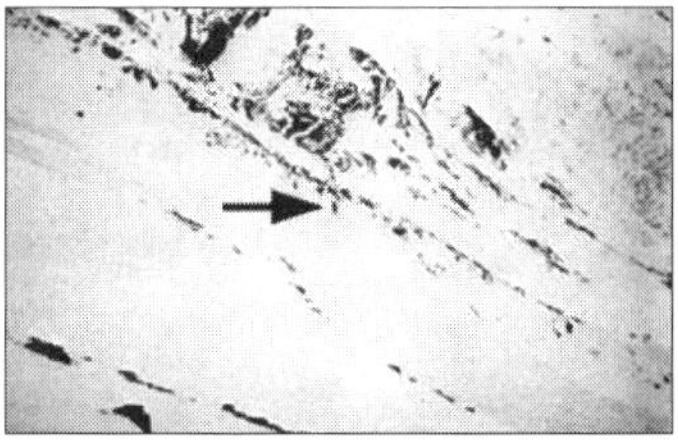

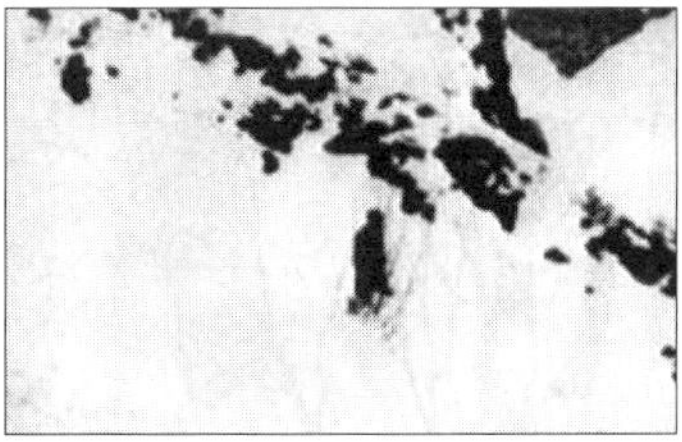

【上】ウールドリッジの写真。右は矢印の部分を拡大したもの。雪に覆われた山肌に黒い人影が立っているように見えるが、正体はたんなる岩だった。(※Anthony B. Wooldridge「An encounter in Northern India」)
【左】イエティの頭皮とされるものはいくつか存在している。写真はネパールのクムジュン村の僧院で保管されている「イエティの頭皮」。1957年にテキサスの石油王、トム・スリックによって鑑定されており、既知の動物の毛皮であることが判明している。(©Nuno Nogueira)

■次々と覆される証拠

シプトン写真の後も足跡の写真はたくさん撮られたものの、雪男自身の姿は誰も撮影できず、初めての全身写真が公表されたのは1986年になってからだ。

英国人の団体職員アンソニー・B・ウールドリッジが、インド・ヒマラヤ地方北部へムクンド近くで雪の斜面に突っ立っていた黒い人影を撮影した。ウールドリッジが観察していた約45分もの間、その人影は微動だにしなかったというのだが、それもそのはずで、あとで調べたら単に人の形によく似た岩陰であった。ルバング島で小野田寛郎少尉を発見した鈴木紀夫も、5度のヒマラヤ捜索の結果、雪男の写真をついに撮ったとしていた。だが実際は、緑の山陰に数個の白い点が見える程度の写真で、何が写っているかは小さすぎてわからずじまいだった。

それでも、物証もいくつかは有る。チベットの僧院には、雪男の頭の皮なるものが残されているが、ヒマラヤカモシカの皮を縫い合わせた細工と言われている。エヴェレスト初登頂で知られるヒラリー卿が1960年に、チベットの村でイエティの毛皮を買って本国に戻っているが、調べた結果はヒグマの皮だった。1970年に日本のエヴェレスト登山隊が「イエティの右足」を預かって帰国したが、鑑定結果はやはりヒグマの右足だった。

■ついに決定的な研究成果が…

2017年11月、イエティの遺物に関する大規模な調査結果が、英国王立協会紀要に発表された。「ヒマラヤ地方チベット平原における謎のクマの進化とイエティの正体」と題する論文で、それまでイエティのものとされてきた毛や皮や骨、フンといった24個の試料を集め、一斉にミトコンドリアDNAの分析を試みた。

その結果、イヌの歯が1個混ざっていたことを除けば、あとは全てヒグマやツキノワグマの亜種による遺物と判定された。

こうなると「イエティ＝ヒグマ」と考えざるをえないのではないだろうか。

（皆神龍太郎）

【参考文献】

レーフ・イザート『雪男探検記』（恒文社、1995年）
リン・ピクネット『超常現象の事典』（青土社、1994年）
皆神龍太郎、志水一夫、加門正一『新・トンデモ超常現象60の真相〈下〉』（彩図社、2013年）
根深誠『イエティ　ヒマラヤ最後の謎〝雪男〟の真実』（2012年、山と渓谷社）
角幡唯介『雪男は向こうからやって来た』（集英社、2013年）
「小野田さんと、雪男を探した男～鈴木紀夫の冒険と死～」（NHK、2018年3月25日放送）
「幻解！　超常ファイル ダークサイド・ミステリー　雪男〝イエティ〟の謎」（NHK　BSプレミアム、2014年12月28日放送）

【UMA事件12】

エイリアン・ビッグ・キャット

Alien Big Cat
Since 1950s
United Kingdam etc.

ABC（エイリアンビッグキャット）は英国をはじめとするヨーロッパ諸国やカナダ、アメリカ西部などで目撃されているという大型のネコ科動物のことである。ビッグキャットは英語ではトラ、ライオン、ヒョウ、ジャガーなどの「ガオー」と鳴く野生の大型猫を指す。野生のネコ科動物という意味で、アメリカライオン（クーガ／ピューマ）、ユキヒョウやウンピョウ、チーターなどを含めることもある。

イギリスを含めた西ヨーロッパで最大の野生ネコは中型のネコ科動物であるヨーロッパオオヤマネコだが、イギリスでは7世紀に絶滅している。スコットランドにはスコットランドヤマネコが生息しているが、これは小型の野生ネコだ。「エイリアン」は異星のことではなく、本来ならばその地域に存在しないはずの動物であるという意味である。存在するはずはないということで、ファントムキャット、ブリティッシュ・ビッグキャットとも呼ばれている。

英国での代表的な目撃証言は「大きな黒いヒョウのような動物を見た」というものだが、足跡や糞が見つかっており、生け捕りにされたことも、死体が検証されたこともあるため、正体はネコ科の大型獣だということはわかっている。UMAとしては特異な存在といえるだろう。世界各地のいるはずのない場所で目撃されているので論議が続いているのだ。

■いつから目撃されているのか？

18世紀生まれのジャーナリスト、ウイリアム・コベットの回想録まで遡るとする説もあるが、ABCの目撃情報を集めて追跡している団体の一つ、「スコットランド・ビッグキャット・トラスト」のホームページでは、はっきりABC目撃証言と判別できるものとしては、1927年1月14日にデイリー・エクスプレス紙に掲載されたものが最古であるとしている。

だが、有名な事例としては1950年代まで時計を進める必要がある。代表的なABCの目撃例をいくつか紹介しよう。

●サリーのピューマ

首都ロンドンにも近いサリー州では1825年、1938年、1955年に目撃が記録されている。最も有名なものは1959年から1966年にかけての複数回の目撃証言だ。64年の夏には何かにかみ殺されたような家畜の死体が見つかり、66年には引退した写真家がピューマのような動物を撮影する。64年から66年の間に警察には362件の目撃報告が寄せられたという。68年には「ピューマを撃ち殺した」という農家の男性も現れたが、死体は確認されていない。

目撃された動物の大きさだが、64年の目撃者は「肩の高さ3フィート（約1メートル）、体長5フィート（約1・5メートル）」と証言している。これはほぼアメリカライオンのサイズだ。

●フェンタイガー

イングランド東部のケンブリッジシャーでは、ケンブリッジシャー大隊の通称フェン・タイガースにちなんで「フェンタイガー」と呼ばれるネコ科動物の目撃証言が多い。1978年には目撃報告が相次ぎ、警察の捜索隊が出動する騒ぎとなったが不発に終わった。ネコ科に見える動物を撮影した写真や足

エイリアン・ビッグ・キャットは大きなクロヒョウとして現れることが多い。ちなみに野生のヒョウの生息域は、アフリカ大陸からアラビア半島、東南アジア、ロシア極東地域。イギリスを含む西欧には野生のヒョウは生息していない。（©Waitandshoot/shutterstock）

跡の発見の報告が続いている。

●シューターズヒルのチーター

1963年南西ロンドンでパトロール中の警官などが大きな金色の動物と遭遇したことから、警官126人、警察犬21頭、兵士30人が出動して付近の大捜索が行われた。チーターに似た足跡が発見されたが、ネコ科の動物は見つからずに終わった。

●エクスムーアの獣

コンウォールのエクスムーアでは、1970年代に目撃がはじまり、1983年に地元農家が3か月で100匹以上の羊が噛み殺されたと訴えて有名になった。1989年には黒っぽいヒョウかピューマのような動物が写っているとする写真も撮影されているが、これはボール紙を切り抜いたものだった。

●ボドミンムーアの獣

同じくコンウォールのボドミンムーアでは、80年代になってから、大型のネコ科動物を見た、家畜が襲われたという報告が相次いだ。1995年には農業省が2人の専門家に委託して大規模な調査を行っているが、空振りに終わった。

●フェリシティ

ABCに関する人々の認識を決定的に変えたのは、1980年、スコットランド・ハイランド地方のキャニックで実際にピューマが捕獲されたフェリシティ事件だ。この地域での目撃例は70年代半ばから始まっているが、80年に羊が襲われて困っていた地元農家が仕掛けた罠に、メスのピューマがかかった。ピューマはかなり年を取っていて、人にも慣れていた。長らく人間に飼われていたのが、逃げ出したか放されたと考えられたが、家畜などを襲いながら何年も野生生活を送ってきたのか、という点には疑問を持つ人も多かった。農家の主人の自作自演も疑われたが、76年の危険野生動物法（Dangerous Wild Animals Act）の制定を契機にして、捨てられたペットということで落ち着き、動物園でフェリシティと名付けられて人気者となった。死亡後は剥製が博物館に収められている。

この事件以来、ABCは、無責任な飼い主が捨てたペットであると考える人が主流になり、UMAに興味を持つ人たちに加えて動物愛護団体もさらに積極的にABC探索に加わるようになった。ABC探索団体の多くも目的に動物愛護を掲げている。

■増加する目撃情報

20世紀中は、目撃情報の記録は、地元警察や農業省に寄せられた報告や手紙が主で地域ごとに数百単位だったが、2000年代になってからはABC探索団体が「山野に放されたエイリアン・ビッグ・キャットを保護するため」に目撃情報を投稿するように呼びかけるようになったため、全国規模で数千単位の目撃情報がある。

これを受けて、議論の中心は、ビッグキャットの

1980年にスコットランドのハイランド地方で捕獲されたメスのピューマの剥製。捕獲後は「フェリシティ（Fericity）」と名付けられて動物園で余生を過ごし、死亡後に剥製にされた。現在はインバネスミュージアムに保管されている。（©Guni）

実在から、1976年の危険野生動物法によって捨てられた大型ネコ科動物が英国で繁殖しているのか否かに移り、繁殖しているとすれば、最初の世代の死体はどこにあるのか、へと移ってきている。

■確認できる証拠

目撃証言の多さに比べて、イギリスに野生状態の大型ネコ科動物がいるかどうかの証拠は実はあまり多くない。

2013年にブリストル市立博物館・美術館にユーラシアオオヤマネコの剥製として保管されていたのが、実はカナダオオヤマネコだったことが判明して、ちょっとしたニュースになった。この個体は歯の状態から見て、長期間飼育下にあったと考えられるという。その後逃げ出したか、放されたかして射殺に至ったらしい。これは実は最古の目撃証言より古い。19世紀にも飼育目的で持ち込まれて逃げた大型ネコ科動物がいたはずだという説の根拠の一つ

誤認例が多いオオヤマネコ

となっている。

１９９０年代には交通事故死したり撃ち殺されたりしたネコ科動物の死体がいくつも確認されているが、ピューマのフェリシティを除けば、大部分がペットとして飼われていたものが逃げ出したと思われる中型のオオヤマネコで、ヒョウやライオン、トラなどの事例はない。

一方、目撃者が撮影した写真については、ほとんどが写っているのは犬やイエネコだと判定されている。野外では大きさの目安が狂うことも多く、メインクーンなどの大型イエネコ、サバンナ、ベンガルなど野生ネコとの交雑種の場合、大型ネコ科動物と見間違える可能性が高い。これについてはＡＢＣ目撃情報の報告を呼び掛ける諸団体でも、わざわざ解説ページを設けて注意を呼びかけている。

中には捨てられたり、いたずらで置かれたりした大型の縫いぐるみがＡＢＣの正体だったというものもある。２０１１年にハンプシャーで、２０１３年にロンドンで、２０１７年にはイングランドのケンブリッジシャー、２０１８年にはスコットランドで、野外に置かれた縫いぐるみをＡＢＣだと誤認した事件が発生している。一部ではパニックを引き起こして警察が出動する騒ぎになっているが、ＡＢＣを信じている人が多いゆえの事件だともいえる。

■ＡＢＣの正体

骨、足跡、糞などを証拠として探している人も多いが、決定的なものはないと言ってよいのが現状だ。殺されたシカや家畜の死体に犬よりはるかに大きい牙の跡があるのは大型ネコ科動物が襲ったからだと主張する人もいるが、正式な鑑定結果は出ていない。

確かにペットとしてライオンやトラを飼っている人はいるが、逃げ出した事例のほとんどがオオヤマネコやジャングルキャットなど中型、小型の動物だ。

目撃者が語るＡＢＣは、決まってクロヒョウかピューマのような動物（フェリシティの影響か？）で、縞模様や斑点もないし、雄ライオンのようなたてがみもない。最初から「見るべきもの」が決まっているからだろう。目撃写真の判定を見る限り、ＡＢＣの目撃者はイエネコやイヌを見間違えている可能性が高い。

家畜が殺されているという農家の被害については、犬かキツネの仕業ではないかと推測する人もいる。『シートン動物記』の中にも、夜になると近所の家畜を殺して回る犬の話があるが、「人の最良の友」イヌが、こうした行動をとるというのは一般に受け入れがたく、別の恐ろしい存在の仕業にしたくなってしまうのだという。

これから考えるに、「逃げ出したペット」、「黒い動物を見た」、「家畜が殺されている」は別々の出来事なのだが、エイリアン・ビッグ・キャットという伝説があるために、人々の意識の中では一つにまとめられてしまい、ＡＢＣ事件が出来上がるのだろう。

（ナカイサヤカ）

【参考文献】

※ BBC Earth Myth and legend「Many epeople are convinced that big cats roam the Britain」
※ British Big Cats Society「Scottish Big Cat Trust Felicity the Puma」
※ Luke Jarmyn「Uncovering the mysterious tale of 'The Surrey Puma'」
※ Tom Pilgrim「11 times the 'Fen Tiger' was spotted in Cambridgeshire」
※ Transpontine「History Corner: The Shooters Hill Cheetah（1963）」
※ Ruth Ovens「Beast of Exmoor: What you need to know about this countryside mystery」
※ Gareth Roberts「Mystery solved over 'beast' that slaughtered farm animals for decades」

【UMA事件13】

ハーキンマー（スクリューのガー助）

Flathead Lake Monster
Since 09/1962
Montana, USA

『SFマガジン』1962年9月号、超常現象研究家・斎藤守弘氏の連載『サイエンス・ノンフィクション』の第10回「恐龍（原文ママ）は現存する?」に、こんな一節がある。

つい最近の外誌の伝えるところによると、数万年前どころか今も、アメリカのある地方に恐竜類の生き残りが目撃されるそうだ。モンタナ州ポルソンのフラットヘッド湖に住んでいる通称〝スクリュー尾のガー助〟ことハーキンマーとよばれる怪物がそれで、添えてある写真で見ると、中世代（原文ママ）のトラコドン（鴨竜）にそっくり。

この写真が本物なら、本格的な調査隊が切に望まれる。

この記事には、水面から上半身を出しているトラコドン（カモノハシ竜）そっくりの恐竜の写真と、トラコドンの想像図が並べて掲載されている。

以後、斉藤氏はこの「スクリュー尾のガー助」の話を何度も少年雑誌などに発表する。『ぼくらマガジン』1970年12月1日号によれば、1960年夏、「湖岸の小屋にとまっていたジグラーズさん一家」が遭遇したが、「あとで調べたら、さん橋のくいが大きくこわされていた」と書かれている。この

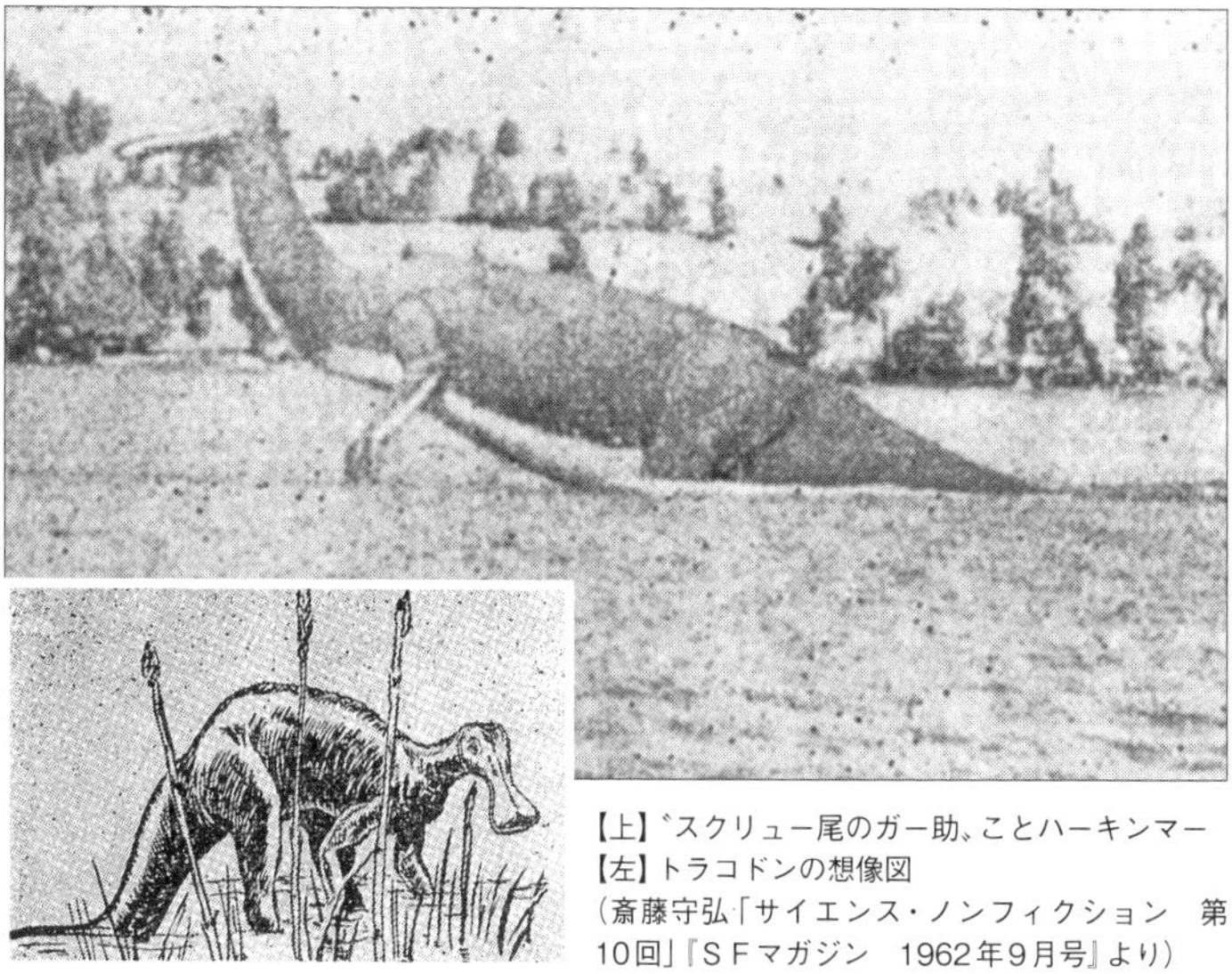

【上】〝スクリュー尾のガー助〟ことハーキンマー
【左】トラコドンの想像図
（斎藤守弘「サイエンス・ノンフィクション　第10回」『ＳＦマガジン　1962年9月号』より）

記事には、トラコドンが岸辺で暴れているモノクロイラストとともに、やはり「ハーキンマー」の写真が掲載され、「つりに行ったロナルド＝ニクソン氏が、ぐうぜん撮影したものだ」というキャプションが付いていた。

１９７２年に出版された『なぜなに世界の大怪獣』（小学館）という子供向けの本には、こう書かれている。

アメリカ・モンタナ州のフラットヘッド湖にふしぎなかいじゅうがすんでいます。

きみのわるいうなり声をあげて、みずうみをすごいスピードでおよいでいくので、近くの人たちは「スクリューのガー助」とよんでいます。

一九六〇年の夏、みずうみのきしの小やにとまっていたジグラーズさん一家が、ガー助のおよいでいくのを見ました。

まきあがった大なみで、じゅうをかまえるひまもありませんでしたが、あとでしらべてみたら、ボートとさんばしのくいが、めちゃめちゃにこわされていたということです。

ここでも、尻尾でボートを破壊している怪獣のカラーイラストと、水面から上半身を出しているトラコドンの写真が載っていた。子供の頃、この記事に胸を躍らせた人は多いに違いない。

『なぜなに世界の大怪獣』の執筆者は佐伯誠一氏だが、「写真提供」に斎藤氏の名前がクレジットされている。文章を比較すると、斉藤氏の『ぼくらマガジン』の記事をベースに書かれたことは間違いない。ただし斉藤氏は一貫して「スクリュー尾《び》のガー助」と表記している。「スクリューのガー助」という表記は『なぜなに世界の大怪獣』が広めたものである。

トラコドンを見た人はいない

フラットヘッド湖はカナダとの国境に近いモンタナ州の北西部、標高882メートルの高地にある、森と山に囲まれた湖だ。南北43キロ、東西24キロもの広さがあり、平均の深さは50メートルほど。鱒やイエローパーチが釣れ、夏には避暑地として賑わう。

ここには19世紀から巨大生物が棲んでいるという話がある。1889年、蒸気船U・S・グラント号の船長ジェームズ・C・カーと乗客らが、蛇のような生物が泳いでいるのを目撃した。1949年には、湖の南端の街ポルソンで、カップルと4人の子供が、10～12フィート（3～3・6メートル）もあるチョウザメらしき巨大魚を目撃している。1964年には、ワシントンから来たジョイス・ネルソンの家族が、やはりポルソンの公園でピクニックをしていて、15～20フィート（4・5～6メートル）のナマズかチョウザメらしき魚を目撃。1993年7月29日には、イリノイ州から来た警官とその家族が、プレシオサウルスのような生物を見ている。2005年7月28日には、ジム・マンリーとその妻が、湖の西の端のビッグ・アーム湾で、25フィート（7・5メートル）の魚を目撃……。

みずうみでつりをしていた人がとった、ガー助のしゃしん。

『なぜなに世界の大怪獣』に掲載されたガー助の写真。ガー助はそれまで「スクリュー〝尾〟のガー助」と表記されていた。「スクリューのガー助」という名称は本書がきっかけに広まったと考えられる。（佐伯誠一『なぜなに世界の大怪獣』小学館より）

これらの報告を見ると、そのほとんどが、細長い巨大な魚の目撃であることが分かる。その正体については、シロチョウザメだという説が主流である。シロチョウザメは北米の淡水に棲息するチョウザメの仲間で、最大で体長20フィート（6メートル）に達することもある。1955年にはフラットヘッド湖で体長7フィート6インチ（2・3メートル）のシロチョウザメが捕獲され、ポルソンのフラットヘッド歴史博物館に展示された。

他にも、少数だがブロントサウルスまたはプレシオサウルスのような生物の目撃報告もある。そのため、この湖には二種類の怪物が棲んでいるという説もある。

しかし、トラコドンに似た生物が目撃されたという話はない。そもそもトラコドン（現在はアナトティタンと呼ばれている）は水生ではない。化石の指に水かきのように見える部分があったことから、1970年代までは水生だと考えられていた。その後、水かきのように見えたのは誤認であり、現在では他の恐竜と同じく陸生だったと考えられている。

では、あの「スクリューのガー助」の写真はいったい何なのか?

とっくに合成だとバレていた

日本では有名なこの写真だが、現在、海外のUMA(未確認動物)研究サイトではまったく見ることができない。掲載されているのは日本のサイトばかりで、それも『なぜなに世界の大怪獣』からスキャンされたものである。

当然、「スクリューのガー助」の写真を本物と信じている研究者は1人もいない。1977年の実吉達郎『世界の怪動物99の謎』では「合成写真の疑いが強い」とされているし、2007年の並木伸一郎『未確認動物UMA大全』では、はっきり「合成写真」と書かれている。

1963年7月29日の『The Spokesman-Review』紙の記事によれば、この合成写真を作ったのはビル・ニクソン夫人という人で、息子のロナルドとメイナードがそれを手伝ったという(ロナルド・ニクソンの名は『ぼくらマガジン』の記事にも出てくる)。海外では発表されてすぐに合成写真だと判明したので、忘れられてしまったようだ。それが日本では、子供向けの雑誌や書籍に何度も掲載されたため、多くの人の記憶に残ったのである。

フラットヘッド湖の怪物について解説した海外のサイトを調べると、この怪物は「モンタナ・ネッシー」または単に「フラットヘッド・レイク・モンスター」と呼ばれていることが分かる。いくら調べても「ハーキンマー」という名はヒットしない(もちろん「スクリューのガー助」も)。

2014年のこと、ASIOSのメンバーが斎藤守弘氏に直接インタビューし、話を聞くことができた。斎藤氏によると、「スクリュー尾のガー助」という名前は、神田の古書店で買ったアメリカの大衆雑誌から考案した名前だったという。その雑誌の巻頭の投稿コーナーにフラットヘッド湖の怪物の話

ハーキンマーがいるとされるフラットヘッド湖。アメリカ西部最大の淡水湖で、湖面面積は約500平方キロメートル。横浜市がすっぽり収まる広さがある。（©Jim in SC/shatterstock）

が載っていて、「スクリュー・テイル・○○○」という名前とともに、「ガー」と鳴くと書かれていた。そこから日本風に「スクリュー尾のガー助」と名付けたのだという。「ハーキンマー」という名も、その雑誌に、「スクリュー・テイル・○○○」の愛称として載っていたのだそうだ。

その「アメリカの大衆雑誌」が何なのか分からないので、それ以上の追跡調査は不可能である。何にせよ、「ハーキンマー」「スクリュー・テイル・○○○」という名は、本国アメリカではすっかり忘れられているようだ。

■時代とともに尾鰭がついて…

確かに1960年に、ポルソンのカントリー・クラブを訪れていたギルバート・ジーグラー夫妻（「ジグラーズ」というのは、Zigler の複数形を読み間違えたものだろう）が、夜間に怪しい生物を目撃したという話はある。しかし、水中の生物が桟橋の杭に体をこすりつけているのを見たというだけである。それが１９７０年、『ぼくらマガジン』の斎藤氏の記事によって「くいが大きくこわされていた」という話になり、さらに１９７２年の『なぜなに世界の大怪獣』では「ボートとさんばしのくいが、めちゃめちゃにこわされていた」ことにされた。１９７７年の『世界の怪動物99の謎』ではさらにディテールがつけ加えられ、ジーグラー氏が湖畔の村のシェリフで、怪物の正体を確かめるために湖岸の小屋にたてこもっていたことになっているうえ、「じゅうをかまえるひまもなかった」はずなのに発砲したことになっている。時代が下るにつれ、伝言ゲームのように、話にどんどん尾鰭がついていっているのだ。

（山本弘）

【参考文献】

実吉達郎『世界の怪動物99の謎』（サンポウジャーナル、１９７７年）

山本弘『トワイライト・テールズ　夏と少女と怪獣と』（角川文庫、２０１５年）

並木伸一郎『未確認動物ＵＭＡ大全』（学研、２００７年）

ジャン＝ジャック・バルロワ『幻の動物たち』（早川書房、１９８７年）

斎藤守弘「恐龍は現存する?」（『ＳＦマガジン』１９６２年９月号）

Ellen Baumler『Beyond spirit tailings: Montana's mysteries, ghosts, and haunted places』(Montana Historical Society, 2005)

Paul Fugelberg「Flathead Monster」(『The Spokesman-Review』29,7,1963)

Gardner Soule「Flathead Lake Monster」(『Boy' s Life』10,1964)

※ cryptozoo-oscity「The Flathead Lake monster, sturgeon, eel or dinosaur?」

※ unknownexplorers「Flathead monster」

※ Flathead Beacon「The History of a Monster」

※ FLATHEAD LAKERS「Flathead Lake Monster」

※「ｍｉｘｉ／それゆけ！　奇現象／超常現象／教えて！　奇現象の偉い人!!」

※「ＵＭＡファン～未確認動物～／チョウザメ」

※ＡＳＩＯＳブログ「斎藤守弘さんのお話」

【UMA事件14】

シーサーペント

Sea serpent
12/12/1964
Queensland, Australia

航行する船を襲って時に転覆させ、船員を丸呑みすると恐れられた巨大なウミヘビ「シーサーペント」。その存在は聖書の昔から語られていたと一般に言われているが、未確認動物学の父と呼ばれているフランスの生物学者ベルナール・ユーベルマンによれば「古代ギリシャ・ローマ時代の物語に、シーサーペントに言及しているものはない」「近代的な意味でのシーサーペントは、中世になっても未確認動物として存在していなかった」という。

『未確認動物UMAを科学する』によれば、シーサーペントがポピュラーになった転機は、18世紀中期にノルウェー司教エリック・ポントピダンが著した『ノルウェー博物誌』の出版にあったという。この本が出るまでは、日時の分かる資料があるシーサーペントの目撃談は有史以来9件だけだったのに、出版後は１００年間で１８９件へと急激に増えたという。

長さ２００メートル近くもある大ウミヘビの存在を主張した『ノルウェー博物誌』が、それまでスカンジナビアの隅で語られていたローカルなUMAをスターへと押し上げたのだという。

■シーサーペントの撮影に成功？

しかし、目撃談やイラストはあっても、生きて

【上】19世紀中頃に描かれたシーサーペントの想像図。

【左】1964年12月、オーストラリアのクイーンズランドでフランス人カメラマンのロベール・セレックが撮影した写真。セレックによると怪物は全長25メートルほど。口を開け閉めしながら、ゆっくりと泳ぎ去ったという。

いるシーサーペントを捉えた写真はなかなか現れず、決定的な写真が撮影されたのは１９６４年のことだった。遠浅の白い海底に長々と横たわるオタマジャクシのような形をした黒い怪物。その奥には手こぎのボートがなぜか一隻漂っている、というチャーミングな構図の一連の写真だ。

この写真を撮影したのは、フランス人カメラマンのロベール・セレック。１９６４年12月12日に家族や知人と共にオーストラリアのホウィットサンディ島付近に船で立ち寄った際に、浅瀬にいた体長約25メートルの巨大なオタマジャクシ形の怪物を発見して、カメラに収めたのだという。怪物は口をパクパク開けたり閉じたりしながら、ゆっくり姿を消していったという。

この写真の真偽については、未確認動物学の父ユーベルマンが強い疑義を唱えている。撮影者のセレックは、この怪物と遭遇する5年前の段階ですでに、「海の怪物で一儲けするつもりだから、一緒にやらないか」と仲間を誘っていたというのだ。またセレックはフランス国内で多額の借金を背負い、国際刑事機構（インターポール）から詐欺容疑で指名手配されていた。彼はフランスに舞い戻った際に逮捕され、１９６６年に懲役６ヶ月の実刑を言い渡されている。

ユーベルマンは、世界で最も有名なシーサーペント写真となってしまったセレック写真について「最も疑わしい海の怪獣の写真が、最も広く報道されているということは嘆かわしいことだ」と嘆いている。

■黒い影の正体はなにか？

セレック写真がニセモノだとしても、そこに写っている巨大な物体の正体は未だ謎のままだ。セレックは一体、何を撮影したのだろうか？

２０１５年にＮＨＫの番組「幻解！　超常ファイル」がこの謎に挑み、ＮＨＫの番組アーカイブの中から、よく似た映像を見つけ出すことに成功した。「ワイルドライフ　オーストラリアモートン湾　幻のジュゴン大集結を見た」（２０１４年５月19日放送）という番組のためにＮＨＫがモートン湾で撮影した映像で、平たい感じの黒くて長い帯状の巨大生物が、一部は丸みを帯びながら、形を変えてうねうねと海底で動いているかのように見える不思議な動画だ。

映像の正体は、イワシなどの小魚が群れをなして泳いでいる様子を海の上から撮ったものだという。

小魚の群れ（©Razak.R/shatterstock）

セレック写真も怪物の口の辺りをよくみると、細長く黒いモノが胴体の本体部分から少し離れて群れているようにも見え、「幻解！　超常ファイル」ではその部分をアップにしながら「小魚っぽくないですか」と紹介をしていた。

確かにセレック写真とよく似ている映像で、大変に興味深い仮説であることは間違いない。ただ、セレック写真の正体が海岸べりにいた小魚の群れだとすると辻褄が合わない点も生まれる。

ひとつは、ユーベルマンの調査結果との整合性だ。シーサーペントに見える小魚の群れにセレックがオーストラリアでたまたま遭遇し、偶然に撮影しただけなのだとしたら、彼がその5年前から「海の怪物で一儲けする」と周りに宣言していたことと話がうまく合わない。

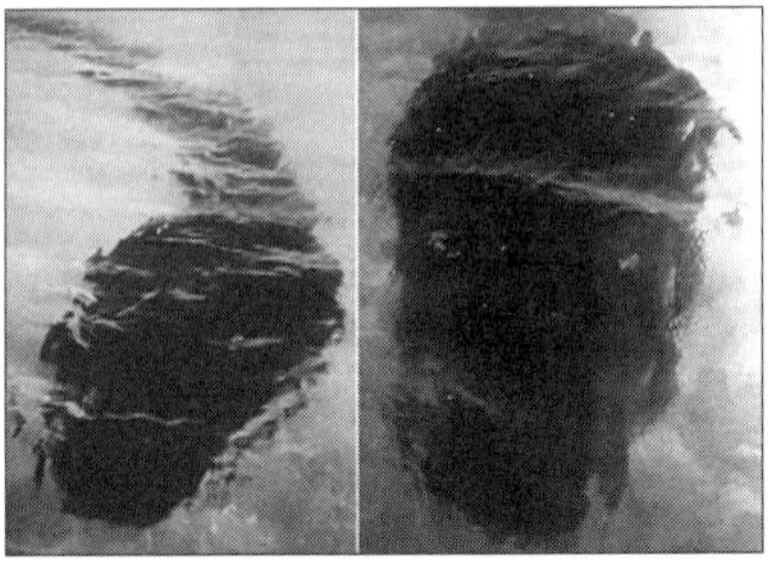
セレック写真の「顔」。白い目があるのがわかる。

もう一点、セレック写真の怪物の頭部の同じ場所に、白い目がいつも付いているように見えるのも不思議だ。小魚の群れの魚影に過ぎなかったとしたら、全体の形は時間経過と共に大きく変化しているのに、頭部の同じ位置に白い目のような形が偶然現れ続けているのはヘンだ。

個人的には、予め用意しておいた黒い絨毯のようなものを海底に敷いて撮った写真なのではないかと推理しているが、そうだと断定できる証拠もない。セレックの近親者などが証言でもしてくれない限り、セレック写真の正体は謎のまま終わるのかもしれない。

（皆神龍太郎）

【参考文献】
ジェイムズ・B・スィーニ『図説・海の怪獣』（大陸書房、１９７４年）
ダニエル・ロクストン、ドナルド・R・プロセロ『未確認動物UMAを科学する』（化学同人、２０１６年）
「幻解！ 超常ファイル ダークサイド・ミステリー14 水中の巨大生物&ポルターガイスト」（NHKBSプレミアム、２０１５年10月24日放送）
Bernard Heuvelmans「In the Wake of the Sea-Serpents」(New York Hill and Wang ,1968)
『ムー特別編集 世界UMA大百科』（学研、１９８８年）

【UMA事件15】

モスマン

Mothman
15/11/1966
West Virginia, USA

■ある光

１９６６年11月15日の夜、二組のカップルを載せた車が、ウェストバージニア州のポイントプレザントという静かな町の外れにあるＴＮＴエリアを走っていた。その時、赤く輝く二つの光が目に飛び込んできて、ドライバーは慌ててブレーキを踏みこんだ。

そこで４人が見たものは、とても奇妙な生き物だった。それは大きな翼を背中にたたんだ、身長２メートルほどの人間のような生き物で、頭にあたる部分がなく、足を引きずるように歩いていた。なかでも彼らの印象に強く残ったのは赤く光る大きな目で、それは催眠をかけるような眼差しだったという。

４人は恐怖を感じ逃げるように車を発進させたが、後部座席からの悲鳴によって、さらに恐怖が増幅されることになる。車は１６０キロもの猛スピードで加速していたにも関わらず、その怪物が空からキーキー喚きながら追ってきていたのだ。彼らは町まで戻るとパニック状態のまま保安官事務所に駆け込み、一部始終を話した。

この出来事は翌日には報道され、小さな町は突然現れた怪物の話題で持ちきりになった。またどこかの記者が、コミックヒーローに似せたあだ名を与えた。そう「モスマン（蛾人間）」である。この不気味でキャッチーな名前がなければ、もしかしたらこれほどまで有名にならなかったかもしれない。

そしてこの事件を皮切りに、この一帯でモスマンの目撃が多発することになる。

ウェストバージニアの怪物たち

ジョン・A・キールは独自の視点と語り口で、一部から熱狂的に支持される作家である。現在のモスマン伝説は、彼が1975年に著した『プロフェシー』によって広められ、イメージが形成されたところが大きい。

しかし、この本はモスマンについてだけ書いてあるわけではない。モスマン騒動を軸に、UFOの目撃、MIBの暗躍、また予言といった様々な超常現象と複雑に絡ませながら、最後は橋の崩壊でクライマックスを迎えるというハリウッド映画さながらの展開で語られるのだ。

キールの視点には一つの真理があると思う。しかし実際のところ、この本によって付加された混沌としたイメージが、モスマンに妙なリアリティを与えているようにも思うのだ。なので、それに倣うことなくモスマンという怪物にのみに焦点を絞って整理してみることにした。

まず範囲をウェストバージニア全域に広げ、時間をモスマンの出現以前に戻す。

モスマンに至る最初の兆候は1952年に遡る。それは、フラットウッズという町にある森で、大人1人を含む数人の子供たちが身長3メートルの怪物を目撃したとされる事件だ。後にモスマンと並びウェストバージニアを代表するモンスターとなった怪物フラットウッズ・モンスターは、モスマンの特徴でもある「大きな光る目」を持っていた。

そして60年代に入るとマーリントンという町の果樹園で、リンゴを盗み食いする毛むくじゃらの怪物アップル・デビルが目撃される。この目撃談のいく

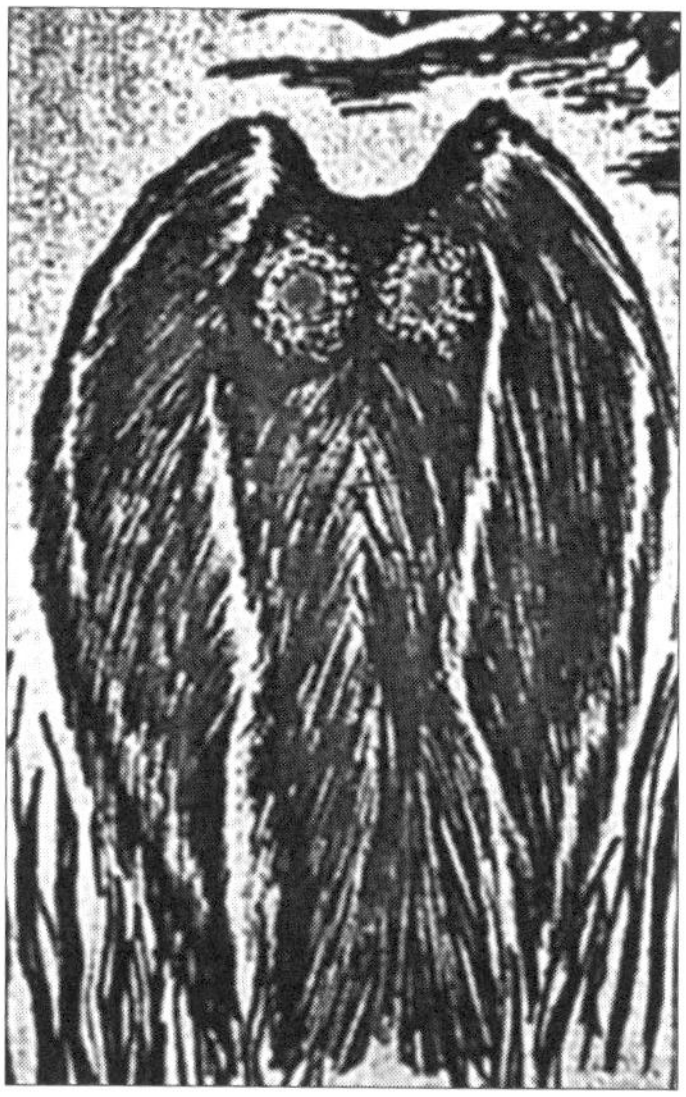

【上左】フレッド・メイによるフラットウッズ・モンスターのスケッチ【上右】フラットウッズ・モンスターの有名なイラストレーション。

【左】目撃者によるモスマンのスケッチ。
モスマンの特徴をまとめると次のようになる。
・体長は1.5～2メートル　・背中に大きな翼
・赤く光る大きな目　・頭にあたる部分がない
・身体は灰色または褐色　・音もなく滑空する
・足を引きずるように歩く
・「キーキー」という鳴き声

つかにも光る目があげられていて、それは徐々にモスマンに近づくかのように「火のように輝く目」と表現されている。

さらに64年まで時が進むと、こんどはグラフトンという町で、シールのように白く滑らかな肌をした怪物が目撃される。この奇妙な怪物グラフトン・モンスターは、一見モスマンとかけ離れているようだが、「頭にあたる部分がなかった」という証言もあり、この部分でモスマンと共通している。

そして66年、クレンデニン近くの墓地で4人の男が墓穴を掘っていたところ、翼を持った茶色の人間のようなものが飛び立つのが目撃される。こうなると、もはやモスマンそのもので、最初のモスマンはこの怪物だという声もある。

このように、この時期ウェストバージニア一帯にはたびたび怪物が出現し、「怪物がでるぞ」という気分がそこに住む人々の心に宿っていった。そして、TNTエリアにモスマンが出現するのは、このクレンデニンの事件から3日後のことである。

■TNTエリアのセレナーデ

次にロケーションを見ていこう。最初のモスマンが出現したTNTエリア（ウェストバージニア兵器工場跡地）は、その後も頻繁に怪物が出没し、「モスマンの家」と呼ばれるようになった場所である。

ここはポイントプレザントの市街地から10キロほどの場所にあり、かつては第二次大戦で使われる爆薬（TNT）の製造を担う軍需施設が立ち並ぶ場所だった。今はこの地域のほとんどが森のように生い茂った木々に埋め尽くされ、一部は野生動物保護区になっている。そんな人里離れた場所なので、若者たちが改造した車でレースを楽しんだり、恋人たちがイチャつく格好のポイントにもなっていた。

そして、怪物が出没する場所としてもうってつけだった。――深い森、未舗装の道路、かつての爆薬の貯蔵庫や軍事施設などの廃墟、この雰囲気は先の「怪物がでるぞ」という気分と相まって、もはや何か出ないことには収まりがつかない状況だったと言えるかもしれない。

■フクロウの声が聞こえる

モスマンが必ずしも唐突に現れたのではないこと、そして、それ以前の怪物とモスマンには共通点があることを話した。もしかしたら、これらの怪物は共通の何かであるかもしれない。

まずは怪物の共通点として際立っているのが「大きく光る目」だ。これは、すぐに候補を思いついた。夜行性動物は網膜の裏側に、反射板のような役割をするタペタム（輝板）と呼ばれる器官を持っている。これにより闇夜でも見ることができ、またそこに光があたると、目が光って見えるのだ。

ここで怪物の候補として浮上してくるのが、オカルト探偵の異名を持つジョー・ニッケルが提唱する「モスマン＝フクロウ説」だ。フクロウの多くは夜行性でありタペタムを持っている。容姿もどことなくモスマンに似ていると言えなくない。

けれど、モスマンが単なるフクロウというのも身も蓋もない話だ。ロマンがない。もし仮にそうだとして、「催眠をかけるような眼差し」について説明できるだろうか？――フクロウの目はとても大きい。そして、眼球の構造からほとんど動かすことができない。その、じっと凝視する眼差しは、たしかに催眠的であるかもしれない……。

TNTエリアに点在する、かつて爆薬の貯蔵庫として使われていた施設（※WIRED「INSIDE THE EERIE TNT STORAGE BUNKERS OF WEST VIRGINIA」より）

「頭にあたる部分がない」という、いかにも怪物的な特徴も、胴体と頭の区別が明確でないフクロウなら難なく当てはまってしまう。
また、「よたよた歩き」と表現される歩き方についても、その歩く姿を見れば一目瞭然だ。同じ鳥で直立歩行するペンギンの歩き方を思い出してほしい。さらに「音もなく滑空する」ことも、ずんぐりとした見た目のわりに徹底した軽量化がなされているフクロウの得意技である。
「キーキー」という不気味な鳴き声についてはどうだろう？　フクロウの鳴き声は「ホーホー」というのが一般的だが、それはステレオタイプにすぎない。彼らもその状況によってさまざまな声を発するし、またその種類によっても大きく違う。例えばメンフクロウは「ギャーギャー」と、とても怪物的な声で鳴くし、アメリカフクロウは「キーキー」とサルのように鳴く。

ここまで調べたところで、あらためてモスマンの姿を想像してみると、もはや蛾人間というより、むしろ普通にフクロウであるようにも思えてくる。しかし、まだ重要な点を二つ残している。それは、そもそもこの地域にフクロウがいるのかということ。もう一つは大きさだ。

フクロウのほとんどは夜行性で、もしいたとしても、なかなか出会うことのない鳥である。しかし、TNTエリアでフクロウと遭遇したモスマン縁の人物がいる――キールである。彼はTNTエリアの暗闇から突然飛び立ったフクロウに驚かされた経験を著書で語っているのだ。

さらに、この地域にかなり大きなフクロウがいたことを、やはりキールが伝えている。それによると、翼を広げると1・5メートルものフクロウが農夫によって射ち落とされたことがあったという。

先にあげた二つのフクロウの話は『プロフェシー』が刊行される前に刊行されたキールの著書『不思議現象ファイル』に記されている。この本でキールは、モスマン目撃のうちいくつかはフクロウの誤認だろうと書いている。――そう、キールはジョン・ニッケルより先に「モスマン＝フクロウ説」を唱えているのだ。しかし不思議なことに『プロフェシー』では、このことにまったく触れられていない（きっと忘れてしまったに違いない）。

でも、まだフクロウだとは認められない。認めたくなくもある。フクロウ説の一番のネックは大きさだろう。モスマンの身長は1・5〜2メートルとされている。たしかに翼を広げると1・5メートルほどのものはいるが、そんなフクロウでも体長は1メートルにみたない。実際に大型のフクロウを見たことがあるが、身の丈ほどある怪物と見間違えるとはとても思えなかった。

しかし、「怪物が出るぞ」という気分のなか、暗闇で光る大きな目など見ようものなら、実際より大きく見えても不思議はないだろう。

モスマンの候補として考えられるフクロウ

フクロウには大きいものから小さなものまでざっと250ほどの種類があり、北米大陸にも様々な種類が生息している。ここではモスマンの候補を5種に絞り込んでみた。

①カラフトフクロウ

体長は最大で84センチ、翼を広げると1.5メートルほどある北米最大のフクロウ。体の色は全体的に灰色で、特徴的な顔盤を持っている。目の色は黄色。活動は夜明けや夕ぐれ時。

②シロフクロウ

体長最大で71センチ、翼を広げると1.5メートルほどある大型種。生息地は主に北極圏。全身が白く、黄色い目を持っている。めずらしく昼行性である。

③アメリカワシミミズク

体長最大で64センチ、翼を広げると1.5メートルほどある大型種で、家畜も襲うこともある。活動は夕暮れ。目立つ羽角があるが、モスマンに羽角を思わせる証言はない。

④アメリカフクロウ

体長最大で56センチ、翼を広げると1.1メートル。求婚中はサルのようにキーキー鳴くこともある。ジョー・ニッケルはこのフクロウを候補にあげている。

⑤メンフクロウ

別名「死のフクロウ」。頭は体に対して異常に大きく、まるで人間のような不気味な表情をし、ギャーギャーと鳴く。候補として弱いのは、体長40センチ程度しかないことだろう。

※カラフトフクロウやシロフクロウは暑いところが苦手なので、ウェストバージニアまで頻繁に南下してくるとは考えづらい。ただ、この地でシロフクロウが撃ち落とされた記録があるので、一概に可能性を否定することはできないだろう。

■僕らがモスマンを探す理由

モスマンはフクロウなのであろうか？

ここでは「モスマン＝フクロウ説」に焦点を絞ったが、むろん、これだけですべてが説明できるとも思っていない。ジョー・ニッケルはこれと合わせて騒動に便乗したイタズラ説もあげている。もちろんそれもあるだろう。様々な要因によって作り上げられたと考える方が自然である。

ただ、大きさをのぞけばフクロウの特徴の多くを共有していることは確かである。もしモスマンが未知動物学的な何かだとしても、それは規格外の大きさのフクロウに違いない。

「フクロウとは矛盾した存在である。最も知られている鳥であると同時に、最も知られていない鳥である」――デズモンド・モリスは、動物行動学者の私ですら野生のフクロウにはほとんど会ったことがないと書いている。この矛盾が、フクロウが怪物とされた理由のひとつかもしれない。

フクロウと人間は有史以前から関わりがあり、その存在はつねに神秘的なイメージを纏っている。一方で万物を見通す目を持つ賢者とされ、一方で神秘的な力で破壊をもたらす不吉な使徒とされた。もしモスマンがフクロウであるなら、それはそもそもフクロウが怪物的な存在だからと、言い換えることができるかもしれない。

（秋月朗芳）

【参考文献】

ジョン・A・キール『不思議現象ファイル』（角川春樹事務所、１９９７年）
（原題：Strange Creatures from Time And Space, 1970）
ジョン・A・キール『プロフェシー』（ソニー・マガジンズ、２００２年）
（原題：The Mothman Prophecies, 1975）
マイク・アンウィン、デヴィッド・ティプリング『世界で一番美しいフクロウの図鑑』（エクスナレッジ、２０１７年）
デズモンド・モリス『フクロウ―その歴史・文化・生態』（白水社、２０１１年）
※「MOTHMAN WIKI」
※ Brian Dunning「SKEPTOID/The Mothman Cometh」

【UMA事件16】

ミネソタ・アイスマン

Minnesota Iceman
12/12/1968
Minnesota, USA

■事件の始まり

1968年12月、ベルギー人の未知動物学者ベルナール・ユーベルマン博士は、同じく未知動物・超常現象に関する研究家・著述家としてマスコミで有名だったアイバン・T・サンダーソンの米国の農場に所用で滞在していた。

同じ頃、ミルウォーキー在住で動物学を専攻していたミネソタ大の学生、テリー・カレンは、国内の展覧会やカーニバルで見る動物の移動見世物のインチキ振りに興味を持っていた。彼はシカゴで開催されていた国際家畜博覧会（1968年11月28日〜12月7日開催）で見た氷漬けにされた猿人らしき動物にひきつけられる。この氷漬け猿人（以下、アイスマン）はインチキには見えなかったからである。12月12日、カレンはビッグフットや雪男の著作で有名なサンダーソンに見世物の存在を教えた。

連絡を受けてサンダーソンが調べると、アイスマンの持ち主は、ミネソタ州ローリングストーンに住むフランク・ハンセンという興行師で、1967年から68年にかけて全米各地の博覧会でアイスマンを見世物にしていたことがわかった。サンダーソンは動物研究家であることを隠し、自分が持つ私設動物園でアイスマンが展示できないかを打診しながら、アイスマンの見学・調査を申し込んだ。ハンセンは専門家の調査になるとも思わず承諾した。

1968年12月、ユーベルマン博士とサンダーソンはアイスマン調査のためハンセンの自宅に出向いた。アイスマンはトレーラー・トラックの冷凍庫の箱の中で保存され、上面から分厚いガラス越しに猿人が見えた。氷の一部は不透明で、アイスマンを詳しく観察するのは容易ではなかったが、2人は12月16～18日の3日間に渡って、ガラスと氷越しにアイスマンのスケッチをして大量の写真を撮った。

調査にあたったサンダーソン（左）とユーベルマン（右）

■アイスマンの身体的特徴

アイスマンは身長約1・8メートル、仰向けに横たわり人間のように見えた。性器から判断して男性（オス？）で全身が太く長い毛で覆われていた。肩幅は広く、レスラーのような体形で手も大きかった。足の大きさは25センチ以上、足の親指は人差し指に沿っていて、ゴリラ・猿のように外側に向いていなかった。足の長さは普通で腕は体に比べて長く、犬のチンのような鼻でゴリラの鼻には似ていなかった。左腕は頭の上に折れ曲がり骨は折れているようだった。後頭部から銃で撃たれた様子で、目の一つは無く、もう一つの目は眼孔から飛び出て周りの氷に血が見えた。

明らかなことはこの動物は最近まで生きていて、銃で射殺された可能性があることであった。2人はアイスマンはインチキではなく、もしかしたら、人類と類人猿を結びつける「ミッシングリンク（失わ

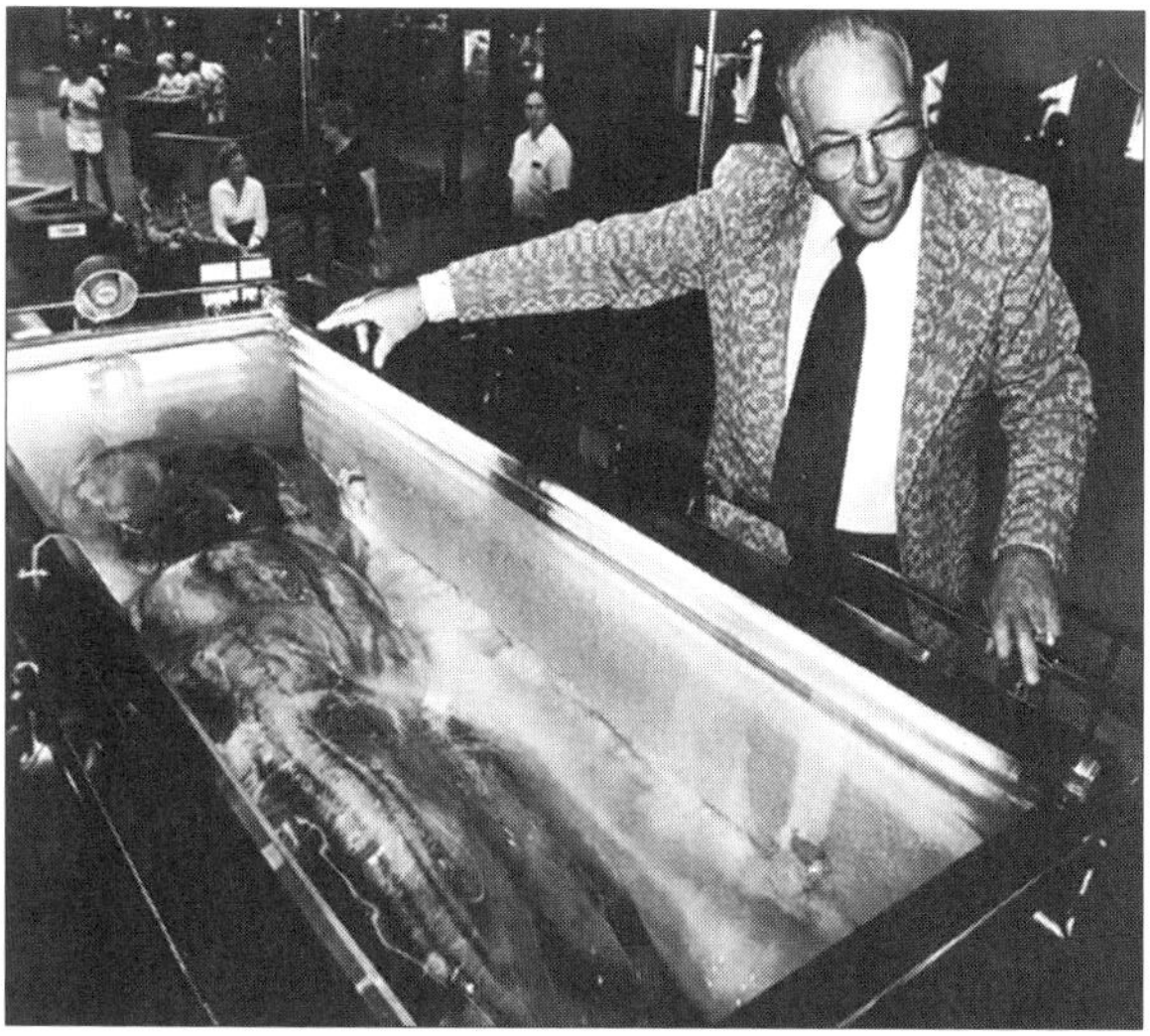

フランク・ハンセンとアイスマン（※「The Strange Case of the Minnesota Iceman」より）

れた環）」では、と考えた。

ハンセンが話すアイスマンの由来ははっきりしない。当初、東シベリアの沖合でアイスマンが透けて見えた氷が浮いているのをアザラシ漁のロシア船（日本の捕鯨船という話もある）が見つけて持ち帰り、一度は中国当局に没収されたが香港で返却され、中国人所有の冷凍工場にあった巨大なプラスティックの袋の中で見つけた、と話した。ハンセンは、匿名のアメリカ人から借り受け、科学調査の前に巡回展示で見物人に見せた、と話していた。

ところが、1970年にハンセンは雑誌記事で、アイスマンは1960年ミネソタ州の森で射殺されたもので、当初のシベリアの氷漬けの話は観客集めのセールストークだったとも話している。1969年に、ミネソタ州の森で、若い女性を襲った怪物に女性が銃で反撃したという雑誌記事が掲載されたので、この話を利用したらしい。

明らかに、ハンセンはアイスマンの由来について出まかせを言っていた。

■論文発表

1969年1月4日、2人は著名な人類学者でペンシルベニア大学教授であるカールトン・S・クーンに資料を見せ意見を求めるが、アイスマンのミッシングリンクの可能性について、教授から肯定的意見はもらえなかった。

2人は、調査で得たスケッチと写真を使って、別々に論文を書くことになり、ユーベルマンは1969年2月10日付けで、ベルギー王立自然科学協会論文誌にフランス語の論文（題名：氷中に保存された未知のヒト化動物標本に関する予備的報告：ホモ・ポンゴイデス）を発表。論文の中で、氷漬けの動物は、数年前まで生きていたネアンデルタール人に近い新種の人類であり、ホモ・ポンゴイデス（猿に似た人類）と名付けた。

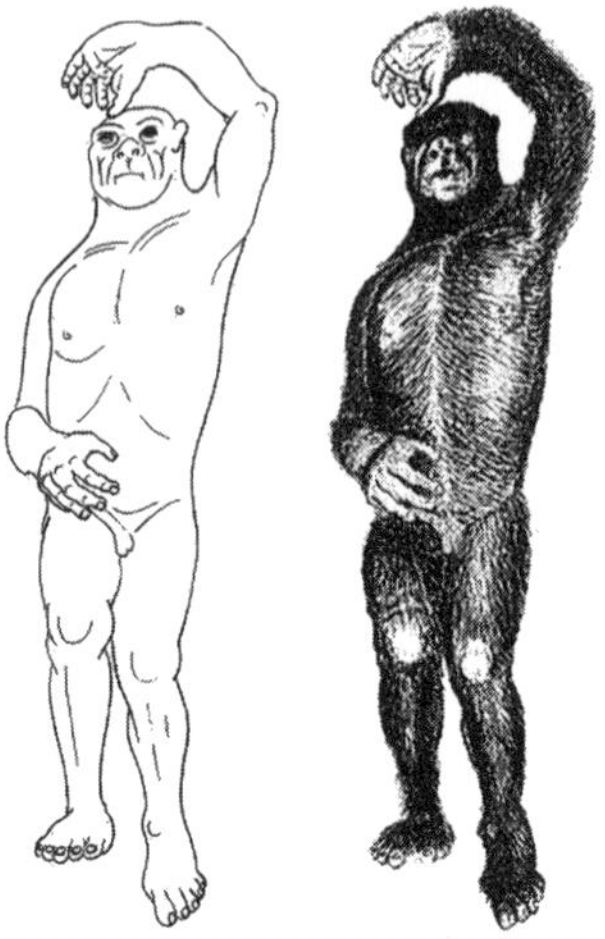

ユーベルマンの論文に掲載されたアイスマンのスケッチ（左）と想像図（右）

掲載された雑誌はれっきとした学術誌で、書かれた内容は信ぴょう性が高いと考えられ、それを元に大騒ぎになった。1969年3月11日にベルギーの新聞に記事が出て公表しない約束をサンダーソンから取り付けていたハンセンは驚き、狼狽した。

■スミソニアン協会の反応

1969年3月13日、記事に興味を持った米国スミソニアン協会の霊長類専門家ジョン・ネピア博士はアイスマンのX線写真を撮らせてほしいとハンセンに依頼する。するとハンセンはそれを拒否し、〃ベルギーの新聞記事になった本物のアイスマンは、既に持ち主に返したのでもう展示していない。次のシーズンはゴムで作ったレプリカを見せる予定〃と書いた手紙を送り、ネピア博士との連絡を絶った。

1ヶ月後、ハンセンは以前と同じようにアイスマンの巡回展示を再開。今度のアイスマンはレプリカで、本物はカリフォルニアの富豪が所有しているという説明があった。しかしハンセンのアイスマンは1973年ニュージャージー州のショッピングセンターでの展示を最後に消えた。

1969年5月8日付けで米国スミソニアン協会は以下の声明を発表した。

「協会はいわゆるミネソタ・アイスマン（この声明が語源らしい）の調査には興味がない。理由は、信頼できる匿名の情報源から、アイスマンはカーニバルの見世物を目的とした合成ゴムと動物の毛で作った人造物である、との情報を得たからである。オリジナルと現在展示されているレプリカは同じもので、ハンセンが西海岸の会社に製作を依頼していたことが判明している」

■サンダーソンの記事

1969年5月に雑誌『ARGOSY』（1882〜1978年にアメリカで発行された大衆向け雑誌）にサンダーソンはアイスマン発見の一般向け記事を書いた。彼はこの雑誌の科学担当編集長をしていた。

1969年6月、サンダーソンはさらにイタリアの学術誌『Genus』（現在はSpringer社から出版されている『日経サイエンス』のような雑誌）に英語で論文を発表した。論文には、

「死体は何か分からないが腐敗していた。このことは、冷蔵箱の一角から発する哺乳類特有の腐敗肉臭から分かった。死体が何であれある種の肉を含んでおり……」

の記述があり、調査中に冷蔵箱の端から肉が腐る

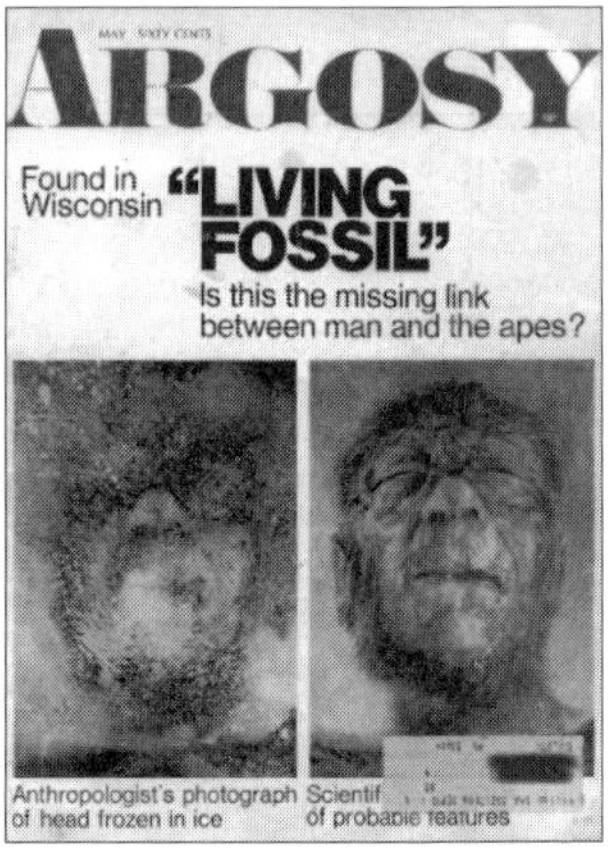

サンダーソンの記事が掲載された雑誌『ARGOSY』（1969年5月号）の表紙。左はアイスマンの写真で、右は想像図。雑誌名の「ARGOSY（アーガシー）」の意味は財宝を積んだ大商船。

ような悪臭がしたことが、２人にアイスマンが本物の死体と思わせたようだ。

　ところが、その後、矛盾する話が出てくる。ワシントン・スミソニアン博物館の近くにはＦＢＩの建物がある。ミネソタ・アイスマンがメディアで騒がれた頃、かの伝説的なＦＢＩフーバー長官から、巡回展示されているアイスマンは銃による殺人の疑いはないのか、との問い合わせがスミソニアン協会にあった。当時、哺乳類の学芸員をしていたロン・パイン博士は、ネピア博士と一緒にフーバー長官の問い合わせに対応していた。協会とフーバー長官がサンダーソンに問い合わせると、その返事に、

「ミネソタ・アイスマンはインチキで、実際の死体の匂いを出すために、製作の時に一部が腐敗した犬の組織を混ぜ入れた」

　と書かれていた。論文の記述と矛盾するこの話をサンダーソンはどこにも記録していない。おそらく、彼はアイスマン調査後、早い段階でインチキと気が付いていたのではないか、と言われている。

　２０１２年に娯楽雑誌に解凍されたミネソタ・アイスマンらしき写真が掲載され、２０１３年にはネットオークションサイト、eBayにアイスマンが出品された。説明文には、

「これはフランク・ハンセンが60年代、ミネソタ・アイスマンとして実際に見世物として使ったものである。20世紀半ばの雪男の一種として作られたインチキ見世物の一つである」

　とあった。このアイスマンはテキサス州オースティンの「不思議博物館」のオーナーが購入した。

■アイスマンの製作者

スミソニアン協会が偽造と判断した根拠になった匿名の情報源らしきものが、1980年頃に判明した。ロスアンジェルス郡立美術館から、退職した古生物学者に氷漬けにしたクロマニヨン人を展示したいのでモデルを作って欲しいとの依頼があった。古生物学者が美術館の評判を心配して断ると、次に依頼を引き受けたのがハワード・ボール（故人）というディズニーランドのアトラクションのモデル製作者だったという。彼の遺族（妻と息子）は、ハワードは1967年にクロマニヨン人の想像図に似せて、折れた腕や、目玉の飛び出した模型を作り息子も製作を手伝ったと証言している。

ハンセンもこの事実は認めており、「確かに一度、ハワードにレプリカ製作を依頼したことはあるが、それは捨ててしまった」と答えている。ハンセンはディズニーランドのトップ・モデル製作者とコネクションがあり、彼が高額の費用を払ってハワードに制作依頼した美術館用レプリカがミネソタ・アイスマンである可能性は高い。

ミネソタ・アイスマンには本物とレプリカの2種類あり、本物はカリフォルニアの富豪（ハリウッド俳優の故ジェームズ・ステュワートという説もある）の豪邸地下室の冷凍庫に今も保管されており、ハンセンが巡回展示したものはそのレプリカだった、という伝説がある。しかし、雑誌『ARGOSY』に載ったユーベルマンが描いた絵（ハンセンが本物と主張した122ページのスケッチ）を見て、ハワードの息子は、この絵は1967年に父がクロマニヨン人の想像図に似せて作ったオリジナル作品そのもので、ハンセンの言うカリフォルニアの富豪が持つアイスマンなど見たこともないと証言している。

■エピローグ

ユーベルマンとサンダーソンがハンセンの自宅で

調査したアイスマン、スミソニアン協会とＦＢＩが興味を持ったので、ハンセンがレプリカに変更したというアイスマン、テキサス州オースティンの「不思議博物館」のオーナーがオークションで購入したアイスマン、それらは同一のものでハンセンの依頼でディズニーランド・アトラクションのトップ技術者が製作した人形である可能性が高い。丁寧に作り、インチキがバレないように人形を氷漬けにしたアイデアが良かったのである。

２０１２年、テキサス州の中古車販売業で、ビッグフット・ハンター、リック・ダイヤーは、サンアントニオ近郊で銃でしとめたビッグフットの死体を持って全米ツアーを行った。後に、死体は合成ゴム（ラテックス）とラクダの毛で作った偽物だと発表したが、７００ドルの人形で6万ドルを稼いだそうだ。ハンセンもミネソタ・アイスマンでもっと稼いだにちがいない。

（加門正一）

【参考文献】

Ivan T. Sanderson,「The Missing Link?」『ARGOSY』(May, 1969)

Bernard Heuvelmans「Note préliminaire sur un specimen conservé dans la glace, d'une forme encore inconnue d' Hominidé vivant Homo Pongoides」『Bulletin de l' Institut royal des sciences naturelles de Belgique』45 (4) , 1-24 (1969) .

『Bulletin of the Royal Institute of Natural Science of Belgium』

Ivan T. Sanderson「Preliminary Description of the External Morphology of What Appeared to be the Fresh Corpse of a Hitherto Unknown Form of Living Hominid」『Genus』25 pp.249-278 (1969)

並木伸一郎「氷漬け『アイスマン』の謎」(『ムー』２０１４年７月号)

泉保也「謎の氷漬け獣人ミネソタ・アイスマン」(『ムー』２０１１年１月号)

ピーター・コステロ（訳：小林みどり）「ミネソタの『氷漬け男』の謎」(『ムー』１９８３年１月号) Peter Costello, "The Minnesota Iceman Mystery", The Unexplained Mysteries of Mind Space & Time, Vol.9 (98) ,1950-1953 (1982) の翻訳

C. Eugene Emery Jr.「Sasquatchsickle: The Monster, the Model, and the Myth」『The Skeptical Inquirer』Vol. 6. No. 2, 2-4 (1981-82) .

Joe Nickell『Tracking the Man, Beasts, Sasquatch, Vampires, Zombies and More』(Prometheus Books, 2011)

ビッグフット（パターソン－ギムリン・フィルム）

Bigfoot
20/10/1967
California, USA

カリフォルニア州北部からワシントン、オレゴン州、カナダ・ブリティッシュコロンビア州にかけての北米西部の山岳地帯には、先住民の間に、現地語でサスカッチと呼ばれる、毛で覆われた巨大な二足歩行する動物の伝説が伝わっていた。

1958年、カリフォルニア州北部フンボルト郡ブラフ・クリーク（130ページの図3参照）で道路建設の現場監督をしていたジェリー・クルーが工事機械の周りに足のサイズが約41センチ、その幅が約18センチ、泥の中に深さ約5センチ沈んだ（普通の人間では1・3センチくらい）大きな足跡を見つけた。歩幅も約1・2メートル（4フィート）もあり、二足歩行の巨大動物の足跡を思わせた。

巨大な足跡は夜に何度も現れ、一晩で、驚く程多数の足跡が見つかることもあり、それまでウワサや伝承だったサスカッチ実在の根拠が足跡という物的証拠に置き換わった、と思わせる事件だった。事件は地元ユリーカ（Eureka：図3参照）の新聞「タイムズ・スタンダード（Times Standard）」の記事になり、新聞社には全米から問い合わせが殺到するなど大きな興味を引き起こした。

この事件以降、ブラフ・クリークはビッグフットのメッカになり、いつかビッグフッター（ビッグフットのファン）の誰かが、死体、映像記録のようなビッグフット実在の確たる証拠を見つけるのではないか、という期待も高まっていた。

■パターソン・ギムリン・フィルム

1967年8月にビッグフットの足跡が新しく見つかったブラフ・クリークで、約1ヶ月間捜索していた2人のビッグフッターがビッグフットの16ミリカラー動画の撮影に成功、というニュースが10月21日（土）の地元新聞に載った。撮影者はワシントン州ヤキマ在住のロジャー・パターソン（1933〜1972）とボブ・ギムリン（1931〜）という2人の男性。2人が話す事件の内容は以下のようなものだった。

撮影日時は10月20日（金）午後1時頃、場所はカリフォルニア州北部ブラフ・クリーク。2人はヤキマから馬を乗せたトラックで現地まで来て、ウィロー・クリーク（130ページの図3参照）近くにベース・キャンプを作り、そこから北におよそ30キロの地域でトラックと馬を使ってビッグフットを探し回っていた。

2人が川の近くを捜索していた時、強い悪臭を感じ約27メートル離れた川向こうに立つビッグフットに気が付いた。パターソンは、驚いて倒れた馬のサドルバッグから16ミリカメラを取り出し、撮影しながら川向こうに走った。撮影を始めてから怪物に少し近付くまで、画像は揺れてはっきりしないが、その後パターソンはカメラを固定してビッグフットを撮影することに成功。ビッグフットは走らず、しっかりとした足取りで歩いてカメラから遠ざかり、80メートルくらい離れたところで藪の中に消えた。

ビッグフットの身長は2〜3メートル、全身が暗い赤茶色、あるいは黒い毛で覆われ、胸に乳房があり女性（メス？）のようだった。

フィルム映像は、途中ビッグフットが藪に隠れた約14秒も含めて全部で954フレーム、時間にして1分足らずで、352フレームにビッグフットが振り返る場面が映っていた。その後、フィルムを入れ

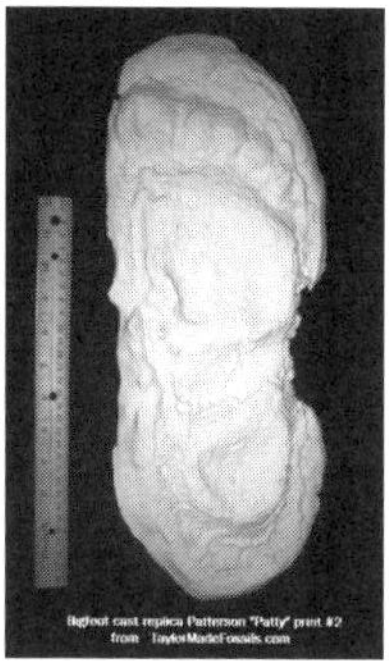

【上：図1】「パターソン - ギムリン・フィルム」の352フレーム（※ BIGFOOT411「Bigfoot Evidence」より）
【右：図2】パターソンらが採取した石膏足型。左は30センチの物差し。（※「BigFootCasts.com」より）

直したカメラを持って足跡を追跡したが、足跡は深い藪の中に消えていた。2人はビッグフットの右足と左足の石膏足型を取った。

●フィルムの送付

2人はベース・キャンプに馬を残しトラックで撮影現場から南に約40キロ離れたウィロー・クリークに行き、午後6時半頃、地元のビッグフッターに動画撮影の成功を話した。彼はパターソンと以前からの知り合いで、8月のブラフ・クリークでの足跡発見をパターソンに伝えていたのも彼だった。

その後、パターソンとギムリンは約66キロ離れた西海岸のアルケータ（図3参照）から、ワシントン州ヤキマに住むパターソンの義理の弟（妹の夫：アル・ディートレイ）に電話で、撮影フィルムを送るのですぐ現像に回すよう依頼。フィルムを航空便でヤキマに送った。

さらに約15キロ南のユリーカ（図3参照）に行き「タイムズ・スタンダード」に事件を知らせた。その結果、翌21日の土曜版に「ミセス・ビッグフットの動画が撮影された」という見出しの記事が出た。

2人は20日の深夜にベース・キャンプに戻る。翌21日の早朝には再び撮影現場に出かけ、ビッグフットの足跡を調査しようとしたが雨で詳しい調査は出来なかった。そのため同日中に約900キロ離れたヤキマにトラックで戻った。

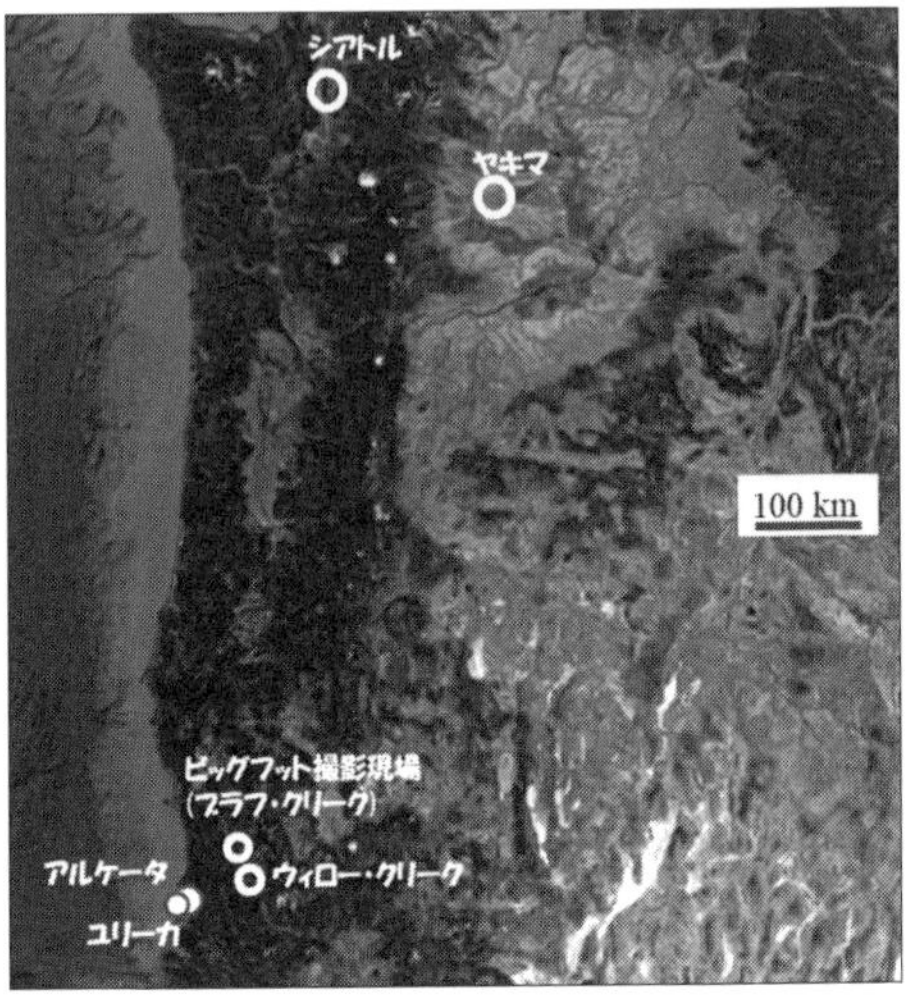

【図3】パターソン・フィルムに関連する場所の位置。パターソン、ギムリンが事件で動いた地域は数百キロに渡る。

翌10月22日（日）、パターソンはディートレイの家で、米国・カナダのビッグフッターらの前でフィルムを上映。以降、このフィルムはパターソン－ギムリン・フィルムと呼ばれ、後にビッグフット伝説の象徴となる（本稿ではパターソン・フィルムと略す）。

●フィルムのその後

パターソンはフィルムに写る二足歩行する動物について、大学研究者のお墨付きを得ようとしたが大学研究者は懐疑的だった。

そこでパターソンはニューヨークなどの全米大都市で自主上映会を開催。科学者の質問にも答え、PRに努めたが、聴衆は懐疑的でヨーロッパでも上映されたが状況は変わらなかった。

そうした中、パターソンは1972年に死去。フィルムの宣伝は義理の弟のディートレイが引き継ぎ、ついに1974年にはCBSがネッシーやパターソン・フィルムを話題にした「ミステリアス・モンスター」という番組を製作。この番組は高視聴率を稼いだため、その頃からフィルム対する懐疑的な見方に変化が生じてきた。

人気の方も、70年代後半から他のテレビ番組や映画館での上映もあったことで次第に高まっていった。

■捏造の証言

一部の研究者やコスチューム関係者の好意的な意見もあって、その後しばらく「パターソン・フィルムはもしかしたら本物?」と期待するビッグフッターも多かった。

しかし、1998年に米国フォックステレビで『世界で注目された捏造大事件：ついに秘密は暴露された?（World's Greatest Hoaxes: Secrets Finally Revealed?）』という題目の番組が放送され、ビッグフッターに衝撃を与えた。

番組では、パターソン・フィルムが捏造事件として取り上げられ、ある映画製作会社の元経営者が、ロジャー・パターソンは自社の元社員で、当時、ビッグフットのドキュメンタリー映画を製作しており、フィルムのビッグフットは着ぐるみで、着ていたのは会社関係者でジェリー・ロムニーという身長2メートルの大男だったと話した。しかしロムニー自身が着ぐるみを否定し、パターソンが社員だったこともあいまいだったことから、番組は衝撃的だったが内容には疑問を持たれた。

ところが、この番組の放送後に思いがけない証言が現れた。ボブ・ヘイロニムスというヤキマ在住の人物が「パターソン・フィルムは自分がビッグフットの着ぐるみを着て撮影したもの」だと弁護士を通して名乗り出たのだ。

さらに2002年にはノースカロライナ州のラジオ番組で、「パターソン・フィルムのビッグフットは自分が作った着ぐるみ」と証言する人物が現れた。彼はフィリップ・モリスというコスチューム製作会社の社長だった。

■グレッグ・ロングの調査

超常事件の調査では、事件調査の前にその報告者を調べよという鉄則がある。技術系ジャーナリストのグレッグ・ロングは2年に渡り、ビッグフッター関係者、パターソン、ギムリンの周辺、捏造を暴露した人物らを徹底的にインタビューすることにより事件の真相に迫った。彼は2004年に調査結果を『The Making of Bigfoot』として出版。パターソン・フィルムは、カメラを持った無邪気なビッグフッターが出会った幸運な結果ではなく、ビッグフットにとり付かれた男が周到に準備した捏造事件だと主張した。ロングによる事件キーパーソンの調査結果を見てみよう。

●ロジャー・パターソン

1933年生まれ、4人の兄と1人の妹がいた。発明家を自称し、兄から見れば豊かな才能とビジネスの成功という野心を持つ、ある種の〝天才〟と思わせる弟だったが、一度も定職に就いたことがなく、知人と金銭トラブルを抱えたこともあった。

59年頃にアイバン・サンダーソンが雑誌に書いた、ブラフ・クリークのビッグフット足跡発見の記事を読んで、ビッグフットに夢中になり、その生け捕りを夢想するようになった。彼はあらゆることに手をだしていたが、その後はビッグフット一筋になった。

64年頃からビッグフットの足跡を偽造し、その足跡発見の新聞記事を知人に見せていた。知人はパターソンの足跡捏造は知っていたが、彼が白血病（ホジキンリンパ腫）で死期を告げられており、家族に金銭を残すことが捏造の目的、と同情し、あえて公表しなかった。

66年には『アメリカに雪男は実在するか？（Do Abominable Snowmen of America Really Exist?）』を自費出版し、同じ頃、ビッグフット探索の実録風ドキュメンタリー映画を製作。義理の弟（ディートレイ）がパターソンのビッグフット・ビジネスでの成功を期待して映画製作に資金援助していた。パターソンは1972年、38歳で死去したが、ビッグフットの実在を死ぬまで信じていて、パターソン・フィルム撮影後もビッグフット捜索に資金をつぎ込んでいた。

●ボブ・ギムリン

　1931年生まれで、ネイティブ・アメリカンの血を引いている。60年頃、パターソンと知り合いビッグフットに興味を持つ。生存する唯一の事件目撃者だが、事件について語ることはほとんどない。ギムリンは、ヤキマからカリフォルニア北部の現地まで彼のトラックで馬を運んだので、パターソン、ディートレイと共に企画に参加していると考えていた。したがってフィルムの利益の一部を得られると思っていたが、パターソンの死後、何の見返りもなかった。74年、彼はディートレイとパターソン未亡人を相手に、収益の3分の1を支払うという約束を果たしてないと訴訟を起こし、76年に勝訴した。

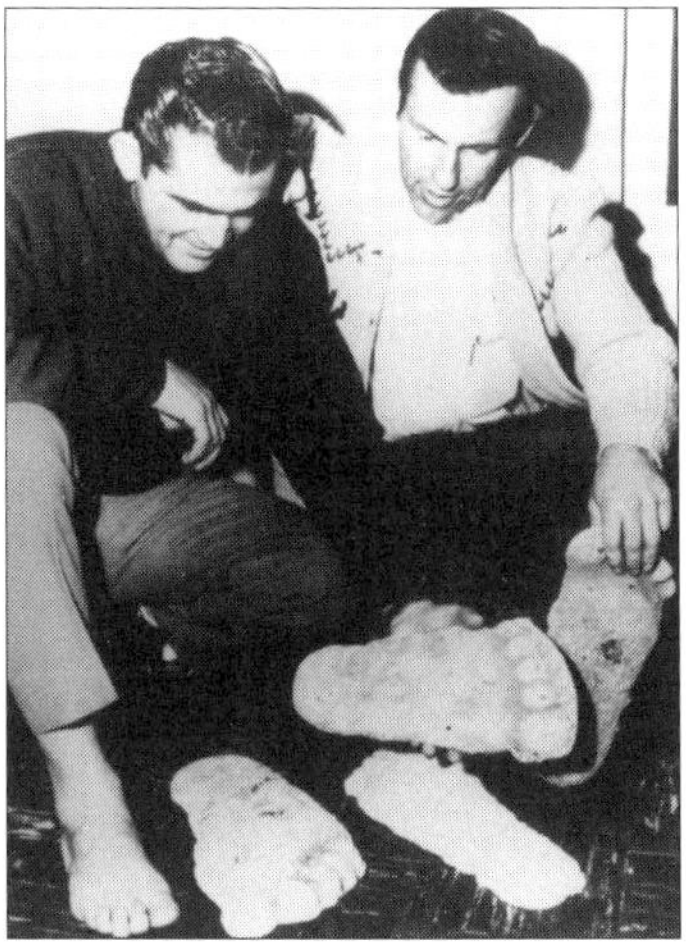

【図4】パターソン（右）とギムリン（左）。当時のニュース映像から。（※ Whale Oil Beef Hooked「Bigfoot A Big Hairy Mystery」より）

　彼は撮影現場でビッグフットを目撃したのは間違いない、と何度も証言しているが、パターソンの証言とは微妙に食い違っている。また、パターソンがビッグフットの撮影成功を地元のビッグフッターに話した時も、興奮することなく寡黙だったという。

　後年のインタビューで「自分は騙されたとは思わないが、この年になって考えると騙された可能性があるかもしれない。しかし、それはパターソンが巧妙に自分を騙したとしか考えられない」と発言している。

●ボブ・ヘイロニムス

1941年生まれ。パターソンより8歳若く事件当時26才だった。小さい頃はパターソン一家の近くに住み、パターソンの妻とは幼なじみだった。55年頃に彼と顔見知りになり、66年にパターソンが製作していた、ビッグフットのドキュメンタリー映画にボランティアとして参加した。

67年の6月か8月、ギムリンからパターソンが作る商業映画でビッグフットの着ぐるみを着ないかと誘われた。彼は体重86キロ、身長1・82メートルで屈強な体格だった。出演料は1000ドルで、映画で儲けが出たらその分け前も貰える約束だった。

撮影の前には予行演習のためパターソンの自宅に行っている。裏庭には作業小屋があって、そこにはギムリンがいた。パターソンは小屋の中で皮製品の製作道具を使って着ぐるみを作っていたという。

撮影自体は短時間で終わった。歩きながら振り返ったのは、ビッグフットが撮影者に「気が付いてるぞ」と示すためだったという。

撮影後、約束の1000ドルが貰えなかったので、ディートレイに報酬を要求したが、「君とパターソンとの問題だ」と取り合ってくれなかった。多くの関係者がフィルムから金銭を得ているのに、ビッグフット本人には一銭も入らないのは理不尽と思い、弁護士に相談して公表することにした。

●フィリップ・モリス

1935年生まれ。2017年に82歳で死去。67年8月頃にパターソンから注文を受け、ゴリラの着ぐるみを販売した。彼の着ぐるみはほとんど、魅力的な女性がゴリラに変身して観客に襲い掛かる人気ショーに使われ、彼もパターソンがそのショーに使うと思った。

着ぐるみを送った後、パターソンから「肩幅を広げたい」「背中のジッパーを隠したい」などの相談を受けたため、着ぐるみに使った合成繊維の毛を送るなどして対応したという。

■ビッグフッターからの反論

ヘイロニムスとモリスの暴露に対し、ビッグフッターから以下のような反論が出た。

・ヘイロニムスは正確な撮影の実行日時や撮影場所を証言していない。また、ヘイロニムスが自分で持ち帰ったという着ぐるみが見つかっていない。ヤキマに戻ってきたパターソンらが夜に、彼の母親の車から勝手に持ち帰ったという話だが、母親の車のキーを持たないパターソンらにそんなことが可能なのか？
・ヘイロニムスは着ぐるみの胸の部分にあった乳房の話はしていない。
・ヘイロニムスとモリスの着ぐるみの詳細に整合性がない。ヘイロニムスによれば、パターソンの着ぐるみの素材はなめし皮で、ひどい悪臭があり、重さも9～11kgと軽くはなく、色はダークブラウン（黒目の茶）だった。これに対し、モリスが製作したものの素材はダイネル（アクリル系合成繊維）、無臭、重さは軽く、色は普通の茶色だった。
・パターソンの着ぐるみは3個の部分（頭部＋先端にグローブが付いた両腕と一体になった胸部＋足先が付いた脚部）から出来ていたが、モリスのものは6個の部分（頭部＋両腕と脚がついた胸部＋2個のグローブ＋2個の足先）から出来ていた。
・パターソンの着ぐるみに金属部品は付いていなかったが、モリスの着ぐるみには背中にジッパーが付いていた。
・モリスがパターソンに着ぐるみを売ったことを証明する物的証拠はない。
・2005年に、ナショナル・ジオグラフィックがモリスに着ぐるみ製作を依頼し、それをヘイロニムスが着て映像の再現を試みた。しかし映像では、ビッグフットは着ぐるみにしか見えなかった。

着ぐるみの詳細に関する不一致は、パターソンが、購入した着ぐるみを馬の皮を使って改造したと考えれば不自然ではない。モリスもフィルム再現実験では多忙で十分な準備が出来なかったと弁解している。しかし、こうしたことはパターソンの非凡な着ぐるみ改造技術を示しているのかも知れない。パターソンを知る多くの関係者は彼がそうした技術を持っていた、と話している。

■捏造であることを示す証拠

パターソン・フィルムが、今もビッグフッターに本物と期待される理由は1967年という時代もある。個人用ビデオカメラの普及以前で、CGのようなディジタル加工技術も一般人には不可能な時代だった。また、精巧な着ぐるみを作る技術・素材も未発達の時代で、現代なら可能な高度な技術利用は難しく、したがって着ぐるみを使った捏造は容易にバレるだろう、という思いである。

しかしそれは希望的観測に過ぎない。状況証拠だがパターソン・フィルムが捏造である根拠のいくつかを見てみよう。

●撮影日の疑念

撮影フィルムを追跡してみると、撮影現場20日(金)→(トラック)→アルケータ20日(金)→(航空便?)→ヤキマ20日(金)か21日(土)→(航空便?)→現像所21日(土)→(航空便?)→ヤキマ22日(日)である。

地図(130ページの図3)から分かるように、移動距離は数百キロに渡る。パターソンが使用していた16ミリコダクロームⅡカラーフィルムはそれなりの設備を持つラボでしか現像できない。当時、ヤキマから現像を依頼できるのは約1000キロ離れたサンフランシスコ近くのパロ・アルトにあるコダック社しかなく、さらに現像日は21日(土)しか考えられないが、コダック社は土曜日は休みである。

ビッグフット撮影から、ヤキマでの上映まで土曜日を挟んで48時間くらいしかない。普通は現像だけで数日掛かるはずだ。

フィルム現像を何時、何処に依頼したのか、ロングがディートレイに尋ねると「当時はいろんなことが起きていて、現像を何時・何処に送ったか覚えてない」と答えている。もしかしたら世界を驚愕させる動画かも知れない16ミリフィルムの現像を覚えていないということがあるだろうか。彼は真実を話していないように思える。現場からフィルムを送った場所・方法もパターソン、ギムリン、ヘイロニムスで一致しない。

【図5】ビッグフットの足の裏が見えるフレーム

それらを踏まえると、フィルムの撮影日は10月20日（金）ではなく、もっと前の可能性が高い。着ぐるみを使った撮影なら、発表前に映像の慎重なチェックが必要で、編集もしなければならない。それなりの時間を要するはずだ。

撮影から上映までを短期間と偽ったのは、20日（金）に地元のビッグフッターと新聞社への報告、22日（日）の映像上映と証人を作って、フィルム映像は手を加える余裕もない程、撮りたてホヤホヤで本物だ、ということを示そうとしたのではないか。

●着ぐるみに関する証言

ヘイロニムスとモリスがお互い知り合う前でも、着ぐるみに関する両者の記憶には一致するところがある。ヘイロニムスは着ぐるみを装着したとき、頭と肩にアメフトのヘルメット（革製の古い形式のもの）と肩パッドのようなものがあったと話しているが、モリスはパターソンの着ぐるみ改造の問い合わせに、近くの高校に行けば入手できる使い古しのヘルメットと肩パッドの使用をアドバイスしている。

また、【図5】のビッグフットの足裏を見ると、

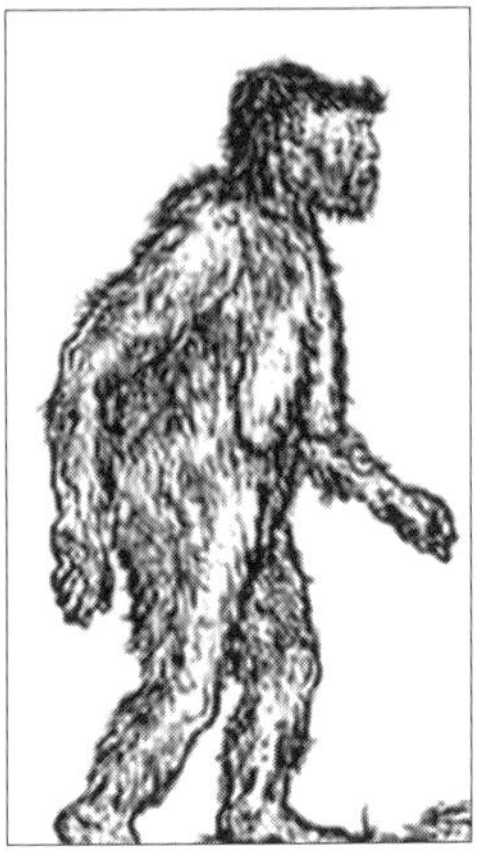
【図6】着ぐるみになぜ乳房があるのか、議論されることがある。上記はパターソンが自費出版した本のイラスト。メスのビッグフットにこだわりがあった。

サイズが体に比べて少し大きめで足指は見えない。
ヘイロニムスは着ぐるみの足はスリッパだったと話し、モリスも製作した着ぐるみの足はスリッパだった、と証言している。こうした一致は本人しか知りえない秘密の暴露かも知れない。

●右目の光点

ビッグフットが振り返る顔の部分を拡大してコントラストを上げると、【図7】のような右目に小さな光点が見える。これは多くのネット画像でも見え、右目の太陽光反射かも知れないが、通常、目を撮影してもこのような光点は現れない。

【図7】右目の光点が見える352フレームの拡大

ヘイロニムスの話によれば、自分の右目は義眼で、撮影時、着ぐるみの右目をはっきりさせるため、パターソンはヘイロニムスが持つ予備のガラスの義眼を右目の位置に取り付けた、というのだ。当事者しか分からない事実で、写真の光点がガラス義眼からの反射の可能性は高い。

■エピローグ

２００２年、建設業者レイ・ワラスが亡くなったとき、ビッグフット業界で騒ぎが起きた。彼の家族が、ワラスは自分で製作した木の足型を使ってブラフ・クリークでビッグフットの足跡を１９５８年からずっと捏造していたことを発表したのである。

当時、ワラスは道路工事の下請会社を経営しており、58年にビッグフットの足跡で新聞記事になったジェリー・クルーは彼の会社従業員だった。ブラフ・クリークがビッグフットのメッカになったきっかけの足跡はワラスの捏造だったのだ。パターソンは、58年の足跡発見に興味を持ちワラスと何回も会っており、ワラスもパターソン・フィルムが捏造だと気付いていた、とも言われている。

　ビッグフットの、少し前かがみで足と反対側の手を大きく交互に振り上げる歩行は現代人のそれにあまりに似過ぎている。これが着ぐるみ説の大きな根拠にもなっている。

　ゴリラ、チンパンジー、猿の歩行の観察、アフリカ未開地の原住民を撮影した古い記録映画を見ても、フィルムの歩き方が霊長類進化の自然な結果とは思えない。この歩き方には明らかに現代文化の影響が見える。もし、ビッグフットが現生人類とは違う条件下で進化したのなら、歩き方にも現生人類と違う特徴があるはずで、パターソン・フィルムには本物なら持つかも知れないこの〝驚き〟がないのである。

（加門正一）

【参考文献】

Joe Nickell『Tracking The Man-Beasts : Sasquatch, Vampires, Zombies, and More』(Prometheus Books, 2011)

「幻解！　超常ファイル 森の獣人・ビッグフットを追え　パート2」（NHK、２０１６年7月26日放送）

NHK「幻解！　常ファイル」制作班『NHK幻解！　超常ファイル・ダークサイドミステリー』（NHK出版、２０１４年）

※「World's greatest hoaxes secrets finally revealed」

Greg Long『The Making of Bigfoot: The Inside Story』(Prometheus Books, 2004)

Is It Rear ?「Bigfoot」（２００５年6月23日放送）

※「Patterson/Gimlin Bigfoot Film - Complete Version」(youtube)

※ Kal Korff「Exposing Roger Patterson's 1967 Bigfoot film hoax」

【コラム】

怪獣が本当にいた時代

原田　実

20世紀のUMA本を調べていると、その表題に「怪獣」という語を使ったものが目立つ。たとえば次のような書籍である。

中岡俊哉『世界の怪獣』（秋田書店・1967年）
沼田茂『世界の怪獣』（大陸書房・1969年）
中岡俊哉『新 世界の怪獣』（秋田書店・1971年）
ダニエル・コーエン著　小泉源太郎訳『怪獣の謎』（大陸書房・1973年）
ジョン・A・キール著　南山宏訳『四次元から来た怪獣』（大陸書房・1973年）
南山宏『世界の未確認怪獣』（曙出版・1979年）
宇留島進『日本の怪獣・幻獣を探せ！』（廣済堂出版・1993年）

怪獣といえば架空のキャラクターに限定される現在では考えにくいが、かつては「怪獣」がいわゆるUMAの概念まで含めた用語として機能していたのである。

ちなみにこれらの書籍のうち、中岡の著書2冊に関してはUMA本を装った中岡の創作怪獣遭遇談集であることはすでに指摘されているが、それが許されてしまう大雑把さも60年代から70年代初頭の風潮を示している。

●UMAと怪獣が同居する書籍

さて、20世紀の怪獣事典の中にはUMAと架空の怪獣を共に扱った書籍も存在している。

『写真で見る世界シリーズ 怪獣画報』（円谷英二監

修　大伴昌司・小山内宏著、秋田書店・１９６６年）
「いまも生きている怪獣」「生きていた怪獣たち」「ゆかいでおそろしいＳＦ怪獣」「ウルトラ怪獣血戦画報」の4部構成（以下『画報』）。
『学習世界怪獣大事典』小畠郁生・円谷英二監修（目次にある執筆者は小畠郁生・長尾唯一、ミュージックグラフ・１９６７年）
「生きていた怪獣」「生きている（？）怪獣」「つくられた怪獣」の3部構成（他に「あとがき」「さくいん」、付録のソノシートなど。以下『学習』）。
『世界の怪獣大百科』（竹内義和企画構成　美際斎・植岡喜晴・佐竹則廸《のりみち》執筆、勁文社　１９８２年）
「映像の世界の怪獣たち」「アニメの世界の怪獣たち」「マンガの世界の怪獣たち」「小説の世界の怪獣たち」「伝説の世界の怪獣たち」「実在する怪獣たち」の6部構成（他に序文「は・じ・め・に」、コラム多数、以下『世界』）。

　このうちUMAが扱われているのは『画報』では「いまも生きている怪獣」、『学習』では「生きている（？）怪獣」、『世界』では「実在する怪獣たち」である。

ただし、そこで扱われているのはUMAばかりではない。

たとえば『画報』にはネッシーや雪男の記事にまざって「南アメリカの大怪魚アマゾンのアラパイマ」（ピラルクのこと）「ニュージーランドの三つ目怪獣」（ムカシトカゲのこと）「海の殺し屋の怪物大イカ」（ダイオウイカのこと）「生きている化け物ガメ」（ガラパ

『怪獣画報』

『学習世界怪獣大事典』

ゴスゾウガメのこと）「コモド島の大トカゲ」（コモドオオトカゲ）「海の怪物イトマキエイ」「前世紀の怪魚シーラカンス」「カリブ海の化け物ザメ」（ホオジロザメのこと）「ガラパゴスの大トカゲ」（イグアナのこと）「三重県の化け物ダコ」「ゾウのような怪魚エレファントノーズ」など実在が明確な動物に関する記事が収められている。

「三重県の化け物ダコ」については次のような解説がなされている。

「日本の三重県の海岸に出現して人々をおどろかせたのが怪物ダコ。大きさはそれほど大きくないが、ふつうのタコには八本しかない足が、なんと五十六本もついて、もそもそと動いていた。とらえた漁師は海の化け物だときみわるがったものだが、世界でもまだ発見されたことのないかわりだね。東京の科学博物館では、これを標本にして保存している」

さて、56本足の多足ダコ標本は現在、85本足の多足ダコ標本とともに三重県の鳥羽水族館で展示されている。さしずめ「会いに行ける怪獣」というところか。

『学習』にも「エイという巨大な魚」「ナゾの魚シーラカンス」「アマゾンの電気ウナギ」「中央アフリカの小人族」という記事がある。「中央アフリカの小人族」というのはいわゆるピグミー（ネグリロ）に関する記事だが、ここでは実在の民族集団まで怪獣扱いされていることになる。

つまりこの2つの書籍ではUMAだけでなく、実在は明確だが奇異に見える珍獣やいわゆる「生きている化石」まで怪獣の中に含めているのである。ちなみに『画報』『学習』とも〝生きている〟怪獣の解説にはイラス

『世界の怪獣大百科』

トを添えているが資料が手に入りにくい時代だったため、実在のものについても実物と似ても似つかぬイラストが多いのはご愛敬である。

●「怪獣」の概念はゴジラがもたらした

この現代の視点からすれば奇妙な「怪獣」概念も当時としてはさほど特異なものではなかった。むしろ現代における「怪獣」概念こそが歴史的に形成されたものなのである。

前近代の中国・日本の文献において「怪獣」というのは奇妙な動物、得体の知れない不思議な動物と言った程度の意味で使われる語であった。たとえば古代中国の地理書『山海経』「南山経」には「猨翼之山。其中多怪獣、水多怪魚」（猨翼という山地には奇妙な動物が多く、そこを流れる川には奇妙な魚が多い）とある。

それが架空の怪物という意味で定着していくきっかけは1954年の日本映画『ゴジラ』の公開であった。

東宝ではゴジラに関する公式の説明に「怪獣」という表現を用いた。この映画について報じた新聞・雑誌記事の見出しでも当初は「怪物」の表記も用いられていたが、映画封切とともに「怪獣」表記が増えていく。さらに映画の大ヒットによって「怪獣」といえば「ゴジラ」のことになり、さらにゴジラ同様の架空の怪物をさす用語として定着していった。

特撮造形作家の品田冬樹は2005年の著書で次のように述べている。

「中国では二〇〇〇年以上その意味が変わっていない『怪獣』という言葉は、日本ではほんの五十年前に違う使われ方で一般に認知されてしまった。世間に怪獣映画『ゴジラ』があたえたインパクトがいかに大きかったかがうかがえる。かくいう私も現在、それを口にする場合、本来の意味を忘れてしまっていたのだから」（『ずっと怪獣が好きだった』）

さて、民俗学・博物館学専攻の齊藤純は明治時代から昭和初期にかけての新聞記事、映画広告、翻訳小説などから「怪獣」の用例を集め、その語が先史時代の絶滅大型爬虫類（特に恐竜）ならびにその生き残りと思われる動物という意味で多用されていることを考証した。そこには、明治時代以降、19世紀前半の西欧における古生物学の成果が日本にも広まった影響が見てとれる。

この齊藤の研究を踏まえると、ゴジラがなぜ公式表記で「怪獣」と呼称され、さらにそれが広く受け入れられたのかも理解できる。ゴジラは作中人物の山根博士によって「海棲爬虫類が陸上獣類に進化する過程の中間型の極めて稀な生物」として説明されているが、先史時代の絶滅大型爬虫類の生き残りという意味において、近代的用法での「怪獣」の要件を満たしていたのである。

●「怪獣」はUMAを内包する言葉だった？

ここで『画報』『学習』の双方の構成を見ていただきたい。それぞれ「生きていた怪獣たち」「生きていた怪獣」という項目で取り上げられているのは先史時代の絶滅種なのである。

『学習』の監修者・小畠郁生は「あとがき」で次のように述べている。

「ところで、世間では、じっさいに大昔に生存していた生物も、空想上の生物も、みんなごっちゃになって、ひとくちに〝怪獣〟という言葉でかたづけられているようです。こうした状態のもとでは、しばしば誤った知識が世に広められるという結果を生んでいます。

しかし、世の識者や学者の考えがどうあろうとも、あなたたちの間では怪獣はあいかわらず人気があり、テレビや映画や雑誌は、つぎからつぎへと新らしい怪獣をつくり、それにつれて、へい害も生じているようです。

これはいわば世の自然のなりゆきとでもいうべきものですので、それはそれとしておいて、あなたがたから夢と楽しみをうばいとってしまわないように、しかも科学的事実とつくりごとの区別をはっきりわきまえておくことが必要でしょう。

そういった意味から、この事典では、科学的な事実（第一部）と、人が見たという話（第二部）と、まったくのつくり話（第三部）とを、はっきり区別して書いてあります。第二部の話の大部分も人の云いつたえで、けっきょくはつくり話が多いのです。しかし、ほんとうの話もいくつかまじっています。たとえば、シーラカンスの話です。第一部では、つくり話とちがってじっさいに生存した動物の話をあつめています。ひとつひとつの動物の特徴と、その生活を示すように工夫してみました。ここに登場してくる動物の大部分は恐竜ですが、それ以外の動物も含んでいます」

『画報』『学習』においては当時の用法で「怪獣」と呼ばれてもおかしくはない絶滅動物の実在や、実在が確認されている珍獣などとの混同によって、今でいうＵＭＡの目撃報告のリアリティを高め、さらにそれが架空の怪獣に対してもある程度のリアリティを担保するという構造になっている。

　この構造は「怪獣」がＵＭＡを包摂する用語だった時代ならではのものである。この構造を（意図的ではないにしろ）作品内でトレースした例としては『ウルトラマン』第10話「謎の恐竜基地」を挙げることができるだろう。

①恐竜の専門家とされる中村博士は人嫌いの変わり者として知られており「モンスター博士」ともあだ名されている。

②中村博士は密かに恐竜を飼っている。実は中村博士の正体はネス湖の探検中に消息を絶ったとされる二階堂教授で、その恐竜はネス湖で捕えたものだった。

③クライマックスで現れる恐竜ジラースは、誰もが「怪獣」といえば思い浮かべるであろう姿だった。

　すなわち架空の怪獣であるジラースを出現させるにあたって、その正体を恐竜に求め、さらにその媒介としてネッシーというＵＭＡを用いているわけである。ここで面白いのは「モンスター博士」というのが恐竜研究者としての中村博士のあだ名となっていることである。ここでは実在した動物のはずの恐竜をモンスター（怪物）の一種としてとらえる発想が示されている。

しかし、かつて実在した、あるいは実在するかも知れない動物を研究する立場からすれば、その研究対象を、明確に架空の存在と混同させるような用語は不本意であるには違いない。先に引用した『学習』「あとがき」には小畠のそのようないらだちが表れている。

小学館から1972年に出された『なぜなに学習図鑑シリーズ⑱なぜなに世界の大怪獣』（尾崎博監修・相島敏夫指導）は今でいうUMAと「世界のでんせつに出てくるかいじゅう」（スフィンクス・一角獣・フェニックス・カッパなど）を共に扱った書籍だが、その冒頭には「かいじゅうは、ほんとうにいるのですか」という問いが掲げられ「テレビに出てくるような、すごいかいじゅうは、ほんとうにはいません」という身も蓋もないことが書かれている。

そして90年代の『日本の怪獣・幻獣を探せ！』では書籍の表題でこそ「怪獣」を掲げているが、本文では「怪物」「未知生物」「UMA」という用語が使われており「怪獣」の用例はない。

近代日本人が先史時代へのロマンを託して用いた「怪獣」という語は、ゴジラの登場で架空の怪物たちによる簒奪を許した。UMAとは、かつて怪獣と呼ばれながら適切な呼称を失った者たちを迎え入れるための言葉だったのである。

【参考文献】
品田冬樹『ずっと怪獣が好きだった』（岩波書店、2005年）
齊藤純「『怪獣』の足跡─怪しい獣から怪獣まで」（天理大学考古学・民俗学研究室編『モノと図像から探る妖怪・怪獣の誕生』（勉誠出版・2016年所収）
原田実「UMAも恐竜も怪獣だった時代」（『と学会誌』30号、2012年12月）
原田実「怪獣嫌いが監修した怪獣事典」（『と学会誌』39号、2017年8月）
その他の文献については本文参照。

【第三章】

1970年代のUMA事件

【UMA事件18】

ヒバゴン

Hibagon
Since 1970s
Hiroshima, Japan

昭和45（1970）年から昭和49（1974）年にかけて、広島県北部、島根県に程近い中国山地にある比婆郡西城町（現在の庄原市西城町）に出現した猿人型UMAがヒバゴンである。

身長は150センチから170センチ、体重は80キロから90キロと推定されており、雪男など他の猿人型UMAと比べるとかなり小さい。荒い毛が逆立ち目つきが鋭く、顔が逆三角形をしているのも大きな特徴である。

■工事現場で発見された足跡

騒動の発端は昭和45年、造成工事中だった「県民の森」という公園の工事現場で、奇妙な足跡が発見されたことに始まる。その足跡は湿った土を踏んだまま簡易舗装の道路を歩いてついたものらしく、道路の上に数メートルにわたって点々と続いていた。人間のものと形が異なり、靴の跡とも思えない。あまりに奇妙だったため地元の警察が調査し、県警の鑑識が土に残された足跡の石膏型を取るなど大騒ぎに発展する。

この騒動も収まらないうちに、造成現場に程近い油木という場所の、山中のダムの脇にある道で、車で通りがかった地元住民が「子牛くらいの大きさの、

比婆観光センターの駐車場に飾られているヒバゴン像。1970年から74年にかけて町内で複数の人々が目撃。全国から捜索隊が押し寄せるなど、町はヒバゴンブームに湧いた。（撮影：横山）

ゴリラに似たもの」と遭遇、道を横切って歩き去るのを目撃した。この事件から4年にわたり、比婆郡西城町と周辺の町において、正体不明のUMAが集中目撃されることになる。

ヒバゴンは、ある理由から目撃情報が一元管理され、生の目撃情報がよく保存されているという点で、調査者には比較的優しいUMAである（正体の解明が易しいわけではないが）。

その理由というのが、当時の騒動を受けて昭和46年4月、西城町役場に「類人猿係」という専門部署が設置されたことである。西城町は人口の少ない山間部の農村であり、役場の方でも騒動を聞きつけて全国から殺到した探検隊やマスコミや一般人の取材、問い合わせに対応しきれなくなり、本来の業務に支障が出てきた。そこで、目撃情報の収集管理、探検隊の案内、問い合わせ対応を専門に行う「類人猿係」が設置されることになったのである。

ちなみに騒動発生の当初はまだ「ヒバゴン」という名称は存在しなかった。当時の新聞でも「比婆

第一目撃現場と思われる場所（撮影：横山）

山の怪物」と呼ばれている場合が多い。類人猿係だった見越敏宏氏も、ヒバゴンの名前の由来はよくわからないという。比婆郡の比婆山から自然発生的に呼ばれるようになったのか、新聞に適当に命名されたのか、由来は諸説あるようだ。しかし、姿が恐ろしいわりに人間を攻撃した例がなく、動作もそれほど素早くないなど凶暴性を感じられないため、ヒバゴンというユーモラスな名称はぴったりで、すぐに定着し今日でもそう呼ばれている。

当時の新聞にはすでに「県民の森売り出しのための狂言ではないか?」という陰謀論が紹介されている。もっとも、比婆郡一帯の主要産業は農業であり、観光という面では怪獣騒ぎを起こしてまで観光客を呼ぶメリットはあまりない。

中には騒動に乗ってヒバゴンを商品化した店もあったようで、300円から500円で売り出したヒバゴン人形はよく売れたそうだ。県民の森の宿泊客も増えたろうし探検隊に物資を売ったりもしたろう。西城町では町おこしのPRキャラクターとして現在もヒバゴンを活用している。だが、愛されるキャラクターになったのは結果論であって、「嫁の来手がない」とまで言われた農村で怪獣騒ぎを起こすのはリスクばかりが大きいように感じる。

県民の森は山奥にあるスポーツと野外活動のための公園であり、麓が観光地化されている高尾山や宮島の弥山と違い、周囲には他に観光施設どころか民家すらない。現地に行けばわかるが、一歩道路や造成地から外れるとガチンコの「森」である。

しかし、だからこそ怪物騒ぎにも説得力があった。深い藪と広大な山林は容易に調査できるものではなく、怪物が潜んでいるとしてもおかしくない。本気で捜索しようと思えば本格的な野営装備を持って数人でパーティーを組み、山中でキャンプしながら調

謎の足跡が最初に発見された「県民の森」。西城町では特別に予算を計上し、ヒバゴンの目撃者に5000円の「迷惑料」を払うことで、証言をより集めやすくしていた。（撮影：横山雅司）

査を行う必要がある。

例えば、昭和46年10月20日から現地調査を行なった名城大学探検部類人猿調査隊の陣容は、ベースキャンプを中心に12名からなる隊員を小班に分けて山中を探索するという本格的なものだった。他にも神戸ボーイスカウト第二十三団青年隊、同志社大学、広島工大探検愛好会、拓殖大学探検部、葛飾野高校山岳部OB会などが捜索を行い、探検好きの高校生のコンビが、県民の森の宿泊施設に泊まり込みながら周辺の山林を調査した、という新聞記事もある。

■正体は何か？

ヒバゴンは伝言ゲームになっていない、生の証言に近いものが保存されていたり、足跡らしきものが多数発見されていたり、昭和49年8月には庄原市濁川町《にごりかわちょう》で、ヒバゴンとされる写真も撮影されている。

しかし、ヒバゴンの正体は今のところ全くわかっていない。ヒバゴンの足跡とされるものは非常にたた

県民の森で発見された謎の足跡

くさん発見されている。先ほど紹介した高校生探検コンビも何かの生き物の足跡を発見している。しかし、そこからヒバゴンの正体に迫ることはできなかった。そもそも、それがヒバゴンのものだという根拠がない事例がほとんどだったからだ。

足跡は小型のものと大型のものに分類され、大型のものは概ね長さ25センチ前後、幅15センチ前後で踵側がやや狭く、つま先の方が大きく広がっているものが多い。これはクマの足跡に似ており、当時の京都大学霊長類研究所へのインタビューでもクマの可能性を指摘している。小さいものは長さ16センチ前後、幅は10センチ前後で、ニホンザルのものである可能性が指摘されている。いずれにせよ、雪や落ち葉混じりの土、舗装道路の上の濡れた足跡は鮮明とは言えず、決定的な証拠にはならなかった。

濁川町で撮影された写真は、昭和49年8月19日付の中国新聞には「ネズミ色で身長1・5メートル赤い顔、年とった大ザル?」という見出しとともに掲載されているが、この写真は極めて不鮮明で、何が写っているのかよくわからない。同じ記事には広島市安佐動物公園園長の話として「ニホンザルだと思う」「実際はもっと小さいのではないか」というインタビューが掲載されている。

また、目撃者からも「この写真は自分が見たものと似てない」という意見が出ており、単なるサルの誤認である可能性は排除できない。

それではヒバゴンの正体としては、どのようなものが考えられるのだろうか。代表的な説をいくつか見てみよう。

●野生動物の誤認説

騒動の最中、西城町の寺にニホンザルが出現し、（実際には専門家ではないのに）類人猿係が出動したことがある。周辺にサルがいることは間違いなさそうだが、ヒバゴンの体格は一般的な男性と同程度であり、ニホンザルよりはかなり大きく、すべてをサルの見間違いとすることはできない。クマの見間違い説もあるが、ヒバゴンが至近距離で目撃された例もあり、やはりすべてをクマで説明することは難しい。

●逃げ出した動物説

ワシントン条約は野生の動植物やそれらを使った

濁川町で撮影された写真。黒い影が映っている。(「中国新聞」1974年8月19日)

製品の輸出入を規制する国際条約で、附属書によってⅠからⅢまでにランク付され、Ⅰにランクされた種は、学術研究以外で輸出入することが禁止されている。ゴリラ、オランウータン、チンパンジーなど大型類人猿はすべてこの附属書Ⅰに含まれ、現在ではペットとして飼うことはできない。しかし、当時の日本はまだこの条約を批准しておらず、ある種の野放し状態で、動物商からなんでも買うことができた(ワシントン条約の発効は1975年。日本は80年に批准)。そこから一般家庭などから逃げ出した大型類人猿が目撃されたのではないかとする説。

「ヒバゴンの写真」を見て、読売新聞に「山口県防府市で、移動動物園からニシキヘビとオオショウジョウ(ここでは何を指しているか不明だが、一般的にはオオショウジョウはゴリラの和名である)が脱走し、ヘビは捕まったがオオショウジョウは逃げた」という情報を送ってきた読者がいるという。

しかし、県民の森がスキー場であることからもわかる通り、西城町一帯は寒冷な気候で、冬季には深く雪が積もり当たり前のように気温が氷点下になる。この環境で熱帯産の動物が4年にわたり生存するのは困難のようにも思われる。

●人間説

ヒバゴンは体格が人間と同じで、目撃証言からすると動作も野生動物にしてはやけに鈍い。このことから、ヒバゴンの正体はボロをまとったホームレス（または野生に生きる人間）という説や、単なる着ぐるみを着たイタズラという説もある。これらの説に関しては検証不能なのでなんとも言えない。

●新種の類人猿、化石人類の生き残り説

これが本当ならなんともロマンがあるが、人間ほどの大きさがある大型動物がこれまで発見されなかったというのは考えにくいし、種を維持できるほどの個体数がいるにしては4年間だけある町周辺に現れるというのは不自然で、目撃数も少なすぎる。

●その他

近隣でＵＦＯが目撃されたことから宇宙生物という説や、比婆山周辺は神話に彩られた土地であり、神秘的な妖怪のようなものではないかという説もあるが、これらについてはもはや検証のしようもない。

■ヒバゴンの現在

ヒバゴン騒動は昭和49年以降目撃が途絶えたことで急速に沈静化し、昭和50年には「ヒバゴン騒動終息宣言」が出され類人猿係も廃止、担当だった見越氏も通常の業務に戻り西城町における怪獣騒動は終結した。

昭和55年、福山市山野町でヒバゴンによく似た怪獣「ヤマゴン」が目撃され、引っ越ししたヒバゴンではと騒がれたが、結局単発の目撃に終わっている。昭和57年には御調郡久井町（現在の三原市）で、地元の子供が石斧を持った原始人のような毛深い怪物を目撃、「クイゴン」と命名されたがこれも単発の目撃に終わっている。クイゴンについては、目撃者が10歳と7歳の少年だった事と、あまりに人間的すぎることから、ただの人間だった可能性は捨てきれない。

これ以降、広島での猿人型UMAの目撃は報告されていない。

県民の森は通常通り営業を続け、近隣の小学生が遠足に来たり、ハイキングの中高年が訪れるようなのどかな場所となっている。

私（横山）が西城町役場でお話を伺った際に興味深かったのは、地元ではあまりヒバゴンの正体について関心がないということだった。ヒバゴンはヒバゴンであり、ヒバゴンがかつて出現するという騒動があった、とだけ受け取られている。

一方でヒバゴンは町の顔として定着しており、道路沿いにはヒバゴンの看板が立ち、ヒバゴンをデザインしたキャラクターも作られている。

「UFO」は「未確認飛行物体」という意味であり、例えば目撃したものがヘリコプターの誤認だったとしても、その事実が確認されないうちは「UFOを見た！」と証言しても誰も嘘をついているわけではない。その意味でヒバゴンの目撃者がヒバゴンを見たのもまぎれもない事実であろうし、ヒバゴン騒動という渦に巻き込まれた当事者であることに違いはない。

ヒバゴンの正体は現時点で不明である。50年近く前の4年間だけの騒動であり、おそらく明確な答えが出ることはないと思われる。

（横山雅司）

【参考文献】
見越敏宏『私が愛したヒバゴンよ永遠に　謎の怪物騒動から40年』（文芸社、２００８年）
「中国新聞」（昭和46年8月26日他）
「特集・ヒバゴン騒動から30年」『げいびグラフ86号』（菁文社）
宇留島進『日本の怪獣・幻獣を探せ！』（廣済堂、１９９３年）
並木伸一郎『学研ムー特別編集　世界UMA大百科』（学研、１９８８年）

【UMA事件19】

ツチノコ

Tsuchinoko
Since 1970s
Japan

ツチノコは日本各地（北海道・奄美・沖縄をのぞく）に棲息するとされる蛇型のUMA。

長さ30～80センチ、太さ7～15センチほどの扁平な胴部に大人の指を三本並べたほどの大きさの三角形の頭と細く短い尾を持つ。

その形状は目撃者たちからしばしば「ビールびんのよう」と形容され、また名称の「槌の子」も民具の槌に形状が似ているところに由来する。

色は黒、こげ茶色、灰色でマムシより大きい斑状紋または縞模様が背中にある。通常の蛇とは異なり蛇行せず尺取虫のように前後移動したり、尾をくわえて輪のようになり転がったりする。またその跳躍力は2メートル以上あるという。いびきをかく、ネズミのような声で鳴くといった報告もある。毒については猛毒説が多い。スルメや人間の頭髪を焼いた臭いや日本酒を好むともいう。

奈良県の下北山村や岐阜県の東白川村など複数の自治体がツチノコでの村おこし・町おこしを行っており、観光資源としてのUMAという点では日本でもっとも知られた存在のひとつである。

■江戸時代の文献に登場

今日われわれの知る前述のイメージのツチノコと

ツチノコの想像図（CG：横山雅司）

ほぼ同じ姿の蛇はすでに井出道貞の『信濃奇勝録』（1834年）の中に「野槌」として記されており、古くからその存在は伝承されている。

しかし今日のようなUMAとしてのツチノコの存在が広く知られるようになったのは1970年代の「ツチノコ・ブーム」がきっかけであり、その原点は釣り人・エッセイストとして知られる山本素石（1919～1988）による怪蛇の目撃とそれに続く調査活動である。

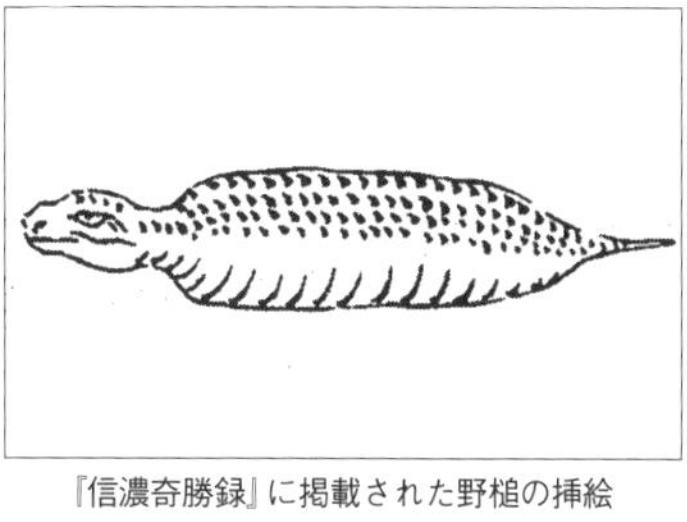

『信濃奇勝録』に掲載された野槌の挿絵

■山本素石の目撃談

1959年8月13日、山本は京都・北山の加茂川沿いで渓流釣りをしていたが、突然藪の中から現れた奇妙な蛇と遭遇する。以下に山本自身によるその体験を引用する。

突如、右手の山側から妙なものがとんできた。（中略）妙なものはその日陰の藪だたみからとんできた。ヒューッといったか、チィーッといったか、そのどちらともつかぬ音を立てて下生えの藪の中からゆるい放物線をえがいてとびかかってきたのは、一見したところ、ビール瓶のような恰好をしたヘビであった。（中略）なんともけったいな、いやに太短い、しかもまがう方ないヘビなのである。他の爬虫類も含めて、山に棲む動物は、たいていひと通りのものは知っている。だが、そのヘビ？　はまちがいなくヘビだとしても、ヘビにしてはあんまり短すぎるし、そのわりには太すぎた。（中略）太さはビール瓶ぐらいだが、あんなに丸くはない。やや扁平で、色もそれよりはいくらか黒っぽく、長さは目で測ったところ、どう見ても40センチ以上ではない。（中略）頭の大きさは、大人の手の指を三本そろえたほどの幅があって、厚味もほぼそれ位――。つまり、幅の広さにくらべると、異様にうすっぺらい感じである。ニシキヘビならば、優に3メートル級の大きさに匹敵する頭の幅であった。（中略）もう一つの印象的な特徴は、ズン胴の尻の方がそぎ落したように急に細くなって、ネズミのような尻尾がチョロリと出ていたことである。（『逃げろツチノコ』より）

山本と怪蛇の遭遇は時間にして一分から一分半ほどで、恐怖を感じた山本はその場を逃げ出してしまう。その後、山本は北山の老人たちからこの怪蛇にまつわる話を聞きだしている。

「へーェ！　やっぱりまだそんなやつがいたのけえ。そいつはツチノコちゅうてナ、昔はこの辺の山のあちこちにいたもんや。崖からコロコローッところがってきて、人でも犬でも、そいつにあたると死ぬちゅうてこわがったもんでナ」

（『逃げろツチノコ』より）

「あたると死ぬ」の意味を山本は咬まれて（毒で）死ぬ、と解釈している。

山本がこの体験を1962年に釣り雑誌に連載していた自分の随筆の中で取り上げたところ、反響を呼んだ。やがて山本はツチノコ探しの情熱に燃える釣り仲間の友人たちと「ノータリンクラブ」を結成し、ツチノコの情報収集等を行っていく。

山本はノータリンクラブでのツチノコ探しのエッセイをまとめた『逃げろツチノコ』を1973年に刊行、また同年この山本たちの活動をモデルにした田辺聖子の小説『すべってころんで』も刊行され、ツチノコというUMAの存在が日本中に知れ渡っていく。

さらに同年、自らもツチノコ目撃の体験があると語る漫画家・矢口高雄によるツチノコ探索漫画『幻の怪蛇バチヘビ』が週刊少年マガジンに発表され、大人のみならず子どもたちにもツチノコの存在を大いに知らしめた。

以降、ツチノコは数多くの目撃証言をはじめ、時には死体の発見や生体の捕獲といった報告もなされているが、その存在を証明する決定的な証拠は提出されていない。

■ツチノコの正体を検討する

ツチノコの正体に関しては新種の蛇であるという説と、既知の動物の誤認説に大別される。またSF作家田中啓文の小説『UMAハンター馬子』の中では、ツチノコの特徴を多く満たすのはヘビよりもむしろカエルであるとし、ツチノコの正体を未知の種類のカエルであるとする説が述べられている。

誤認説に関しては、ツチノコとよく似た形状をしているアオジタトカゲやマツカサトカゲなどのトカゲ類、デスアダーやヒメハブなど胴の短い種類のヘビ類が候補として知られている。また妊娠中のマムシやヤマカガシを見間違えたとする説もある。

ツチノコの正体として有力視される「アオジタトカゲ」。ペットとして飼われていたものが野生化したと考えられているが、アオジタトカゲが日本に入ってきたのは70年代以降。このトカゲではそれ以前の目撃例の説明がつかないという批判もある。（©Lenice Harms/shatterstock）

誤認説ではツチノコが有するジャンプ力やいびきをかくといった奇妙な特徴をすべて説明することは難しい。山本素石は「西日本の渓流で釣り糸を垂れてないところはない」と自ら豪語するほどの渓流好きで、先に引用した文章の中でも「山に棲む動物は、たいていひと通りのものは知っている」と述べているので、彼が既存の動物を見誤った可能性は低いのではないだろうか。

山の奇談か、新種の蛇か。ツチノコの正体をめぐる研究が今後も進展していくことに期待したい。

（小山田浩史）

【参考文献】

山本素石『逃げろツチノコ』（山と渓谷社、２０１６年）

伊藤龍平『ツチノコの民俗学　妖怪から未確認動物へ』（青弓社、２００８年）

羽仁礼『［永久保存版］超常現象大事典』（成甲書房、２００１年）

並木伸一郎『決定版 未確認動物ＵＭＡ生態図鑑』（学研プラス、２０１７年）

矢口高雄『バチヘビ』（講談社、２０００年）

田中啓文『ＵＭＡハンター馬子　完全版１』（早川書房、２００５年）

【UMA事件20】

カバゴン

Kabagon
28/04/1971
off the coast New Zealand

1971年4月28日、宮城県牡鹿郡女川町の木村漁業所有の第二十八金比羅丸は、マグロのはえ縄漁のためにニュージーランド南島のバンクス半島南東60キロの海上を操業中、怪物と出会った。

海上で光る巨大な2つの目

天候は晴れ、時刻は正午ごろ（ニュージーランド時間）、はえ縄をウインチで巻き上げていた時縄が切れた。はえ縄を回収するためブイを探していると きにブイ近くに変なものがあるのに気付いた。大木の根のようにも岩のようにも見えたが、船が30メートル近くまでに来たときそれは振り向いた。色は褐色がかった灰色。全体が皺《しわ》だらけでギョロリと光る大きな目がふたつあった。目の下には押しつぶしたような鼻があり、ふたつの穴があった。鼻の穴の周りにも皺があった。

水面上に出ている頭は縦横共に1・5メートル程度、へさきで怪物を見た甲板長によれば目の大きさは直径15センチ程度であった。海が濁っていたため確証はないが、水面下には少なくとも水面上の4～5倍の体があるようにも見えた。

船上は騒然となった。船長の指示のもと、モリで突こうと準備をしている最中に怪物は海中に消えて

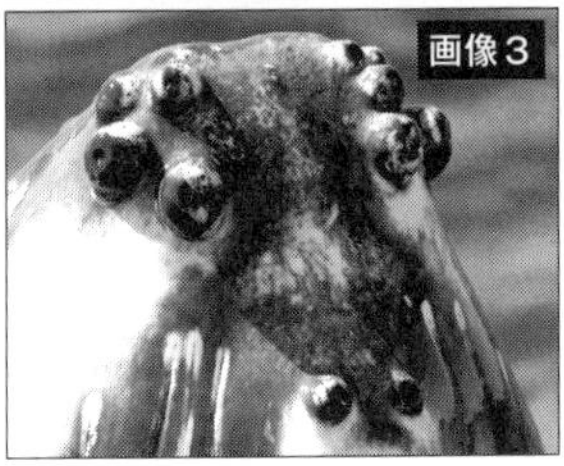

【画像1】毎日新聞（1971年7月17日）に掲載されたカバゴンのイラスト。【画像2】『なぜなに世界の大怪獣』（小学館、1972年）のイラスト。毎日新聞のイラストが想像力を刺激してしまったようで四つ目の毛むくじゃら怪獣になってしまった。【画像3】フジツボのついたザトウクジラの頭部分はイラストに似ている。（※「Sunshine Coast Pelagic Trip August 2017」より）

いった。目撃時間は約10分、26人の乗組員全員が目撃していることから見間違いの可能性は非常に低い。目撃した船員はカバやカメと表現したが、船員のひとりが緊張気味の船上の空気を紛らわそうと「カバゴン」と若干コミカルに呼んだことから、このような名前が付けられた。もしかしたら阿部進氏の愛称であるカバゴンが頭の片隅にあったのかもしれない。

■カバゴンのイラストは正確？

カバゴンの目撃は一度しかなく、残された情報は怪物に関する目撃証言の他「木村船長が描いた怪物のスケッチから写す」として毎日新聞に載った怪物のイラスト（木村船長の描いたスケッチそのものではないことに注意）ぐらいしかない。

イラストに最も似ているのはフジツボのついたザトウクジラの頭である。イラストで目や鼻として表現されているのはフジツボだ。ザトウクジラは体長16メートルほどまで成長するため、水上に出ていたところだけで1・5メートルというサイズ感も説明できる。しかし、全身の皺や、10分間にわたって頭の先端だけ水に出していたり振り返ったりといった行動については説明が難しいかもしれない。

ところで、そもそもイラストに似たものを正体だと考えるのは正しいのだろうか。

注意したいのは、カバゴンのイラストが証言にあるような「カバのように見える生物」ではないということである。多くのカバのイラストでは丸く大きな鼻の穴が描かれることがあるが、これはイラスト的なデフォルメ表現であって実際のカバとは違う。

【画像4】縦横1.5mの頭部に15cmの目だとこのくらいのサイズ感になる。

また横向き気味に目が付いている動物のイラストを描くときに、目を正面に描いてしまうこともイラストを描かない人の絵やデフォルメの過程で起きやすいことである。こういったデフォルメが入ったと考えない限り目撃された怪物がカバに似ていたとはいい辛い。

縦横1・5メートルの頭に15センチの目というとサイズ感は【画像4】のようになり、目撃証言とイラストの間に無視できない相違がある。木村船長の元絵は素人によるデフォルメが入ったものだったかもしれないが、新聞に載ったカバゴンのイラストはプロによってリアリスティックな脚色が入ったものになっていることは留意する必要がある。

■正体はミナミゾウアザラシか

イラストを無視すれば最も証言の生物に近いのはミナミゾウアザラシだと考えられる。体の色、大きくはっきりした目や全身の皺はピッタリと合致する証言だ。怪物の巨体もオスが体長6〜7mに達することを考えれば説明できる。ミナミゾウアザラシの鼻はキタゾウアザラシのような異様に大きな鼻ではなく「潰れた鼻」で、鼻の穴の周りにも皺がある。証言の行動についてもアザラシの類であれば何もお

カバゴンとミナミゾウアザラシの比較

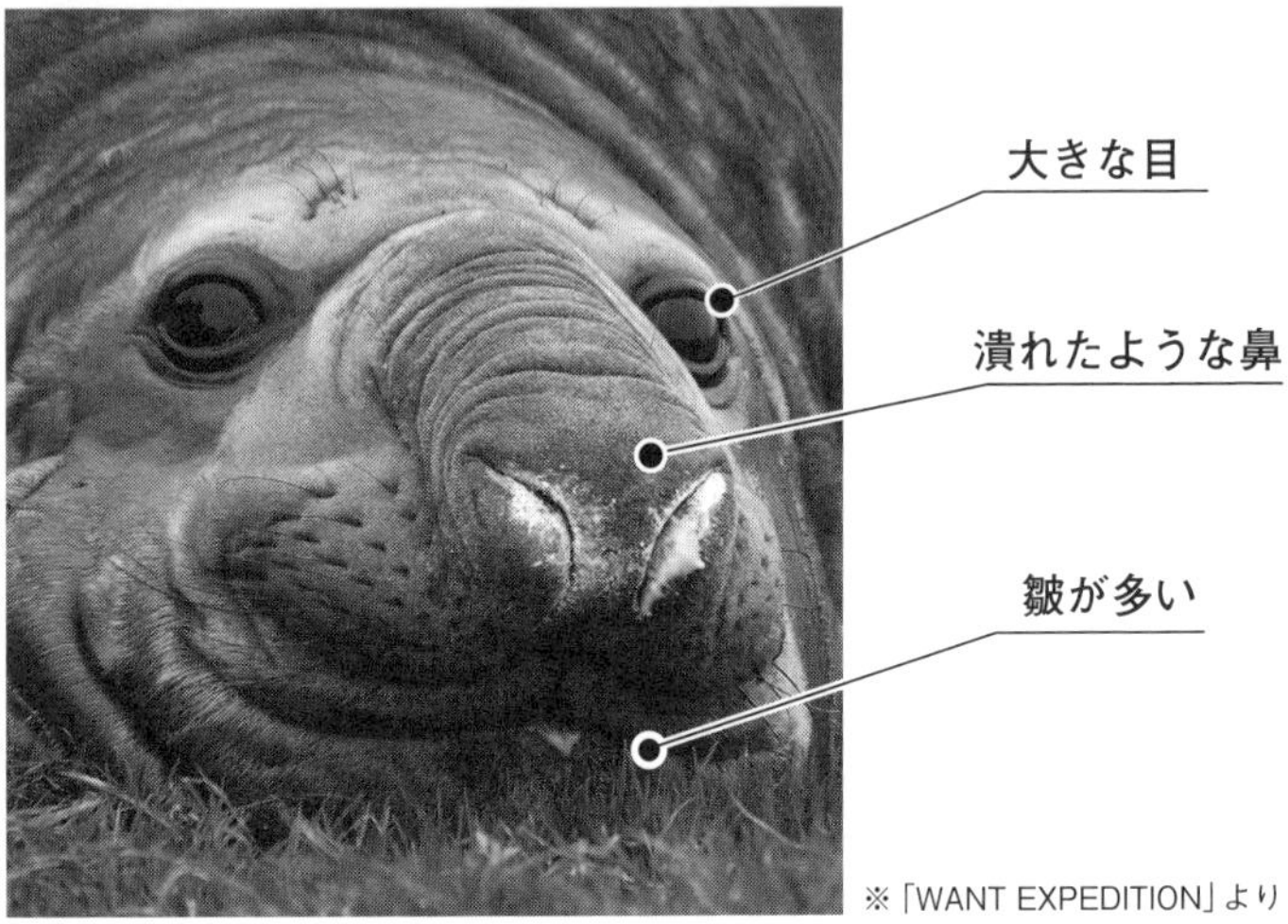

※「WANT EXPEDITION」より

かしくない。ミナミゾウアザラシの生息域の北端はニュージーランド南ぐらいと考えられている。

海に慣れた船員がミナミゾウアザラシを怪物と思うわけはないと思うかもしれないが、新聞などでは「魚やクジラ」「カバ」「カメ」などを候補に挙げているにも関わらずアザラシやアシカ、トドの可能性に言及されていない。ミナミゾウアザラシが可能性の考慮から抜けていたのも間違いないだろう。今となっては正体を特定する方法はないが、証言の詳細は全てミナミゾウアザラシの説明と解釈しても矛盾しない。それどころか、ミナミゾウアザラシの正確な描写にも思えるほどである。

（蒲田典弘）

【参考文献】
『中学二年コース』（学習研究社、1971年11月号）
「〝カバゴン〟が出た！」『毎日新聞』（1971年7月17日、第21面）
※本項を執筆するにあたって岡本英郎様よりフジツボ・クジラ説をご教示いただきました。また幕張本郷猛様からは貴重な資料をご提供いただきました。ここにお礼を申し上げます。

クッシー

Kusshi
07/1973
Hokkaido, Japan

1973年7月、北海道弟子屈町《てしかがちょう》の屈斜路《くっしゃろ》湖東岸で地元の人が山仕事をしていた時、連れていた馬がなにかにおびえているのに気づいた。その馬が見ている方を振り向くと屈斜路湖の湖面に馬の頭のような何物かがつきでている。その動物（？）はたちまち湖底に姿を消した。

それと同時期、釧路川が屈斜路湖に流れ込む川口近くのコタン（アイヌ集落）で大工仕事をしていた人がボートをさかさまにしたようなかっこうでコブのある何物かが湖面を泳いでいくのを目撃した。

地元の新聞やテレビがこれらの目撃報告をとりあげ「クッシー」という愛称までつけて以降、屈斜路湖周辺では「私も見た」という新たな目撃報告が現れた。その中には同年8月に藻琴山《もことやま》を遠足中だった中学生の一団や、同年9月に和琴半島に来ていた観光ツアーの一団など多数の人が同時に目撃したという例もあれば、写真を撮ったという例もあった。

73年10月には北海道放送の取材で魚群探知機での探査を行ったところ、水深20メートルで15メートルほどの大きさの物体が動いているのが判明したともいう。

クッシーの目撃報告ラッシュは1970年代を通じて続き、その件数は20件以上、目撃者は100人を優に超えたとされる。さらにクッシーは道外のマスコミからも注目され、「ネッシーとクッシー」というシングルレコードまで出るにいたった（ちなみにその作詞者は、弟子屈町に隣接する美幌町のホテル経営者であった）。

浮かび上がるクッシー像

クッシーの目撃場所は中島周辺の水域と和琴半島の東側の水域とに集中している。佐藤有文《ありふみ》は複数の目撃者の証言によるとして次のようなクッシー像を述べている。

「怪獣クッシーは、チョコレート色か黒色。首は大蛇のように長くて、頭部はまるく、目玉は銀色」

「その体長は、五～六メートル派と十～十五メートル派の二つにわかれ、背中のコブは二つか三つある」

「泳ぐ速度は、人間が歩く速さぐらいから、モーターボートのスピード（時速六十キロ）より速いこともある。湖面に沈んだり浮き上がったりして泳ぎまわる」

佐藤によるとこれらの特徴はスコットランド・ネス湖のネッシーとよく似ているという。

クッシーの正体としては恐竜や首長竜のような大型爬虫類の生き残りという説の他にイトウ説、チョウザメ説、湖の主というアメノウオ説、海からまぎれこんだトド・オットセイ・アシカ・イルカ説、アイヌ伝説に語られた大蛇説、未知の軟体動物説などがあったが、その正体は今も特定されていない。

クッシーの目撃は1980年代以降下火になったが最近でも単発的に見られることはあるという。屈斜路湖の湖畔にあるレストハウスでは今でも首長竜の姿のクッシー模型を看板代わりにしてさまざまなクッシーグッズを販売している。

屈斜路湖で怪獣は生存可能？

クッシーの写真とされるものはいずれも不鮮明である。もっとも鮮明なのは1979年に撮影されたとされる写真で、山を背景として鎌首をもたげた蛇

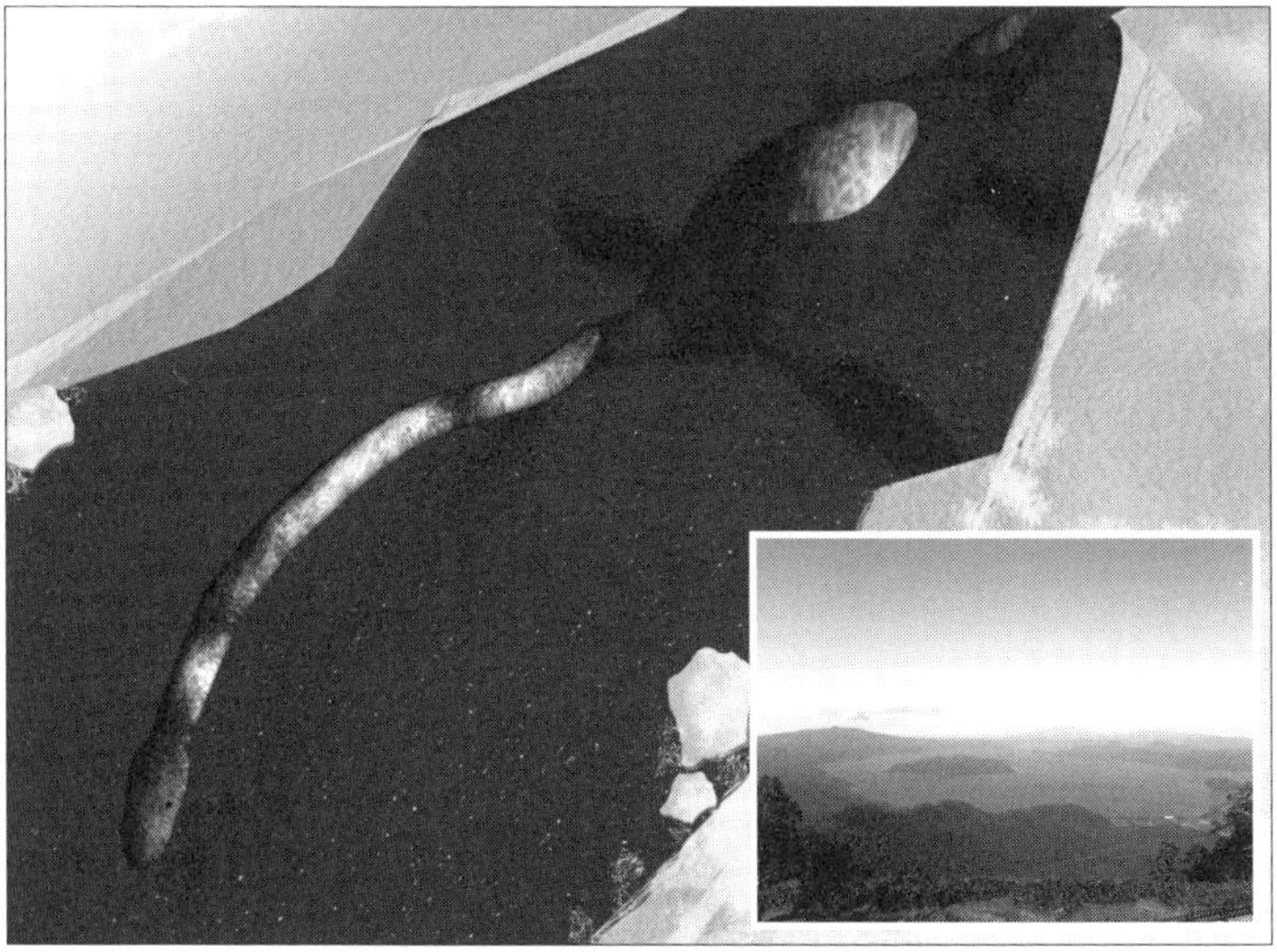

クッシーの想像図（CG: 横山雅司）と屈斜路湖

が湖面に浮かぶかのような姿を撮ったようにも見える。しかし、この写真はＵＭＡ研究者の間でもてはやされてはいるもののその来歴は不明瞭である。

長い首や背中のコブなどの特徴はネッシーの目撃証言と共通している。しかし、１９７３年夏は石原慎太郎を総隊長とするネス湖怪獣国際探検隊（９月７日現地到着）がマスコミの話題となっていた時期でもある。クッシーに関する目撃報告には、当時すでに首長竜のイメージで語られていたネッシー関連報道によるバイアスがかかっていた可能性は否定できない。

屈斜路湖はカルデラで形成された火山湖で周囲には温泉が多い。昭和初期にはその火山活動のため、湖水は広域でＰＨ５という強い酸性を示した。その後も屈斜路湖の湖水は酸性化と回復とを繰り返しており、１９７０年代においてもＰＨ３まで酸性化が進んだ箇所もあったという。その水域では生物が住めなかったことはいうまでもない。当時、湖水が中性に近い場所は限られており、大型の動物が暮らしていけるだけのエサの確保は困難であった（現在では湖水はほぼ中性に落ち着いており釣りができるポイントもある）。

また、佐久間誠の指摘だが、湖では海流がある海と違って水中に対流を遮る断層が形成されやすい。そのため、10メートル以上の深さは無酸素になる傾向があるという。それでは大型の魚類や軟体動物が湖底に潜むことはできないし、肺呼吸する哺乳類や爬虫類、浅い層を泳ぐ大型の魚類などならもっと頻繁に目撃されていることだろう。

■矛盾する目撃情報

ところで佐藤有文による1970年代のレポートには、先に述べた佐藤自身がまとめた「クッシー」の特徴にはあてはまらないものもある。

たとえば、1976年8月2日、札幌市からの観光客が遭遇したという事例は次のようなものである。「家族といっしょに中島付近を超スピードで走る怪物体を目撃。二百ミリの望遠レンズカメラで、連続八コマを撮影。現像すると、最初は黒く長い物体が湖面を泳ぎ、最後には羽のついた怪鳥のような黒いものが、湖面から空中に消えていく場面が写っていた。ただし、怪物の航跡がなぜか三つあったのが問題」

こうなると「クッシー」としてその目撃を報告されたものが実体として同じだったかどうかも疑わしい。すなわち「クッシー」という受け皿が与えられることで、屈斜路湖で見慣れないものを見た（と思った）人がそれをクッシーとして解釈してしまうことを繰り返すうちに目撃報告件数だけが膨れ上がったものと思われるのである。

その実体の中にはボートや水上スキー、クマや水鳥や流木などがあってもおかしくはないし、実体そのものが存在しない純然たる錯覚もあったかも知れない。

73年10月の探査についていえば当時の魚群探査機の性能がどの程度だったかという疑問がある。魚群探知機は超音波の反射を利用して水中のものを探す装置だが、水中の雑音を拾うことで不正確な像を描いてしまうこともありうるのである。

『毎日新聞』１９７３年12月６日夕刊でクッシー騒動を報じた記事の冒頭は次のように始まる。

「異変騒ぎのあったこの夏、北海道は阿寒国立公園の屈斜路湖に新しい怪獣が影をあらわし、つとに有名なネッシーをもじってクッシーとなった。観光宣伝をねらって悪のりしたふしもあるが、地元の目撃者は真剣である」

1979年に撮影されたというクッシーの写真
（ムー特別編集『世界UMA大百科』より引用）

ここでいう「異変騒ぎ」とは、この年の夏、連日の猛暑と雨不足で全国的な水飢饉が生じたことを意味している。同年秋に出た五島勉著『ノストラダムスの大予言』が空前のベストセラーになった原因の一つには、その気象異変による人々の不安もあっただろう。

クッシーブームは、異変騒ぎによる不安を逃れるべく、ロマンとしての異変を求めた人々の心情と、観光誘致への効果を期待した地元の思惑が噛み合うことで生じた現象だったと言い得るだろう。

（原田実）

【参考文献】

「怪獣クッシー誕生記」『毎日新聞』（１９７３年12月６日付夕刊）
佐藤有文『怪奇現象を発見した』（ＫＫベストセラーズ・１９７９年）
ジャン・ジャック・バルロワ著、ベカエール直美訳『幻の動物たち　上巻』（早川書房、１９８７年）
宇留島進『日本の怪獣・幻獣を探せ！』（廣済堂出版、１９９３年）
實吉達郎『ＵＭＡ解体新書』（新紀元社、２００４年）
佐久間誠『ＵＭＡ謎の未確認生物　科学的解析ＦＩＬＥ』（ウェッジホールディングス、２０１０年）
「幻解！　超常ファイル　ニッポン幻の怪獣大捜査＆超常現象トレンド２０１６」（ＮＨＫ　ＢＳプレミアム、２０１６年12月30日）
※美幌音楽人加藤雅夫ＨＰ「見幌峠（屈斜路湖）の、クッシーにまつわる話」
※標津町百科事典「イトウ」

【UMA事件22】

野人（イエレン）

Yeren
01/05/1974
Hubei, China

1970年代、中国湖北省の原生林地域である神《しん》農架《のうか》で、直立二足歩行をする謎の獣人の目撃事件が相次いだ。ついには中国科学院を中心とした調査隊まで結成され、数度にわたる現地調査を実施。その様子は、当時、中国内外のメディアを賑わせた。

■公式報告された最初の事件

1974年6月、『人民日報』社と中国科学院に、「生きた猿人が出現」と題された一通の報告書が届いた。差出人は、湖北省《こほく》鄖陽《うんよう》地区委員会宣伝部の李《り》建《けん》副部長。それは、同年5月1日に発生した、地元住民と謎の生物との格闘事件を伝えるものだった。

その朝、湖北省房県橋《ぼうけんきょうじょう》上区杜川《とせん》公社清渓溝《せいけいこう》生産大隊の副主任、殷洪発《いんこうはつ》は、柴刈りのために登っていた山（青竜寨《せいりゅうさい》）で、全身灰色の長い毛に覆われ、直立二足歩行をする謎の生物と遭遇した。身の丈は五尺（約166センチ）あまりで、長さ15～18センチほどの長髪が顔半分を覆っている。襲撃されそうになった殷は、左手で相手の髪をつかみ、右手の鎌で斬りつけた。謎の生物は「アッ！　アッ！」と叫んで逃走し、殷の左手には二、三十本の頭髪が残された。殷から話を聞いた地元の老人は、「それは『野人』だ」と断言。以後、恐れた地元民の多くは外出

【左】目撃証言を元に作成した「野人」イラスト（『百科知識』1979年第2期より）【右】1974年5月1日に「野人」に遭遇し、格闘したという殷洪發。20世紀の「野人」騒動は、すべてこの事件に端を発する。（劉民壮『中国神農架』より）

【上】霧の立ちこめる神農架自然保護区。（1998年4月、筆者撮影）

を控えるようになったという。

文化大革命（以下、文革）が中国全土を席巻していた時代。同地区委員会内には、当初、山に逃走・潜伏中の階級敵が怪物に扮して陽動作戦をおこなっていると考える者もいたが、李建はこれを未知の動物「野人」＝「生きた猿人」の出現事件として中央へ報告した。報告書には、「野人」は二足歩行の高等霊長類だが、まだ道具を制作・使用して労働をおこなう段階にはないので、最終的に鎌（労働の道具）を用いた人間が勝利したのだという、李建自身の見解も付記されている。

同年、新華社の記者と李建らによる現地調査で、1945～74年の間に起こった12件の「野人」遭遇事件と、26人の目撃者の存在が判明した。

■国家レベルの調査隊を結成

1976年5月13日午前1時頃、夜道をジープで帰宅途中だった神農架林区共産党委員会の幹部6

【右】「野人」の足跡の石膏型を測る「野人」調査隊員たち。（黄万波『神農架野人伝奇』より）。

据新华社北京六月二十六日讯 新华社记者周长年报道：为揭开鄂西北神农架山区的"野人"之谜，我国一支精干的科学考察队最近进山继续考察。

神农架有"野人"吗？

一支科学考察队进人鄂西北山区考察

多年来，我国鄂西北山区特别是神农架一带，俗传有"野人"，且当地有些干部、社员、解放军战士提供了目击的情节，描述了野人的形象，例如浑身长毛，身高约两米，直立行走等。

从一九七六年下半年开始，我国科学工作者在鄂西北山区的神农架地区，进行了为期几年的科学考察。参加的人数约二百人次，总行程五千多公里。他们在考察中，访问了目击者，从据说是"野人"出没的地方，寻取到一些毛发、粪便等实物，还发现了不少比成年人的脚大三分之一左右的脚印。考察人员向当地人民进行了调查，查阅了地方志等，搜集到了不少关于"野人"活动的传说和文字记载，特别是，他们在神农架山区房县的一座汉墓中，发现了一件珍贵文物——九子灯，灯上的装饰品中就有一个浑身长毛的人。但是，考察队员没有亲眼看到过野人，获得的实物经化验分析，也还不能确定是"野人"的遗留物。

目前，我国科学界对于鄂西北的"野人"有两种不同看法。一种认为，不存在"野人"，目击者的描述，可能是对熊、猿类或某种动物的误会；持另一种意见的人认为，古籍的记载、群众中的传说以及收集到的各种实物，还不能排除鄂西北山区存在某种"野人"的可能性。如果考察得证实，将有重要科学价值。

湖北省科委和中国科学院武汉分院不久前在武昌召开了一次鄂西北奇异动物科学考察会议，决定继续派出考察队去鄂西北进行考察，揭开这个科学之谜。现在，一支二十人左右的考察队已经进入神农架山区，考察队中有科学工作者，也有热心此事的志愿人员。

【左】「神農架に〝野人〟はいるのか？」の見出しで、調査隊の活動を報じる『光明日報』1980年6月27日記事。科学者たちの中でも、「野人」の存在については、肯定・否定両方の意見があることも伝えている。

名が、房県と神農架林区の境界付近の山道で、「野人」を目撃する事件が発生した。その「野人」は崖に飛び上がったものの、足を滑らせてジープの前に転落し、うずくまった。運転手の蔡先志《さいせんし》を除く5人は下車し、ヘッドライトに照らされたその姿を、取り囲むように観察した。全身赤毛に覆われ、尾はなく、妊娠しているかのような大きなお腹。顔は細長く、女性のような長い髪で、眉と目は人間に似ているが、口は突出していた。1人が投げた石が臀部に命中すると「野人」は起き上がり、林の中へと消えていったという。

党委員会の幹部という立場にある人間が、複数で同時に至近距離から目撃したとされるこの事件は、人々に衝撃を与えた。中国科学院古脊椎動物古人類研究所は、同年6月15日に黄万波《こうばんは》らを現地に派遣し、調査を開始。そのさなかの6月19日にも、龔玉蘭《きょうぎょくらん》という現地女性が2メートル以上ある男の「野人」に遭遇し、笑いながら追いかけられる事件が発生している。

同年9月には、ついに中国科学院を中心とした総勢27名の調査隊「鄂西北《がくせいほく》奇異動物考察隊」（鄂は湖北の別称）が結成され、約2ヶ月間、神農架林区を中心に現地調査を実施。過去160人が、54の事件で、のべ62頭の「野人」を目撃したデータを収集した。

翌1977年には110名の調査隊が神農架へ入り、断続的に約一年間にわたって活動。足跡や体毛らしきものを発見し、目撃情報も大量に寄せられた。

1980年5月に3度目となる調査隊を結成。特にこの年は『人民日報』『光明日報』といった党の機関誌や全国新聞、海外の媒体でも大々的に喧伝されている。日本からは、京都大学霊長類研究所の和田一雄研究員も参加するフジテレビ取材班が、海外メディアとしては唯一、調査隊に同行取材している（その模様は同局の年末特番として放送）。多くの目撃談、足跡や糞便、竹で編んだ寝床（？）の発見という収穫があったが、国家レベルの調査隊は、これが最後となった（実際、中国科学院の中には「野人」否定派も多かった）。以後、1981年設立の民間団体「野人」考察研究会や、個人のマニアなどが、細々と研究を続けていくこととなる。

ヒトとサルの中間？「野人」
笑い、二足で走る
足跡や体毛など採集
中国・湖北省

日本の『朝日新聞』1980年1月4日の記事で紹介された「野人」。この年は日本の主要紙も、こぞって中国の「野人」調査を報じた。

■騒動の背景

「野人」調査隊の主要メンバーだった華東師範《かとうしはん》大学の生物学者、劉民壮《りゅうみんそう》は、論文「沿着奇異的脚印――鄂西北山区〝野人〟考察」（『百科知識《ひゃっかちしき》』1979年第2期）の中で、古代から「野人」が実在する傍証として、『山海経《せんがいきょう》』など中国の古文献に載る怪物たちの記述を引き、その類似を指摘している。「野人」

『山海経』に見える梟陽国

の再現図も初掲載され、以後、その形象は中国内外の媒体で繰り返し引用され、定着していく。

劉は同論文の中で「野人」の正体を、サルから人にいたる人類進化の過程で未発見の「ミッシングリンク」だと推測。その発見はダーウィンの進化論や、エンゲルスの「労働が人間をつくる」という思想（『猿が人間になるについての労働の役割』1876年執筆）を裏づける有力な証拠となり、人類学・生物学研究に革命を起こすだろうと論文を結んでいる。同様の主張は、当時の関係者の発言記録や、関連文献、子供向けの科学漫画でも多々見られ、「野人」研究は思想面からも意義が大きいと考えられていたことがわかる。国を挙げた「野人」調査の動機を考える上で、これは重要なポイントだ。折しも1979年は、北京原人の頭蓋骨化石が発見されてから50周年にあたり、「野人」と関連づけて取り上げられることも多かった。

メディアとの関係も無視できない。文革期に休刊していた『北京晩報』は、1980年2月に復刊すると、翌3月に「野人の謎」と題した記事を連載。同紙はたちまち大人気となってプレミア価格がついたという。以後、大新聞も追随するように「野人」記事を掲載していくが、庶民はおそらく、長い文革期には享受できなかった「娯楽」として、それらを消費していたのである。

また、加熱する「野人」報道は、文革の終結・四人組裁判という国内政治の混乱期にあって、結果的に他の大きな話題を国内外へ提供することにもなった。ちなみに最初の「野人」調査隊の結成は、時の最高指導者、毛沢東死去（1976年9月9日）からわずか2週間後（9月23日）のことである。

■終わらない伝説

中国を震撼させた「野人」とは、何だったのか？
少なくとも、すべての発端である1974年の殷洪発の事件については、実は既に結論が出ている。殷が持ち帰った謎の毛髪は、鑑定によってレイヨウの一種のものと判明済みだ。さらに、当時鑑定を担当した中国科学院の馮祚建《ふうそけん》は、2007年に中国中央テレビの取材を受け、後年、殷洪発自身が「あれは子供が外で夜遊びをしないように脅かすための作り話だった」と告白していた事実を証言している。

1997年発売のビデオCD『神農架〝野人〟探奇』ジャケット。仕掛け人の李愛萍は、1974年の最初の事件を世に広めた李建の娘である。彼女が父の遺品整理の際に見つけたという「雑交野人」の映像は、「野人」考察研究会会員の王方辰が1986年に撮影したもの。

1976年の6人の共産党幹部による目撃事件も、深夜に及ぶ会議に出席した帰りのことであり、運転手の蔡が進路前方の動物に気づいて声を上げるまで、ほかの5人は皆眠っていたことがわかっている。その後、5人は下車して「野人」に接近するが、唯一ずっと眠らずに覚醒していた蔡は運転席に残っている。そのような状態の人々が、暗闇の中、どれだけ正確に状況を把握できたかは疑問が残るところだ。

それ以降に収集された目撃談も、「人を見て笑う」など、『山海経』の「梟陽国《きょうようこく》」をはじめ、古来語られてきた山の妖怪イメージに影響されたものが目立つ。人間女性と「野人」とのハーフといわれる「猴《こう》娃《あい》」の報道も当時は話題になったが、これも中国の六朝《りくちょう》志怪《しかい》小説『捜神記《そうじんき》』の「猳國《かこく》」や、唐代伝奇《とうだいでんき》小説『捕江総白猿伝《ほこうそうはくえんでん》』などに見られる、異類婚姻・混血児の出産という古典的なモチーフの現代的焼き直しである。

20世紀末に、神農架観光の広告塔として再び「野人」が脚光を浴びた際にも、人間と「野人」の間の子とされる「雑交野人《ざっこうやじん》」の映像がメディアを賑わせたが、これも1997年末に遺骨鑑定をおこない、異常はあるが純然たる人間との結果が出ている。

最初期から調査に関わった黄万波は、当時はギガントピテクスの生き残り説を唱えていたが、近年の著書『神農架野人伝奇』（科学出版社、2013年）でそれを撤回。現代の「野人」の噂とは、数百年前まで現地に生息し、人々に目撃されていたオランウータンの姿が今に語り継がれている、一種の「太古の記憶」によるものではないかと結論づけている。

もちろん、未解明の謎も多い。しかし、総じて現代の「野人」騒動とは、神話伝説や文学に源流を持つ物語や形象が、その時代の政治的・社会的要請により、新たな存在意義を与えられて再生産された現象だったと言えよう。

神農架は2016年7月に世界遺産に登録され、同年8月には「野人伝説」が湖北省非物質文化遺産に登録された。近年は「野人」映画が何本も作られ、神農架観光のARアプリでは、拡張現実の中で「野人」探検も可能だ。時代に求められる限り、「野人」の物語は何度でも蘇るだろう。（中根研一）

【参考文献】

黄万波、魏光飈、王頠、湯啓鳳『神農架野人伝奇』（科学出版社、2013年）
杜永林『野人——来自神農架的報告』（中国三峡出版社、1995年）
劉民壮編『神農架〝野人〟科学考察論文集』（華東師範大学生物系自然弁証法教研室進化論教学組印、1982年）
劉民壮『中国神農架』（文匯出版社、1993年）
CCTV「走近科学」番組制作班『野人之謎全記録』（上海科学技術文献出版社、2009年）
「走遍中国」創作組『国家地理・神秘中国　神農架野人』（吉林文史出版社、2009年）
宇留田俊夫、南川泰三『ドキュメント　野人は生きている　中国最後の秘境より』（サンケイ出版、1981年）
周正著／田村達弥訳『中国の野人 類人怪獣の謎』（中公文庫、1991年）
中根研一『中国「野人」騒動記』（大修館書店あじあブックス、2002年）
中野美代子『中国の妖怪』（岩波新書、1983年）
「走近科学」「神農架野人調査」（中国中央テレビCCTV10、2007年4月30日～5月5日放送）
「走遍中国」「神農架野人追踪（上）・（下）」（中国中央テレビCCTV4　2012年7月18・19日放送）

【UMA事件23】

チャンプ

Champ
05/07/1977
Lake Champlain, USA

チャンプは、アメリカのバーモント州、ニューヨーク州とカナダのケベック州の境に位置するシャンプレーン湖に生息するとされるUMAである。

大きさや外見は証言によってまちまちだが、後述するサンドラ・マンシが撮影した写真のイメージから「北米大陸のネッシー」と呼ばれることもあり、オゴポゴと並ぶ北米の代表的な水棲UMAとして知られている。

地元の人気者UMA

チャンプは地元では観光資源として人気があり、ニューヨーク州側のポート・ヘンリーでは毎年夏の日曜日に「チャンプの日」というお祭りイベントを開催している（ちなみに2018年は7月15日）。またバーモント州のマイナーリーグ球団はその名前からして「バーモント・レイク・モンスターズ」であり、マスコットキャラクターは当然、緑色の恐竜のような外見をしたチャンプである。

チャンプの目撃の記録はシャンプレーン湖の名前の由来となっているフランス人探検家サミュエル・ド・シャンプランの1609年7月の日誌にまでさかのぼり、そこで彼は湖で長さ6メートル、太さは丸太ほどの蛇のような体に馬に似た頭部をもつ生物を目撃したというエピソードが紹介されることがある。しかし、これは１９７０年夏に地元で出版された雑誌「バーモント・ライフ」が初出の誇張された「伝説」にすぎない。シャンプランは実際には日誌の中で体長1・5メートル、太さは自分の太ももくらいの「魚」をシャンプレーン湖で目撃したと記述している。またそこで現地住民がこの生き物を「Chaoufaou」と呼んでいたとも記している が、これはいわゆるガー（とりわけロングノーズ・ガー）を指す言葉であり、シャンプランが目撃したのはチョウザメやガーといった既知の魚であるとジョー・ニッケルらは主張している。

■19世紀以降に目撃が相次ぐ

チャンプの本格的な目撃報告が行われるようになったのは19世紀以降であり、１８１９年にシャンプレーン湖で体長約57メートルの「海馬」型の怪物を目撃したという話が新聞で報じられたのがきっかけであるとされる。平たい頭部には歯が三本、大きな目は「皮をむいた玉ねぎ」の色をしていたという。

その後多くの目撃報告がなされたが、怪物の大きさや色、あるいはヒレや角の有無、耳などの形状などは報告ごとにまちまちで、そもそも形状にしてからが大蛇、大きなニューファンドランド犬、素早く進むスチームヨット、馬、マナティー、潜水艦の潜望鏡、鯨……などなど多様に語られている。

アメリカの見世物興行師のP・T・バーナムもこの怪物に大いに興味を示し、１８７３年と１８８７年の二度にわたり「シャンプレーン湖の大海蛇」に生死を問わず5万ドルの懸賞金をかけたが、チャンプを捕えたと名乗り出るものはいなかった。

■マンシの写真

20世紀に入ってからもチャンプの目撃は続き、１９７７年7月5日には「チャンプの実在を示す最良の証拠」としてよく知られる、サンドラ・マンシ

シャンプレーン湖の位置

【上】チャンプ実在の最良の証拠とされる「マンシの写真」。1977年7月5日にサンドラ・マンシが撮影した。専門家らの鑑定では写真にフェイクの痕跡は見当たらないという。（※CSI「New Information Surfaces on 'World's Best Lake Monster Photo,' Raising Questions」より）【右】地元に展示されたチャンプの像（©Jennifer Morton）

によるチャンプ写真が撮影されている。この日、サンドラは家族とともに湖を訪れていた。2人の子どもが岸辺で水遊びをしていたところ、岸辺から45メートルほど先の水面になにかがいるのがサンドラには見えた。彼女ははじめそれが魚群かダイバーかと思ったという。やがて「それ」は水面から1・8メートルほどの首と頭部を突きだした。サンドラの婚約者トニーはあわてて子どもたちに水から上がるように言い、サンドラたちは近くに止めてある車に戻った。サンドラはトニーが車から取りだした彼女のカメラを受け取ると、「それ」の写真を撮った。目撃は5、6分間続いたが、怪物はサンドラたちに頭を向けることはなかったという。やがて怪物の首が水面に沈み、見えなくなった。サンドラは「写真に写っているものがまさに自分が見たものそのままです」と語っている。

サンドラたちは当初この目撃と撮影した写真については公開していなかったが、4年後に公表されるとたちまち大きな反響を呼んだ。写真に対してはさまざまな分析が行われたが、フェイクであるという証拠は発見されず、ネッシーの「外科医の写真」が1994年にフェイクであると報じられた後は湖の水棲UMAの実在を示す最も有力な証拠写真であるとする未知動物学者たちもいる。

その後もチャンプの目撃報告は続いており、1980年代後半にはシャンプレーン湖に接するニューヨーク州とバーモント州ではチャンプを傷つけたり殺したりすることを禁じる州法が成立している。

■チャンプの正体は？

チャンプの正体については、未知動物学者ロイ・マッカルはサンドラ写真の長い首と頭部の形状からネッシーなどと同様のプレシオサウルスとも、あるいはまた他の湖のUMAの正体としてしばしばあげられる原始的クジラ類のバシロサウルス（ゼウグロドン）の可能性も指摘している。

一方、目撃報告の内容のバラつきから、チョウザメやガー、あるいは鹿（チャンプは「鹿のような」角を持つという報告が複数存在する）といった既知の生物の誤認説もある。

サンドラの撮影したチャンプ写真については、さまざまな既知の動物や鳥、魚などがその「正体」であるという主張もなされているが、ここでは流木説を紹介したい。

ベンジャミン・ラドフォードとジョー・ニッケルはサンドラ・マンシへの聞き取り調査から、彼女のチャンプ写真の撮影場所を特定したが、その岸辺から45メートル先の湖の水深は4メートルしかなかった。ニッケルたちは調査の中でサンドラが嘘をついているとは思えなかったといい、彼女がなにかを目撃し、写真に収めたのは間違いがないと考えた。ニッケルらは水深の問題からすると「それ」が大型の水棲生物である可能性は低いとし、シャンプレーン湖では珍しくない流木がその正体ではないかと推測している。ニッケルは現地で見つけた、サンドラの証

【画像1】ベンジャミン・ラドフォードが作成した流木の模型。水上に出た部分だけを見ると、水面から顔を出した首長竜のように見える。

【画像2】しかし、水中に目を向けると正体は水に浮いた流木だった。ベンジャミン・ラドフォードとジョー・ニッケルは目撃地点での水深が4メートルしかなかったことなどから、マンシの写真に写った怪物の正体は、流木ではないかと考えた。（写真①②ともに ©BRad06）

言とほぼ同じ大きさの1・8メートルほどの流木を実際にシャンプレーン湖で撮影してみせている。

なお、サンドラ・マンシは2018年3月31日にガンにより74歳で死去した。ローレン・コールマンはかつてサンドラへのインタビューの中で彼女が「今でも怪物を目撃したときのことを夢に見てうなされることがある」と語っていたと記している。

（小山田浩史）

【参考文献】
Benjamin Radford, Joe Nickell『Lake Monster Mysteries』(The university Press of Kentucky,2006)
Loren Coleman,Jerome Clark『Cryptozoology A to Z』(Touchstone, 1999)
Robert E. Bartholomew『The Untold Story of Champ: A Social History of America's Loch Ness Monster』(Excelsior/State University of New York Press, 2012)
※ Loren Coleman Cryptozoonews「Champ Photographer Sandra Mansi Dies」

【UMA事件24】

ドーバーデーモン

Dover Demon
21/04/～23/04/1977
Massachusetts, USA

1977年4月21日から2日間だけというほんのひと時、米国マサチューセッツ州の高級住宅街ドーバーに現れた謎の生物「ドーバーデーモン」。出現時期が極端に短いだけに目撃者もまた数人しかいないが、同じような生物を独立に見たと証言したため、現在まで40年も語り継がれる謎のUMAのひとつとなっている。

■最初の目撃例

ドーバーデーモンが最初に目撃されたのは、21日の午後10時半ごろのことだった。当時17歳だったウィリアム・バートレットという青年が、2人の友人とドライブを楽しんでいたところ、車のヘッドライトにオレンジ色に光るビー玉のような目を持った、西洋ウリのような頭をした生き物が突然浮かび上がった。ほんの数秒間の目撃だったが、体毛はなく、きゃしゃな首にひょろ長い手足、そしてその長い指で下の岩をしっかり掴みながら移動していたという。

次の目撃はその2時間後に約2キロ離れた地点で起きた。ガールフレンドの家から歩いて自宅に帰ろうとしていた15歳の少年ジョン・バクスターが、暗闇の中で8の字のような形をした頭を持つ生物が、木につかまり立ちをしている姿を目撃した。最後の

ドーバーデーモンの想像図（CG：横山雅司）

目撃はその翌日の23日午前0時すぎに起きた。18歳のウィル・ティンターがガールフレンドを家へと送る途中に、赤褐色がかったベージュ色の肌で楕円形の頭をした生物が、道路脇にしゃがみこんでいるのを目撃した。ライトを浴びて丸い目がオレンジ色に光っていたという。場所はバクスターの目撃から4キロほど離れた地点だった。

これら一連の目撃の一週間後に、たまたまドーバーを訪れていた未確認動物研究家のローレン・コールマンがこれらの事件を知り、さらに5月に入って新聞やテレビが大きく取り上げて報じたことから、ドーバーデーモンは有名な事件となった。

■考えられる正体は？

その正体については、宇宙生物だとか実験室から逃げ出した特殊なサルではないかと言われ、中には目撃者がみな10代であったために、ティーンエイジャー固有のほら話に違いないと記事に書いた地元紙もあった。
根拠の示しようのない超常的な説明を除いて一番もっともらしいと思える説は、米国の超常現象研究家マーティン・コットメイヤーが唱えた「ヘラジカの赤ちゃん」説だろう。アメリカヘラジカの赤ちゃんは、細い手足に8の字風のムーミンみたいな顔をしていて、ドーバーデーモンの目撃者が描いたイラストに確かによく似ている。コットメイヤーは、4月に生まれたばかりのヘラジカの赤ちゃんが、たまたま森から顔を出したところを目撃されたのではないかと見ている。

ヘラジカの子ども（©Anton Foltin/shatterstock）

「マサチューセッツ州の東側にヘラジカはいない」としてこの説を否定する向きもあるようだが、マサチューセッツ州全域には200～300頭のヘラジカがいると見られている。またドーバーから20キロも離れていない州東部にあるボストン近郊でもヘラジカは目撃されている。
ちなみに最初にドーバーデーモンを目撃したバートレットは、地元紙「ボストン・グローブ」から2006年にインタビューを受けている。画家として大成し、2人の子持ちとなっていた彼は地元紙の取材に対して「間違いなく何かを見た」と答えており、30年近く経った後でもその目撃内容を変えることはなかった。

（皆神龍太郎）

【参考文献】
並木伸一郎『未確認動物UMA大全』（学習研究社、2007年）
並木伸一郎『モンスターUMAショック』（竹書房、1994年）
Martin Kottmeyer「Demon Moose」『The Anomalist』(No.6 Winnter, 1998)
Loren Coleman『Mysterious America』(Faber & Faber, 1983)
George M. Eberhart『Mysterious Creatures Volume One』（CFZ Publications, 2010）
「Decades later, the Dover Demon still haunts」『The Boston Globe』(October 29, 2006)

【UMA事件25】

ニューネッシー

New Nessie
25/04/1977
off the coast Christchurch, New Zealand

ニューネッシーは、ニュージーランドのクライストチャーチの南東約105キロ沖（南緯43度57分、東経173度48分の海上）で引き揚げられたUMAの死骸。

体長は約10メートル。小さい頭に長い首、太い胴体、前後に大きなヒレを持つとされる。

■引き揚げから投棄されるまで

ニューネッシーは、1977年4月25日、午前10時40分頃、先述の海域でホキ漁をしていた大洋漁業のトロール船「瑞洋丸」によって引き揚げられた。

引き揚げ時は、ひどい悪臭を放ち、全身が白い脂肪のようなもので覆われていたが、それが溶けてポタポタと甲板に垂れるような状態だったという。

その異様な光景から、「漫画に出てくる怪獣に似ている」と一部の船員達の間で騒ぎになった。しかし他の船員達は「大きな亀だろう」と言い、ベテランの甲板長も「亀だ」と言ったことから大して重要だとは思われず、衛生管理上の理由もあり、海に投棄されてしまった。

ただし、その投棄される直前、一緒に乗り込んでいたトロール事業部製造課長代理の矢野道彦氏が数枚の写真を撮影。骨格もスケッチ。さらにヒレの先

デッキで吊り上げられたニューネッシー（出典：『瑞洋丸に収容された未確認動物について』）

についていたヒゲ状物質を40本ほど引き抜き、保存していた。

■報道されたニューネッシー

鮮明な写真と詳細に観察されたスケッチ、物的証拠となるヒゲ状物質までもが公開されたことにより、日本では新聞などでも取り上げられ大きなニュースになった。77年当時に物心がついていた方なら、当時の騒動を覚えておられるかもしれない。

関心が集まれば、もちろん、その正体についても様々な説が飛び交うが、最終的にはウバザメ説とプレシオサウルス説が残るようになった。

このうちUMAを扱った本の中では、大抵、プレシオサウルス説が支持され、ウバザメ説は否定されるパターンが多い。

けれども本当にウバザメ説は、そのように否定されてしまう説なのだろうか？ ここからはそうした否定の根拠を具体的に取り上げ、検証していく。

ニューネッシーの前ビレにあったというヒゲの実物写真。長さは25～30センチで直径は1～2ミリ。アメ色をしている。（出典：『朝日新聞』1977年7月22日付夕刊）

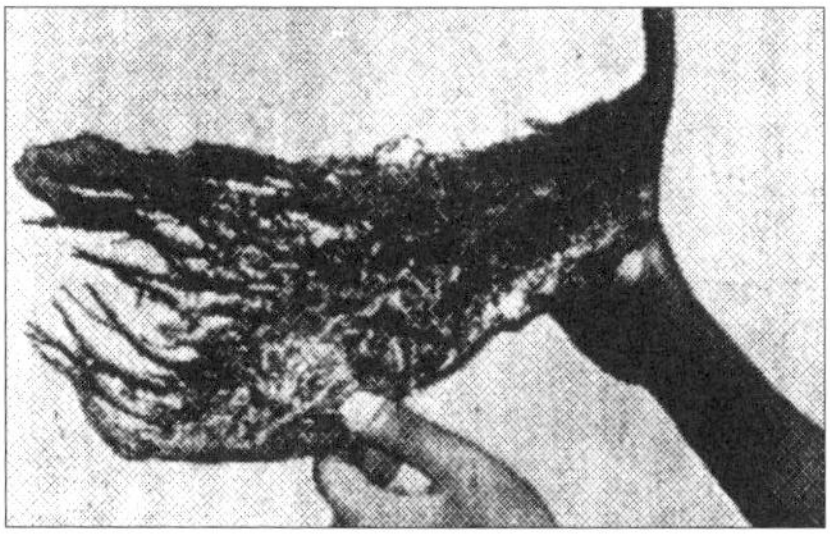

ウバザメの前ビレにあるヒゲの実物写真。軟骨の先端部がヒゲ状の繊維質になっている。ほぐすとバラバラになり、長さも直径も色もニューネッシーのヒゲと同じになる。（出典：『朝日新聞』1977年7月29日付朝刊）

■ウバザメにヒゲはない？

ニューネッシーには、矢野氏がヒレから引き抜いて保存したヒゲのようなものがあった。しかし、ウバザメにはそのようなヒゲはないとされる。

これは、単にウバザメを外から見た場合はそのとおり。けれども問題の「ヒゲ」は、ウバザメのヒレの外についているものではなく、実は皮膚の内側に存在している。私たちに馴染みのあるものでいえば、中華料理に出てくる「フカヒレ」の部分がそれにあたる。

ニューネッシーは全身の多くが腐敗しており、皮膚もほとんどなくなっていた。その結果、普段は見えない皮膚の内側部分が露出することになったと考えられる。

ちなみにニューネッシーのヒゲを見たサメの専門業者やフカヒレの加工貿易業者は、形といい、大きさといい、ウバザメのヒゲとそっくりだと証言している。ヒゲの存在はウバザメ説を否定するものではなく、むしろ支持する証拠なのである。

■赤い肉や白い脂肪はない？

「赤い肉」や「白い脂肪」も、ニューネッシーにはあってウバザメにはないとされるが、これも誤解。

東京大学医学部の神谷敏郎氏は、1977年11月に福島県の小名浜で陸揚げされた全長9メートルのウバザメを詳しく観察し、日本板鰓類研究会で報告している。

その報告によれば、ウバザメの頭部から尾部にかけては、3～5センチの赤肉と、その下には白肉の層があり、これらは生理学でいう赤筋と白筋であることが確認されたという。

さらに皮膚は非常に薄く、腐敗して剥げ落ちると、白い層から粘液状のものがしたたり落ちることも確認されたと報告している。

■後ろにも2つのヒレがあった？

サメ類のオスには腹ビレが変化した「クラスパー」と呼ばれる交尾器が2つ付いている。もし瑞洋丸が引き揚げた死骸がサメのオスだった場合、そのクラスパーを後ろのヒレと見間違えた可能性がある。

ニューネッシーのヒレのようなものは長さが約1メートルだったとされているが、全長が同じくらいのサメのクラスパーは、同様に約1メートルであることも確認されている。

■謎のブロック状の骨

矢野氏によるニューネッシーの絵には、首と尾にブロック状の骨が描かれている。ところがこうした四角い骨は、ウバザメには存在しない。

そこでこの点について、筆者（本城）が矢野氏ご本人に取材して確認したところ、次のことがわかった。

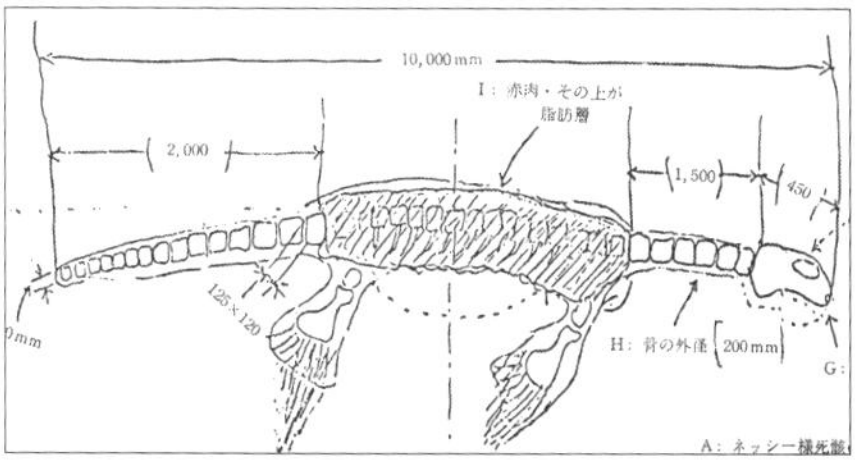

【左】矢野道彦氏によるニューネッシーの骨格のスケッチ。首から背中、尾にかけての骨が四角になっている。

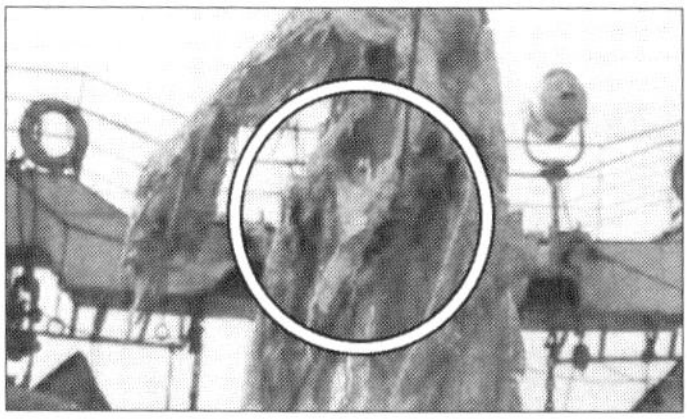

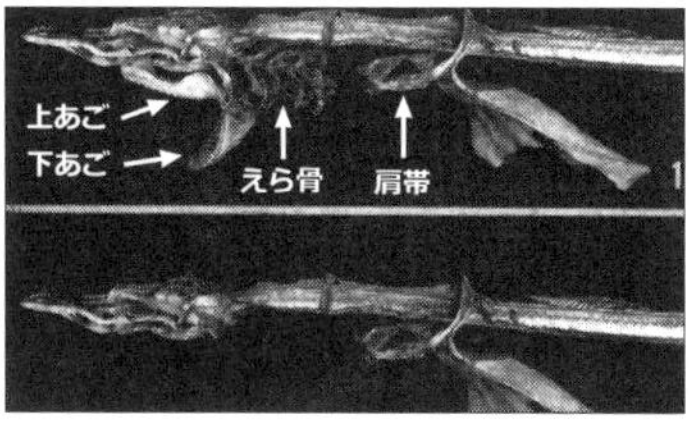

【上左】丸く囲ったところにY字型の骨のようなものが見える。これはサメ類の肩帯と一致する。
【上右】ウバザメと似たホシザメの骨格を使い、もしアゴとえら骨が脱落したら、どう見えるのかを比較した写真。下ではニューネッシーのような長い首が確認できる。（画像３点とも出典：『瑞洋丸に収容された未確認動物について』）

まず問題の絵は直接ニューネッシーを見ながら描いたものではなく、海に遺棄されてから船室で日誌に描いたものだったという。さらに骨格は直接、目で見て確認したわけではなく、体の上から足で踏んだ際の感触によって想像して描いたものなのだという。

そのため首や尾の骨も四角い形をしていたのかと問われれば不明であり、「実際どんな形をしていたのかはわかりません」とのことだった。

そもそも矢野氏は問題の絵をそれほど重要だとは考えていなかったそうで、帰国した際には船に置いたままにしていったくらいだったという。それが後に新聞やテレビで取り上げられるようになった結果、重要な証拠であるかのようにみなされていってしまったようだ。

■ウバザメ説を支持する証拠

このようにウバザメ説の否定論は根拠が弱い。一方で支持する証拠はどうだろうか。

有名なのは、ヒゲのアミノ酸鑑定結果がウバザメとほぼ一致するというものだが、実は他にも複数ある。

たとえばニューネッシーの写真には、胸のあたりに特徴的なY字型の骨のようなものが見える。これはサメ類の肩帯とよく一致する。

またサメ類の頭部にある上アゴと下アゴ、それにエラ骨は腐敗したりすると外れやすく、それらが外れてしまった状態は、ニューネッシーの長い首とそっくりである。

実際、福島県・小名浜港の解体業者、高津惣吾氏は、陸揚げされたウバザメを使い、アゴとエラがなくなった状態を再現している。その姿はニューネッシーと区別がつかない。

また、ニューネッシーの引き揚げから約1年後の1978年3月24日には、同じ海域で同じような死骸が宝幸水産のトロール船、第3新生丸によって引き揚げられている。この時は頭蓋骨や背骨の一部が

【上】小名浜港でニューネッシーそっくりに再現されたウバザメ。腐敗していない状態でもこれだけ似ている。（出典：『朝日新聞』1977年11月13日付朝刊）

日本に持ち帰られ、東京水産大学で鑑定が行われた。その結果、「間違いなくサメでウバザメに非常に近い」ということが判明している。

さらに決定的なのは、東京医科歯科大学の永井裕教授によって行われた免疫検査である。永井教授はモルモットの皮膚に、ニューネッシー、ウバザメ、比較のためにウミヘビやオタマジャクシなど計10種のコラーゲンを注射して、その免疫反応を調べた。

すると、ニューネッシーのコラーゲンを与えたモルモットはウバザメのコラーゲンに反応し、ウバザメのコラーゲンを与えたモルモットはニューネッ

シーのコラーゲンに反応した。これは2つの物質が同一であることを示している（比較のために行った他の様々な生物の抗原に対してはまったく反応は起こらなかった）。
　また血球凝集反応をみる実験でも、ウバザメとニューネッシーのコラーゲンは同一だという結果が出ている。
　このようにウバザメ説は複数の証拠によって導かれた説である。決して貧弱でもなければ、無知な学者が苦し紛れに唱えている説でもない。今後はこうしたことがさらに知られ、誤解や先入観による否定が減ることを筆者は願っている。

（本城達也）

【参考文献】

「瑞洋丸に収容された未確認動物について」（日仏海洋学会、1978年）
「ナゾ深まる〝南海の怪獣〟一部でも欲しかった」『読売新聞』（1977年7月21日付朝刊）
「〝怪獣〟ヒレの一部があった」『読売新聞』（1977年7月21日付夕刊）
「夢広がる海の怪獣―伝説の恐竜浮上か」『朝日新聞』（1977年7月22日付夕刊）
「怪獣はウバザメの類――ネッシーの本場で専門家」『読売新聞』（1977年7月25日付朝刊）
「唯一の物証〝ヒゲ〟を分析」『毎日新聞』（1977年7月25日付夕刊）
「サメのひれに似る」『朝日新聞』（1977年7月25日付朝刊）
「ウバザメみたいですなぁ――フカヒレ業者の目には『写真もヒゲもそっくり』」『朝日新聞』（1977年7月25日付朝刊）
「日本板鰓類研究会会報 第3号」（日本板鰓類研究会、1978年6月）
矢野憲一『鮫』（法政大学出版局、1979年）
仲谷一宏『サメのおちんちんはふたつ』（築地書館、2003年）
本間義治・黒田長久『図解脊椎動物の解剖』（西村書店、1983年）
「『正体はウバザメだ』解体二十年のプロが指摘」『朝日新聞』（1977年7月29日付朝刊）
「〝怪獣〟のヒゲは『サメ』――精密分析、ほぼ確定的」『朝日新聞』（1977年8月6日付朝刊）
「地元誌に『ウバザメ説』寄稿」『朝日新聞』（1977年9月20日付朝刊）
「ニュージーランドの〝怪獣〟――やはりウバザメだった」『朝日新聞』（1977年9月20日付朝刊）
「ウリ二つ いやサメ二つ」『朝日新聞』（1977年11月13日付朝刊）
「〝南海の怪獣〟騒動、ナゾ残して幕」『朝日新聞』（1977年12月16日付朝刊）
「ニューネッシーの夢に〝断〟――免疫検査でも『ウバザメ』確認」『朝日新聞』（1978年6月5日付朝刊）
「〝南海怪獣〟2号はサメ」『朝日新聞』（1978年8月11日付朝刊）

【UMA事件26】

イッシー

Issie
03/09/1978
Kagoshima, Japan

「池の主が出た！」

1978年9月3日、鹿児島県指宿市・池田湖湖畔のとある民家では、法事のため、親戚一同が集まっていた。夕方6時すぎ、その家の10歳の長男が戸外で遊んでいるうちに湖の方を見て叫んだのである。

その声に飛び出した20人ほどの目の前の湖で、水面から高さ40、50センチほどの山形の真っ黒いコブが二つ、5メートルの間隔を置いて、あたかも「泳いで」いるかのように移動し、2、3分ほどで水中に消えた。その間、湖面は「ざわざわしていた」という。

それがきっかけとなって、池田湖で怪物を目撃したことがあるという報告が続々と集まってきた。初期の目撃例はそれから30年ほども前に遡ったという。それまで目撃者たちは誰にも信じてもらえないから口をつぐんできたのだった。

■写真や動画も撮影

指宿市観光協会ではイッシー対策特別委員会を設置、展望台に無人カメラを設置して怪物出現に備えた。

同じ年の12月には、池田湖の水中にいる帯状の長い物体をとった写真が観光協会に持ち込まれた。観

イッシーの想像図（CG: 横山雅司）

光協会ではこれを本物のイッシーの写真と認定、撮影者に賞金10万円を贈呈した。この写真はアメリカのUFO研究団体GSW（グラウンド・ソーサー・ウォッチ）でコンピュータ解析され、巨大な爬虫類が映っている可能性があると認められたという。

１９７９年５月には東京12チャンネル（現テレビ東京）の取材で魚群探知機による湖底探査が行われ、何らかの巨大な生物と思われる反応をとらえることもできた。

１９８０年代に入ってからはイッシーの目撃報告はいったん沈静へと向かう。ところが１９９１年１月、今度は長さ３、４メートルほどの怪物の背中と思われるコブ状突起がいくつも水面に出没しつつ進んでいく場面をとらえたビデオ動画がテレビで公開された。

指宿市役所観光課ではイッシー対策本部を新たに設置、目撃証言や写真、ビデオ動画などの受付を再開した。特に動画に関しては、白い波しぶきをあげて動く物体や水面のすぐ下を進む黒い影のような物体などが映ったものなども寄せられたという。

　1991年8月21日放送の『おはよう！　ナイスディ』（フジテレビ系）では、池田湖の湖底に巨大な生物がいることを示す魚群探知機のグラフなるものも公開された。

　なお、地元の郷土史家・中川路九萬一が1942年6月に著した『薩摩半島史蹟名勝寫眞帖』という文献には、池田湖畔の新永吉（現指宿市池田新永田）方面での話として次のような怪異が語られている。

「此の部落の湖畔には時々三尺ばかりの大鯉が胴体の中央からプッツリと切断されてまだまだ溌溂と生きながら打ち寄せて来るそうで此処の部落民は之れを捕えて喰べるそうだが此の不思議な所業こそ如何なるものの仕わざであるか昔から不可解な謎として今に之が正体を発見し得ないと云う。而して雨のそぼ降る夕暮になると此の部落の前方湖水の中央に畳十枚敷位の島が突然現れるそうで之れ又如何なる動物であるか、今日迄此の正体を発見し得ず一の謎になっている。

当地辺では此の不思議な動物こそは何千年も此の池に住んでいる大蟹で雨模様になると水上に泳ぎ揚って甲を水面に現わすのではないか、そして大鯉が胴体の真ん中から切断されて浮き上るのは此の大蟹が鋏で切るのではないかと云い伝えられているが今に其の真偽は判然しないと云う」（旧字・旧仮名遣いを修正、句読点一部補完）

　この伝説がイッシーのことだとするとその出現は昭和初期まで遡ることになる。

■物的証拠はないに等しい

　地元紙・南日本新聞で1978年9月3日の「池の主」目撃を扱った第一報には、すでに「池田湖に出る怪獣だからさしずめ〝イッシー騒動〟ということか」とあり、イッシーという通称が出現とほぼ同時に広まったことがうかがえる。

　GSWによる写真のコンピュータ解析は当時の技術でもともと不鮮明な被写体をどこまで復元できた

かは心もとない。また、東京12チャンネルやフジテレビによる魚群探知機での探査結果にしても、魚群探知機は周囲の水と音波の反射率が違う物体なり環境なりをとらえて造影するものだから反応があったからといって動物とは限らない。

イッシーの正体について、空想的な説としては、巨大爬虫類説の他に、突然変異を起こしたオオサンショウウオのような巨大両生類という説、中川路九萬一が池田湖の幻の島の正体として記した巨大なカニという説、70年代のイッシー目撃ラッシュと同時期に湖面で奇妙な光を見たという証言もあったことから湖底の基地から発信するUFO（この場合はエイリアンクラフトの意味）だとする説、全長15メートル級の巨大なヒルだという説などもあった。しかし、いずれも未知のものを説明するために新たに未知の存在を持ち出す態の話にすぎない。

1978年に撮影されたイッシーの写真
（ムー特別編集『世界UMA大百科』より引用）

１９７０年代は湖水が強い酸性だった屈斜路湖と違い、１９７０年代の池田湖は豊かな生態系に恵まれていた。池田湖では2メートル近いオオウナギ（ウナギ目ウナギ科）が生息しており指宿市天然記念物に指定されている。また、ソウギョ（コイ目コイ科）やハクレン（コイ目コイ科）など容易に1メートル以上に成長する外来種も放流され、繁殖したこともある。１９７９年の東京12チャンネルの湖底調査では大型のスッポンやコイの生息も確認された。このように池田湖には既知の大型の動物が多数いるものと推定される。そのため、イッシーの正体を大型魚もしくは魚群の誤認とみなす説は根強くある。一応は有力な説と認めてよいだろう。

また、宇留島進氏は、池田湖に周囲の山から吹き下ろす風や、水面を群れなして進む水鳥が起こす波の干渉や、水面から飛び立つ水鳥が起こす波面などが、あたかも巨大な物体の進行のように見える「疑似イッシー現象」を確認している。イッシーを撮影したとされる写真や動画には、これらの現象が映りこんだものもあると推測できる。

さて、1970年代の日本では、池田湖や屈斜路湖以外でも湖の怪物の目撃報告がなされた例がある。池田湖のイッシーと、他の湖での事例とを峻別する最大の特徴、それは1991年における劇的な再登場である。その原因はおそらく湖そのものより目撃者・撮影者の側にある。

1980年代末～90年代初頭は、九州自動車道（福岡・佐賀・熊本・宮崎・鹿児島各県縦断）が1995年の全面開通に向けて南へと延びている時期だった。すなわち自動車による南九州観光もさかんになった時期である。また、この時期、携帯用のビデオカメラも、急速に普及していた。

つまりは当時、池田湖を訪れて、その風景を動画に録る人が急増していたのだ。1991年の池田湖で、なんらかの奇妙な現象（と撮影者には思われたもの）が映りこんだ動画が多数報告されたのは、動画撮影件数自体の急激な増加が背景にあってのことと思われる。

（原田実）

【参考文献】
「見た?! 池田湖の主　湖面に山形のコブ二つ　20人が目撃　水面ざわめき沖へ」（『南九州新聞』1978年10月1日付朝刊）
星香留菜ほか『世界の未確認動物』（学習研究社、1984年）
南山宏『謎の巨大獣を追え』（廣済堂出版、1993年）
宇留島進『日本の怪獣・幻獣を探せ！』（廣済堂出版、1993年）
並木伸一郎『未確認動物UMAの謎』（学習研究社、2002年）
佐久間誠『UMA謎の未確認動物　科学的解析FILE』（ウェッジホールディングス、2010年）
『ムーSPECIAL　戦後日本オカルト事件FILE』（学研パブリッシング、2015年）
中川路九萬一『薩摩半島史蹟名勝寫眞帖』（私家版・1942年［指宿市立図書館蔵］）

【コラム】
北米のレイク・モンスター

山本　弘

　僕の小説〈MM9〉シリーズ（創元SF文庫）は、昔から怪獣が存在しているパラレルワールドが舞台。このシリーズの中では、過去に作られた怪獣映画や特撮番組の多くが歴史上の事実であるという設定である。また、我々の世界ではただの伝説だったり誤認だったとされているUMA目撃談も、この世界ではたいてい事実なのである。

　その中の一編、シリーズの番外編として書いた「夏と少女と怪獣と」（『トワイライト・テールズ　夏と少女と怪獣と』（角川文庫）に収録）は、米モンタナ州のフラットヘッド湖を舞台に、少年と少女の淡い初恋に、フラットヘッド・レイク・モンスター（100ページ参照）がからむ物語である。

　この小説を書く際に、フラットヘッド・レイク・モンスターについて調べたのはもちろんのこと、北米大陸全域のレイク・モンスターについて調べてみたが、その多さに驚いた。有名なのは、オカナガン湖のオゴポゴ、ウィニペゴシス湖のウィニポゴ、シャンプレーン湖のチャンプなどだが、それ以外にも、大きい湖にはたいてい「モンスターがいる」という話があるのだ。

　詳しく触れる余裕はないので、ざっと名前だけ挙げてみよう。

【カナダ】

　アネポゴ（プリンス・エドワード島）／イゴポゴ（シムコー湖）／ウィニポゴ（ウィニペゴシス湖）／オゴポゴ（オカナガン湖）／ガーシーエンディサ（オンタリオ湖）／キノスー（コールド湖）／キングスティ（オンタリオ湖）／クレッシー（クレセント湖）

／サスキポゴ（サスカチュワン湖）／シュワッギ（シュスワップ湖）／タホ・テッシー（タホ湖）／ツゥインコウ（カウイチャン湖）／テティス・レイク・モンスター（テティス湖）／ポニック（モッキング湖）／マグワンプ（テミスカミング湖）／マニポゴ（マニトバ湖）／ミシペシュ（スペリオル湖）／ムッシー（ムスクラット湖）／メンフレー（メンフレマゴグ湖）／レイク・ホパトコン・モンスター（ホパトコン湖）

【アメリカ合衆国】

アルカリ・レイク・モンスター（アルカリ湖）／アルタマハ・ハ（アルタマハ川）／イザベラ（ベア湖）／イリアムナ・レイク・モンスター（イリアムナ湖）／ウイリー（ウィロビー湖）／オーリイ（オーロガー湖）／オールド・グリーニィ（カユガ湖）／キプシー（ハドソン川）／シャーリー（パイエッテ湖）／スライミー・スリム（カスケード湖）／セネカ・レイク・モンスター（セネカ湖）／ターピー（ターポン湖）／チャンプ（シャンプレーン湖）／ティーディ（ティーディアスカング湖）／ビッグティム（ボールストン湖）／フィッシュ・ヘイヴァン・モンスター（フィッシュ・ヘイヴァン湖）／ベア・レイク・モンスター（ベア湖）／ベッシー（エリー湖）／ペピー（ペパン湖）／プレッシー（スペリオル湖）／ボゾー（メンドタ湖）／ホワイティ（ホワイト川）／レイスタウン・レイ（レイスタウン湖）

そのほとんどがネッシーのような長い蛇状のモンスター。他には大きな魚の話も多い。日本のタキタロウやナミタロウのようなものか。「でっかい魚を見た！」と吹聴する人間は世界中どこにでもいるということなのだろう。

ただ、中にはいくつか、蛇や魚とは違うモンスターの話もある。

●イールピッグ（ヘリントン湖）

赤塚不二夫『天才バカボン』には、イヌの父とウ

アメリカのレイクモンスター

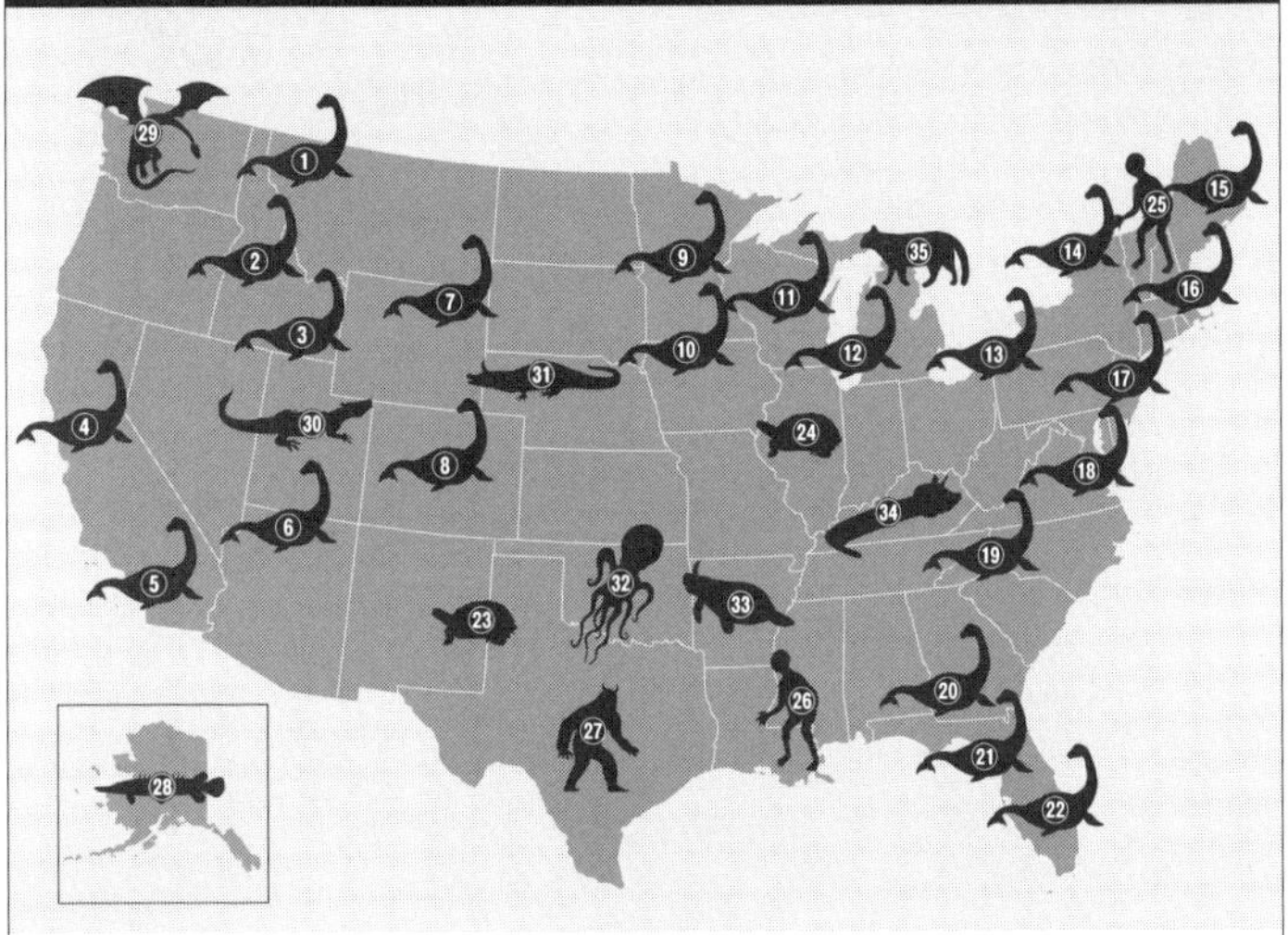

■ネッシータイプ
①フラットヘッド・レイク・モンスター
②シャーリー
③イサベラ
④テッシー
⑤ハムレット
⑥スキン・フィン
⑦スメッティー
⑧ブルー・ディリー
⑨ペピー
⑩オボジョキ
⑪ロッキー
⑫レイクミシガンモンスター
⑬ベッシー
⑭チャンプ
⑮ポコ
⑯グローセスター・シーサーペント
⑰キプシー
⑱チェッシー
⑲ノーミー
⑳アルタマハ - ハ
㉑ターピー
㉒ムック・モンスター

■巨大ガメ
㉓ディープ・ダイビング・タートル
㉔ビースト・オブ・ブスコ
■水棲人
㉕ザ・ホワイト・モンキー
㉖ハニーアイランド・スワンプ・モンスター
■ヤギ人間
㉗レイク・ワース・モンスター
■怪魚
㉘イリアムナ・レイク・モンスター
■羽根のある蛇ワニ
㉙レイク・チェラン・モンスター
■馬面ワニ
㉚ペピー
■ツノワニ
㉛アルカリ・レイク・モンスター
■巨大殺人ダコ
㉜オクラホマ・オクトパス
■ツノの生えた怪物
㉝ウィッティー
■巨大ブタウナギ
㉞イールピッグ
■水生お化けヤマネコ
㉟ミシェベシュ

※ ATLAS OBSCURA「The Lake Monster of America」などを参考に作成

ナギの母の間に生まれたウナギイヌというキャラクターが出てくるが、ケンタッキー州のヘリントン湖にいると言われているのは、ウナギのような胴体にブタのような頭があるイールピッグ（ウナギブタ）。長さ15フィート（4・5メートル）。

イールピッグ

●レイク・ワース・モンスター

テキサス州フォートファースの近くにあるワース湖のモンスター。身長7フィート（2・1メートル）。人間のような姿だが頭は山羊。毛皮とウロコの両方に覆われていて、水中に棲んでいるらしい。1969年に目撃騒ぎが起きた。怪物は木から飛び降りてきて、目撃者にタイヤを投げつけたという。

レイク・ワース・モンスター

●オスカー（ブスコの獣）

1948年、インディアナ州チュルブスコの街の近郊の湖で、2人の釣り人が目撃した大きな亀。おそらくカミツキガメで、体重は推定500ポンド（約230キロ）、甲羅がテーブルほどの大きさがあったと言われている。当時、大きな話題になって見物客が押しかけ、ついには湖の水を抜いてまで大規模な捜索が行われたが、発見されなかった。

チュルブスコの街は今でも「タートルタウン（亀の街）」という愛称を名乗り、亀をキャラクターにしている。毎年6月、タートルデイズというお祭りが開かれる。

●ハニーアイランド・スワンプ・モンスター

1963年、ルイジアナ州のハニーアイランド・スワンプという沼地で、退役した航空管制官ハーラン・フォードによって目撃されたモンスター。人型、二足歩行で、身長は7フィート（2・1メートル）。1980年のフォードの死後、彼が撮影した8ミリ・フィルムが遺品から発見され、テレビで公開された。なぜそんなものを生前に隠していたのかは不明。

いちおうその動画も観たが、遠すぎて細部が不明瞭なうえ、歩き方が人間そのまま。単に毛皮を着た人間のように見える。

●オクラホマ・オクトパス

オクラホマ州のサンダーバード湖に棲むと言われている大きなタコ。目撃例は少ないが、この湖の溺死者はタコに襲われたからだと信じられている。なお、サンダーバード湖は1965年にダムの建設によってできた人工の貯水池で、淡水である。当然、オクラホマ・オクトパスの伝説が生まれたのは、ダム完成の後である。

1965年の日米合作映画『フランケンシュタイン対地底怪獣』のラストでは、アメリカ側の要請によって、富士山麓の湖から大ダコが現れ、地底怪獣バラゴンを倒したフランケンシュタインに巻きついて湖に引きずりこむシーンが撮影された（劇場公開前にカットされたが、ソフトには収録されている）。普段、タコを食べないアメリカ人は、淡水の湖からタコが出てくることに疑問を抱かないのかもしれない。

【参考文献】
※ Atlas Obscure「The Lake Monsters of America」
※ Wikipedia「List of reported lake monsters」
※ Wikipedia「List of cryptids」
※「Cryptomundo - for Bigfoot, Lake Monsters, Sea Serpents and More」

【コラム】

懐かしの川口浩探検隊

横山雅司

「……と、その時であった！」

田中信夫の名調子とともに、世界の秘境を探検した川口浩探検シリーズは、1978年3月から1985年11月まで、テレビ朝日「水曜スペシャル」枠で放送されていた大人気シリーズである。

当時大映のスターだった川口浩が隊長を務め、隊員を率いて世界各地の秘境に潜む謎の民族、自然現象、未確認生物を追うというそのスタイルは、当時の子供達の絶大な支持を集め、中でも未確認生物シリーズの人気は高く、川口浩探検隊といえば未確認生物の捕獲に挑むもの、というイメージが強い。もっとも、全44回（前後編含む）のシリーズのうち、明確に未確認生物と呼べる動物を追ったのは「巨大怪蛇ナーク」、「双頭の怪蛇ゴーグ」、「原始猿人バーゴン」、「幻の魔獣バラナーゴ」、「ボルネオ巨大獣人」の5本くらいなものである。「原始怪鳥ギャロン」は洞窟性の鳥類アブラヨタカを大げさに取り上げているだけだし、「原始恐竜魚ガーギラス」に至ってはは中米産のガーの一種であるジャイアントトロピカルガーだとわかった上で探検している。

これら以外の探検は巨大人喰いサメや人喰いトラ、洞窟探検や未知の部族の捜索が多く、実際のところ未確認生物を追った回は全体としては意外と少ない。

さて、川口浩探検シリーズといえば嘉門達夫の歌でも知られるように「やらせ番組」の代表格のような扱いを受けているのでも有名である。確かに「真実のドキュメンタリー」とは到底言えないだろう。巨大怪蛇ゴーグはイメージイラストでは怪獣のような双頭の大蛇なのが、実際の映像は不鮮明でやけに小さい穴に逃げ込んだりする。原始猿人バーゴンは単なる野生に生きる男に過ぎず、現代社会で調査されるためにヘリで運ばれて行ってしまった。

　バラナーゴは捕獲に成功した割に「蛇の皮を被せられたオオトカゲが他の蛇と絡まっている」としか言いようのない不明瞭な映像であった。ボルネオ巨大獣人は後年発売されたDVD未確認生物編にも収録されなかったため子供の頃に観た記憶しかないが、確か不鮮明な後ろ姿しか映らなかったはずである。

　他にもなぜか綺麗に編集された原始民族の急襲シーンや、底なし沼、体に張り付いたタランチュラなど、怪しいシーンが目白押しだ。ちなみにタランチュラはおとなしい種類に限れば、体に這わせるのはそれほど危険ではない。無理に掴んで興奮させるより、手に乗せた方が安全に運べるほどである（もちろん道具を使うのが一番いい）。

『川口浩探検隊』DVD

　しかし、私自身は探検シリーズをやらせ番組とバカにすることには反対である。理由は簡単で、他のバラエティ番組だって大概はやらせと編集で事実を歪めまくっているからである。他の番組でも行われているのに、殊更探検シリーズだけがやらせをしているかのように言うのは、他の番組に騙されているようでみっともない。探検シリーズの制作スタッフのインタビューを読む限り、少なくとも撮影自体はかなり過酷だったようである。熱帯ジャングルは毒虫と病原体の巣窟で、そこらの水を一口飲んだだけで命に関わるようなとんでもない場所だし、洞窟での撮影は演技だろうがなんだろうが普通に危険である。また、川口浩がピラニアに咬まれて大怪我をしたのは事実である。

　川口浩探検シリーズは川口浩が１９８７年に癌により死去し、終了することとなる。特番の制作を手がけていた川口プロモーションは解散するが、そのスタッフが再結集して制作会社ストリームズが結成され（後にストリームズＥＸと改名する）、ベテラン俳優の藤岡弘、を隊長に据えた藤岡弘、探検シリーズがスタートする。

このシリーズは特に濃厚な藤岡のキャラクターによって、一部でカルト的な人気を博した。的を未確認生物に絞り、幾多の名言を連発しながらそれらを追う藤岡弘、の姿は強烈で、以降バラエティでの藤岡弘、は隊長と呼ばれることが多くなる。

藤岡シリーズでは追跡する未確認生物もさらに強烈になっており、アマゾンの猿人ジュンマ、巨大怪蛇ヴォンドゥー、地底人クルピラ、半魚人イプピアーラ、野人ナトゥーと色々な意味でパワーアップしている。ジュンマ編の冒頭、川口浩の墓前で決意を語るシーンやクルピラ＝宇宙人説を語るシーン、イプピアーラ編で半魚人の潜む入江に飛び込むシーンなどケレン味溢れる場面も本シリーズの見所である。

ただし、お正月スペシャルとして放送されたアフリカ民族編は部族を訪ねて文化を見せてもらうだけで派手さに欠け、クライマックスが全裸になった若い隊員が牛を飛び越える祭りに参加する、という些か奇妙な終わり方だったこともあってファンの評価はイマイチである。やはり地底人や半魚人を追うという、開き直りとも取れる荒唐無稽さがシリーズの魅力であろう。ちなみに台湾でも「藤岡弘叢林冒険王」という題名でやはりカルトな人気があるようだ。

ともかく、探検シリーズ、特に川口浩探検シリーズが日本人の未確認生物観に与えた影響は小さくはないはずだ。未確認生物という概念自体、川口浩探検シリーズが一般に広めた側面もあるだろう。私自身、未確認生物といえば毒グモや底なし沼に守られているものというイメージがなかなか抜けなくなってしまった。

残念ながら藤岡弘、探検シリーズを制作していたストリームズＥＸも現在は解散し、続編が作られる可能性は低いのが現状である。

【参考文献】
山口正人『漫画川口浩探検隊』（日本文芸社、２００７年）
『川口浩探検シリーズＤＶＤ～未確認生物編～』（ユニバーサルミュージック、２００５年）
※「水曜スペシャル・探検隊シリーズファンサイト」

【第四章】

1980年代のUMA事件

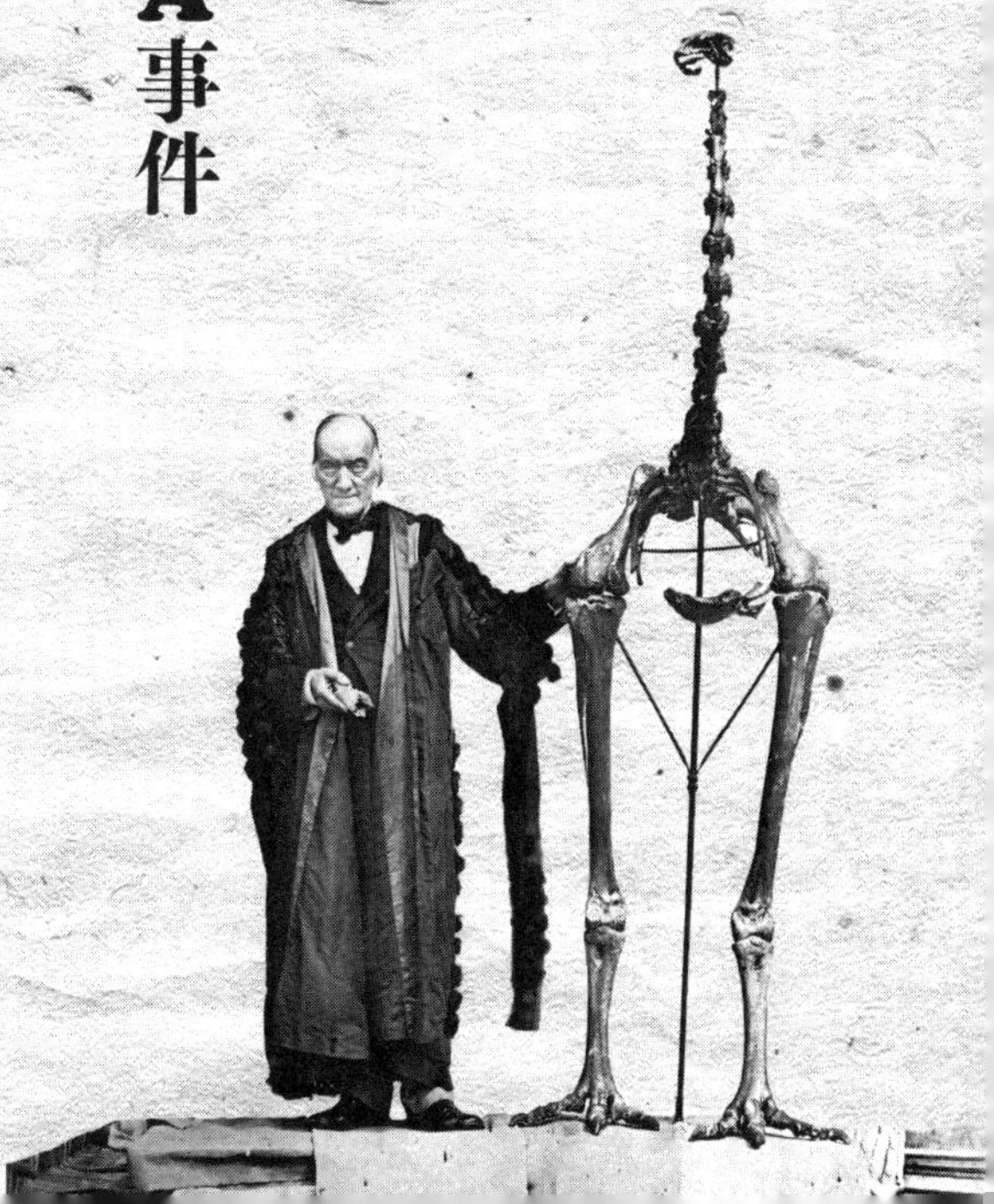

【UMA事件27】

モケーレ・ムベンベ

Mokele Mbembe
Since 02/1980
Lake Tele, Congo

アフリカ・コンゴ共和国の奥地にあるテレ湖。ここに棲むと噂されるのがコンゴ・ドラゴン、別名モケーレ・ムベンベだ。未知動物研究家の間では、実在する可能性が高いと見られる恐竜のひとつだ。

ムベンベの記録は、18世紀から残されている。コンゴに入ったフランス人伝道師が、1776年に出版した『ロアンゴ、カコンガ他、アフリカの諸王国の歴史』という本で、鉤爪が付いた恐竜のものと思われる足跡に関する記述を残している。19世紀末には、テレ湖畔にいたピグミーの一族がムベンベを殺して食べ、その全員が死んでしまうという事件があったとされる。1913年にコンゴ入りしたドイツの探検隊も、現地のピグミー族の話として、茶色がかった灰色の肌に、ひょろりとした首と長い尾を持つ、象ほどの大きさの生物のことを伝えている。ムベンベの正体は、恐竜ブロントサウルスの一種とも、約300万年前に絶滅した草食性のほ乳類カリコテリウムの生き残りとも、巨大トカゲとも言われている。

■80年代以降に各国が調査

ムベンベの調査を目的にした探検隊が、初めてコンゴ入りしたのが1980年2月。シカゴ大学の未

モケーレ・ムベンベの想像図（CG：横山雅司）

知動物研究家ロイ・マッカル博士らのチームで、博士らは翌年も続けてコンゴ入りした。同年にはカリフォルニア工科大学ジェット推進研究所顧問のハーマン・レガスターズも夫人同伴で、欧米人として初めてテレ湖に到達した。レガスターズ夫人は、ムベンベらしき物体の写真撮影に成功した。92年9月には、日本のテレビ局ＴＢＳも、何かがテレ湖面を渡る姿のビデオ撮影に成功した。

しかし、ムベンベと断定できる証拠は未だなにもない。レガスターズ夫人の写真は、ぬめっと光る黒い何かが湖面に浮いている写真で、何なのかはまったく分からない。ＴＢＳの映像も、遠すぎてはっきりしない。コンゴでよく使われる2人乗りボートで原住民が湖面を渡る最中の映像ではないかとも言われている。

ムベンベの正体に最も肉薄したのは、１９８８年3月末から50日間テレ湖畔にキャンプを張って3交代24時間体制で湖面監視を行なった早稲田大学探検部のチームだろう。探検部は結局ムベンベの姿を捉えられなかった。だがテレ湖をソナーで測り、深さが平均1・5メートルしかないことを明らかにした。全長10メートルともされるムベンベがこんなに浅い湖の中で、一度も水面に頭も出さないまま50日間も潜っていられるとは考えがたかった。

テレ湖（©Tom Klaytor）

ムベンベは普段テレ湖におらず、ジャングルの奥から川を遡ってテレ湖にきている、という説もある。だがテレ湖に注ぐ全ての河口を調べた結果、いずれの川も長さが200メートルもなく、その先は水のしみ出し口のようになっていて大型水棲生物が出入りできる状態ではなかった。

湖底にいられず川を伝って移動もできないのなら、早大探検部の調査の最中にムベンベはどこに隠れていたのだろうか？

村人たちのムベンベ目撃談もどこまで信用していいか判断は難しい。早大探検部も、監視中に鳥はおろか湖に浮く葉っぱまでムベンベと見誤ることがあったからだ。また村人たちは、ムベンベのことをフランス語で恐竜を表す「ディノゾー」と呼んでいた。西洋の恐竜観に汚染されていることは明らかだった。最初に現地調査に入ったマッカルが原住民に恐竜図鑑を見せ、自分が見たのと近い恐竜を選ばせるという誤った調査をしていたのだ。

2000年に、英国のテレビ局BBCも特番『コンゴ』で似たようなことを行った。現地のピグミー族に動物図鑑にあったサイの絵を見せたら、「モケーレ・ムベンベ！」といっせいに騒ぎ出したというのである。ここから「ムベンベ＝サイ説」が生まれた。だが現在テレ湖近くにサイはおらず、「ムベンベ＝サイ説」がどこまで成り立つかは不明だ。

■ムベンベ調査の裏にあるもの

1980年から2000年にかけ、20近くの遠征隊がムベンベを見つけにコンゴに入ったと言われている。ムベンベ実在の証拠は未だひとつもないのに、なぜこうもムベンベ調査の遠征が繰り返し行われるのだろう?

ダニエル・ロクストンたちは『未確認動物UMAを科学する』の中でこう推測している。

「ムベンベを探す能動的な探検家のほとんどは、非科学的な意図を持っている。創造主義がとる若い地球創造説だ」

「何らかの理由で、創造主義者はアフリカで恐竜が発見されれば、進化論がすべて成り立たなくなると信じている」

「ムベンベ探しはただ未確認動物を探すことではなく、創造主義者が進化論を覆し、科学の教えを可能などんな手段によっても崩そうという試みの一部である」

コンゴでのムベンベ発見が、ダーウィンの進化論が誤りであることを証明し、神による天地創造の証になると信じているというのだ。「生きた恐竜を見つけたい」という純粋な冒険心からではなく、自らの宗教的信念を証明したいがためにムベンベ探しが行われているとしたら、それはそれでなんかとてもイヤである。

(皆神龍太郎)

【参考文献】
マイク・ダッシュ『ボーダーランド』(角川春樹事務所、1998年)
早稲田大学探検部『幻の怪獣ムベンベを追え』(PHP研究所、1988年)
ロイ・P・マッカル『幻の恐竜を見た』(二見書房、1989年)
『ムー特別編集　世界UMA大百科』(学研、1988年)
ダニエル・ロクストン、ドナルド・R・プロセロ『未確認動物UMAを科学する』(化学同人、2016年)
『Fortean Times』(86.May 1996)

天池水怪（チャイニーズ・ネッシー）

Chinese Nessie
23/08/1980
Lake Tianchi, Chine and North Koria

1980年、中国吉林省延辺《えんぺん》朝鮮族自治州と北朝鮮との国境地帯に位置する長白山《ちょうはくさん》の山頂にあるカルデラ湖、天池《てんち》で「水怪」の目撃報告が相次ぎ、新聞紙上を賑わせた。天池は、今から約300年前の火山爆発でできた新しい湖である。長白山系の山頂は、海抜1700～2749メートル。天池湖面の海抜は約2189メートルで、総面積は9・82平方キロ。水深の平均は204メートルだが、最深部は373メートルにもなり、中国内で最も深い湖だ。

長白山は、朝鮮語では「白頭山《ペクトゥサン》」と呼ばれ、朝鮮半島一の高さを誇る霊峰であるため、古くから信仰の対象とされてきた。かつて金日成が抗日ゲリラを率いた「革命の聖地」でもあり、北朝鮮にとっては、政治的にも重要な意味を持つ山である。

中国側では1960年に長白山自然保護区が定められ、同年、長白山自然保護区管理局が設置された。1979年に中国科学院瀋陽《しんよう》林区土壌研究所が、同地に森林生態系の定点観測所を設けている。翌1980年1月に、ユネスコの批准を経て「国際生物保護区ネットワーク」に加入したが、最初の水怪騒ぎが起こったのは、同年夏のことだった。

■最初の新聞報道

【上】天池全景。（絵ハガキ『長白山四季風光』）
【右】吉林省旅行局の凌雨三らが、目撃者から聞き取り調査をおこない、作成した水怪のスケッチ。上のイラストは1977年に金昌奎が目撃したもの。下は1980年に朴龍植らが目撃したもの。（『長白山天池怪獣和世界水怪之謎』）

第一報は、１９８０年9月18日の現地紙『延辺日報』の記事である。同年8月23日午前8時40分、長白山気象観測所職員の朴龍植《ぼくりゅうしょく》と崔星恩《さいせいおん》は、天池の水面に突如現れた動物を山頂から目撃した。それは「人」の字の航跡を残しながら、北岸（中国側）へと泳いで来る。湖岸にいた気象機材補給所の連絡員、周鳳瀛《しゅうほうえい》と鄭宝詩《ていほうし》も、岸から40〜50メートルの地点を移動中の二頭の動物を確認。後方の一頭は頭頂部らしきものが見えるだけだが、前方の一頭は水面から30センチあまり、頭部を完全に露出させていた。頭の直径は15センチほどで、形状は蛇そっくり。上向きに首をもたげていたため、あごの下がなめらかでツヤがあり、青白い毛が生えているのが見えたが、目・鼻・口は確認できない。周が大声で叫ぶと、それらは方向転換をして岸から離れていったが、十数分後に再び一頭が出現。頭は人間大で、目は栗の実ほどの大きさで丸く、口は前に突き出ている。首の直径は約10センチで、長さは1メートル20〜50センチ。白い環のような文様が一筋見えた。外皮にはツヤがあり、アザラシの皮質に似ていたが、ぶち模様などはなく、青白い。頚部と背中の一部しか見えないが、全身は牛くらいの大きさであると推測された。

　記事は、今回の目撃者の周が1962年にも似た現象を見たことがあるという証言や、1974年に気象観測所の別の職員が目撃した事例も紹介。そして、今年ほど目撃者が多いケースは初であるとしている。実はこの事件直前の8月21日と22日にも、北京作家協会副主席の雷加《らいか》らが、天池湖面を動く謎の物体を目撃しており、その体験談は同年10月9日の『光明日報』に掲載された。10月11日には『人民日報』も騒動を取り上げ、「天池怪獣」の名は一躍全国区となった。

　いずれの記事もネス湖のネッシーの事例を紹介しており、類似性を印象づけるものになっている。折しも1980年は神農架の「野人」報道が最高潮だった頃で、この新たな中国版ネッシーの登場は人々の関心を集めた。

　また、20世紀初めに編まれた地方志『長白山江崗《こうこう》志略《しりゃく》』が引っ張り出され、その中の民間伝説に登場する長い首で角の生えた黄金の龍や、水牛のような大きさの怪物などが、水怪の実在を示す古い文献記録として繰り返し引用されていくこととなる。

『延辺日報』美術編集委員、田武松の描いた天池怪獣想像図。(『長白山天池怪獣和世界水怪之謎』)

■様々な目撃証言と「黒い点」

　その後、1980〜90年代にかけて頻繁に目撃報告が寄せられたが、そこで描写される姿形には、実はバラつきがある。「豹のような頭部」、「犬のような形状」、「アザラシの頭のような大きさ」、「恐竜のような頭部に亀のような身体」、「大きな鍋をひっくり返したような物体」、「舟のようなボディにマストのような首」、「潜水艇のような背部」、「自動車のタイヤのようで前面に目」と多種多様だが、中でも

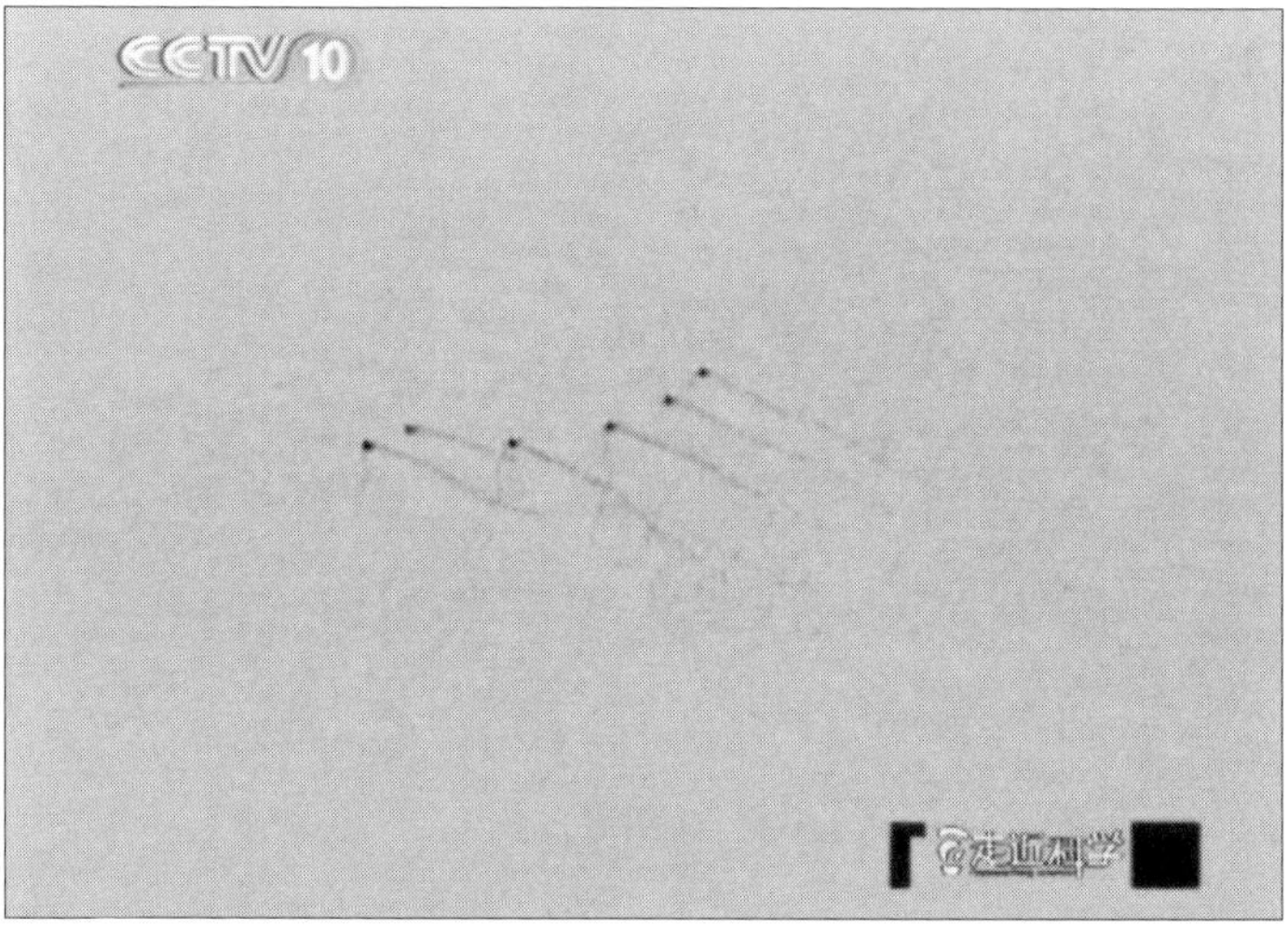

2007年に卓永生が撮影した映像中の６つの黒い点。(「走近科学　長白山水怪目撃報告（上)」、中国中央テレビ CCTV10、2010年11月25日放送より)

一番多い描写は「黒い点」である。高い山の上から湖面を見下ろした際の目撃が多いため、遠く離れた対象物の全貌をつかむことは難しい。しかも身体の大部分は水面下に隠れている（と思われる）ので、描写も断片的にならざるを得ない。１９８１年９月２日に雑誌『新観察』の記者が初めて写真撮影に成功するが、その姿はいずれも黒い点で、不鮮明だ。21世紀に入ると一般旅行者が撮影した写真も増えてくるが、やはり黒くぼんやりとしたものが多い。

２００３年７月11日には一度に20頭もの水怪が目撃される事件が発生。同月15日にイギリスのロイター通信が、古代の首長竜のイラスト入りで記事を配信したほか、日本の報道番組『ニュースステーション』（テレビ朝日）もトップニュースで報じた。これだけの大量出現にも関わらず、その正体特定には至っていない。

２００７年９月６日、地元テレビ局長白山電視台の卓永生《たくえいせい》が、湖面を移動する６つの黒い点を20分間映像に収めたが、その輪郭まではわからなかった。

このようなわけで、その正体については諸説紛々である。首長竜説は人気があるものの、前述の通り天池の歴史は浅く、古代水棲獣の子孫がいるとは考え難い。同様に、以前日本のテレビ番組で唱えられていた古代クジラのバシロサウルスの生き残り説も苦しい。標高の高い山に囲まれたカルデラ湖に、外部から生物が入り込むのは困難だ。2016年に韓国のテレビ局SBSの調査チームが天池の水質調査を実施したが、やはり水温が低いため微生物も少なく、より大きな生物が生存するのは不可能との結論を下している。

しかし、北朝鮮が1960〜90年代にかけて何度か天池に放流したマスやヤマメなどの魚が繁殖に成功し、湖面に出没した現象である可能性は高い。前述の2007年に撮影された映像についても、北朝鮮の朝鮮国家科学院動物学研究所の研究員、金《キム》理《リ》泰《テ》は「おそらく我々が40年前に放流したマスだろう」との見解を発表している。金によれば、2000年には体長85センチ、重さ7・7キロの「天池マス」の存在を確認したとのことで、さらに大きな個体がいる可能性も示唆している。

その他、雁、カワウソ、クマ、シカ等、既知の動物の誤認説も根強い。湖面に浮かぶ蛾の死骸に光が反射した現象とする説も、一考に値する。浮き石説や蜃気楼説もケースによってはあり得るし、人の乗ったボート説も有力だ。たとえば1995年8月23日の怪獣出現騒ぎでは、その正体はボートだったことが直後に確認されている。湖面上を中朝の国境が走る天池には通常、遊覧船の類はないため、稀に浮かぶボートは誤認されやすい。ほかにもこのような特殊な土地柄、様々な可能性が考え得る。おそらく、「水怪現象」の実体はひとつではないだろう。

2003年7月11日の20頭出現は、前述の通り海外でも大々的に報じられたが、この年前半は、SARS（重症急性呼吸器症候群）のアウトブレイクにより訪中外国人旅行者の数が激減していた時期である。7月5日にWHOが終息宣言を出した直後に、怪獣報道が世界に配信されたのは、実に興味深いタ

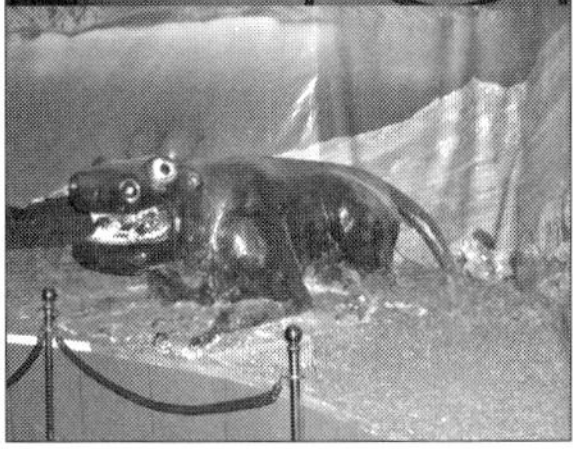

【左上】長白山自然博物館の怪獣展示室内、目撃証言の「再現写真」パネル。【上】同展示室内、天池怪獣立体模型2種。（2006年6月、筆者撮影）

【右】長白山観光のマスコットとなった天池怪獣「吉利」。（『長春晩報』1993年3月27日）

イミングだ。北朝鮮について言えば、同年1月に核拡散防止条約脱退を宣言。2月と3月には日本海へ向けてミサイルを発射するなど、不穏な動きを見せ始めていた頃でもある。観光業に逆風が吹く中、怪獣は現れた。

■姿なき怪獣の肖像

1980年8月の事件直後から、国際旅行社長春分社の呉広孝《ごこうこう》は、天池怪獣の観光資源化を考えていた。呉は1985年3月16日の『中国旅遊報』紙上で、長白山にもネス湖のネッシー博物館に倣って「天池怪獣博物館」を建設すべきだと提案しているが、長白山自然博物館の中に「怪獣伝説展示室」が設けられたのは、1993年のことだった。フロアには、目撃証言をもとに「加工」を施した多くの「再現写真」や、二種類の立体模型が陳列されている。敢えて怪獣像をひとつに絞らず、多様なイメージを提示しているが、黒い点から無限に広がる、このバラエティ豊かな形象こそ、天池怪獣の大きな特徴だ。
一方で天池怪獣は、1993年に長白山観光のマスコットに選ばれ、「吉利《ジィリィ》」という縁起のいい名前と、デフォルメされた首長竜の姿が与えられた。同年12月3日には呉広孝も顧問を務める「天池怪獣研究会」が発足。主な活動内容は、怪獣情報の収集・研究のほか、商標登録した「吉利」を活用した観光事業の促進であった。その後「吉利」は、しっかりした四肢を持つ恐竜型の姿の「天池聖獣像」としてグッズ展開もされた。人間側の思惑により、目撃証言中の多様な形象は取捨選択され、実体とは遊離した「偶像」が、天池怪獣の記号として再生産され続けている。吉祥をもたらすアイコンという意味では、伝説の龍や麒麟の現代的な姿と言えるかもしれない。

（中根研一）

【参考文献】

延辺朝鮮族自治州地方志編纂委員会編『延辺朝鮮族自治州志（吉林地方志叢書）』（中華書局、1996年）
呉広孝『長白山天池怪獣和世界水怪之謎』（延辺人民出版社、1996年）
呉広孝、馬淑媛、張麗艶『環球水怪之謎』（時代文芸出版社、2001年）
馬郁文『水怪　不可思議的神秘動物之謎』（時事出版社、2015年）
CCTV「走近科学」番組制作班『中国水怪調査』（上海科学技術出版社、2007年）
李樹田編『長白山叢書（初集）「長白山彙征録」「長白山江崗志略」』（吉林文史出版社、1987年）
呂弼順、朱衛紅、金熙政編『延辺旅遊資源的可持続利用与開発』（延辺大学出版社、2003年）
中根研一「長白山『天池怪獣』の形態学」『饕餮』第14号（中国人文学会、2006年9月）
※新華網「朝鮮専家称天池怪獣可能為40年前所放鱒魚」
※HANKYOREH「白頭山天地に棲む怪獣は本当にいるのか」
「これマジ!?　スペシャル　天池のチャイニーズ・ネッシー調査」（テレビ朝日、2002年10月12日放送）
「走近科学　中国水怪調査」（中国中央テレビCCTV10、2006年1月14～21日放送）
「走近科学　長白山水怪目撃報告（上）・（下）」（中国中央テレビCCTV10、2010年11月25・26日放送）

ヨーウィ

Youie
03/08/1980
New South Wales etc., Australia

ヨーウィは、オーストラリアのニューサウス・ウェールズ州とクイーンズ・ランド州のゴールド・コーストなどで主に目撃されるUMA。

体長は1・5〜2・4メートル。全身が茶褐色、もしくは赤茶色の毛で覆われ、首は短く、頭部は両肩にめり込んでいるようだといわれる。筋肉質で怪力、前傾姿勢で歩くともいう。

■様々な呼び名があった獣人

ヨーウィのような毛むくじゃらの生物の話は、オーストラリアの先住民アボリジニの間で昔からあったとされている。ただし呼び名は様々で、知られているだけでも、ヤフー、ドゥラガール、ソーラガール、ワウィ、ジュッラワッラ、ヌークーナァ、トゥジャンガラなどがある。

現在の「ヨーウィ」の由来になったといわれているのは、アボリジニの「ヤフー」という言葉(「悪魔」や「悪霊」といった意味)だという説と、『ガリバー旅行記』に登場する「ヤフー」という下等生物の名前からとられたという説の2つがある。

いずれにせよ、オーストラリアの獣人UMAは、1970年代には「ヨーウィ」という名前で統一されるようになっていった。

■個別の目撃事例

それでは、個別の目撃事例の方はどのような歴史があるのだろうか。記録に残っている最初の事例とされるのは、1795年にシドニー湾の近くで、ヨーロッパ移民たちによって目撃されたというものである。

しかし、長年にわたりヨーウィの目撃事例を調べてきたUMA研究家のトニー・ヒーリーとポール・クロッパーによれば、この話の出所は後述するヨーウィ研究家のレックス・ギルロイで、彼はこれまでに情報源を明らかにしていないという。

そのため、この話は確認の取れない信憑性の低いものとなっている。

ただし記録が残っているものであっても、必ずしも信憑性が高くなるとは限らない。たとえばヒーリーらが調べた結果では、毛むくじゃらの獣人の記録として最も古いのは、1789年のものになるという。

これは1790年頃にイギリスで出回っていたチラシに書かれていた話で、それによればオーストラリアのボタニー湾で体長2メートル70センチの毛むくじゃらの獣人が捕らえられ、1789年11月26日にイギリスに送られたという話だった。

もちろん、これが事実なら世界的な大発見だが、残念ながらチラシ以外に記録は残っていないという。

その後は1847年と1848年に毛むくじゃらの獣人が目撃されたという事例が続く。ただし前者は50年以上後、後者は30年後に初めて報道された話で、目撃情報としては心もとない。

イラストをともなった興味深い事例が起こるのは、1885年と1912年である。1885年の方は、ウィリアム・ウェッブとジョセフ・ウェッブという兄弟が、オーストラリアのフリークリークにある山中で毛むくじゃらの獣人に遭遇したというものだった。

兄弟はその時、持っていた銃を獣人に向け、「お

【上】1885年に目撃されたヨーウィのイラスト。
【右】1912年に目撃されたという有名なヨーウィのイラスト。これは画家のウィル・ドナルドによって描かれたもので、当時は「ボンバラ類人猿」と題されて新聞に載った。出典：Tony Healy, Paul Cropper『The Yowie In Search of Australia' s Bigfoot』）

前は誰だ。言わなければ撃つぞ」と警告したそうだが、獣人は雄叫びをあげたので発砲。しかし弾は当たらず、獣人は逃げてしまったという。

そのときの獣人の姿を描いたのが上の左画像。興味深いのは、頭に角が2本あり、大きな耳を持つことだろうか。なぜか笑顔なのも憎めない。

1912年には、オーストラリアのボンバラにある森で、測量技師のチャールズ・ハーパーという人物が、同様に毛むくじゃらの獣人と遭遇し、その姿がイラストで残されている。こちらでは、特徴的な角や大きな耳は消えて、代わりに牙が生えた。

実はこうした特徴の不一致というのは他の目撃事例にも見られる。たとえば角や牙がない目撃情報もあれば、大きさが1メートル以上違うものがあったり、毛色やスタイルが違ったりなど、様々な描写が存在している。

そのため、目撃情報から「ヨーウィ」という特定の生物を想定することは難しい。そこには何らかの誤認なども含まれている可能性は考えられる。

■ヨーウィの写真や動画

とはいえヨーウィについては少数ながら、その姿をとらえたといわれる写真や動画が存在している。そこで、ここからはそれらを取り上げてみたい。

●1980年に撮影された写真

1980年8月3日には、ニューサウス・ウェールズ州のコッフス・ハーバーにヨーウィが出現し、クラリン・ブリューワーという人物が写真を撮影したとされている。写真には去っていくヨーウィの後ろ姿が写っているという。

この写真は、日本ではよく取り上げられるものであり、「史上初めて撮影された」と説明がついている場合が多い。

ところが、この写真について調べてみたところ、海外ではまったく情報が出てこないことがわかった。写真自体が流通しておらず、筆者（本城）が調べた文献やインターネット上では、関連していそうな情報すらなかった。

1980年に撮影されたというヨーウィの後ろ姿の写真（ムー特別編集『世界UMA大百科』より）

そもそも写っているものは、本当にヨーウィなのだろうか？　二足歩行する生物の背中が写っているとするには小さすぎるように見えるのだ。また、写真には生物の右下方向に太い尾のようなものが写っているようにも見える。

そうしたことから筆者は、同様に太い尾を持つオーストラリアのディンゴ、もしくはキツネなどの四足動物の後ろ姿を撮影したものではないかと推測する。それが何らかの勘違いでヨーウィということにされ、日本で紹介されてしまったのかもしれない。

●２００６年に撮影された動画

２００６年にはヨーウィの動画が撮影されたといわれている。同年6月24日に、オーストラリアのカトゥーンバ近くの山で撮影されたものだという。

この動画は海外の掲示板に投稿されたものだったが、投稿者はオーストラリアのグラフィック・アーティストで、マルコ・ネロという人物だと判明している。ネロはアメリカのＳＦテレビドラマ「ファースケープ」に携わっていたり、特殊効果業界で働いていたりした人物だった。また、投稿されたオリジナルの動画や関連情報はすでに削除されていることなどから、その信憑性には疑問が持たれている。

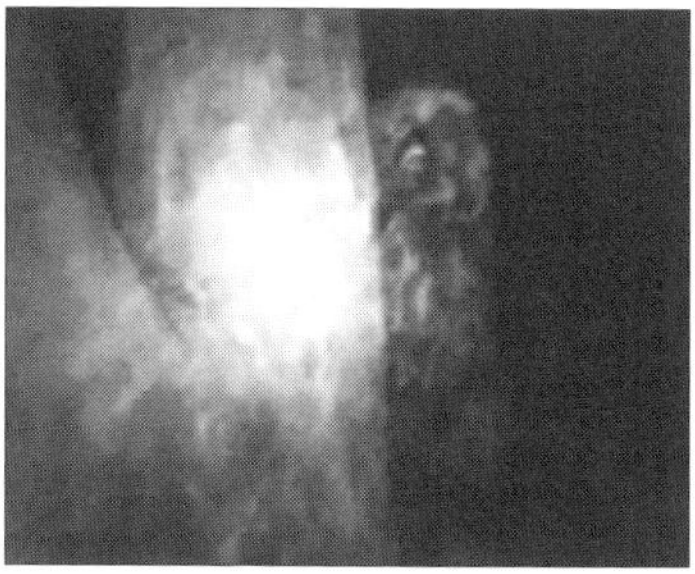

問題の動画。木の横から何かが顔をのぞかせている。（出典：※「Update: Yowie Video」）

●２００７年のヨーウィの写真

２００７年には稀な写真が撮影された。撮影者はオーストラリアのヨーウィ・ハンターだというポール・コンプトン。場所はニューサウス・ウェールズ州のグレン・イネスにある林の中。

コンプトンによれば、２００７年の12月23日にカメラを設置し、１週間後に回収して確認したところ、ヨーウィらしきものが写っていたという。カメラから物体が写っていた現場までの距離は約35メートル。そこから物体の大きさは約１３５センチだと見積もっている。

けれども、物体までの距離が見通しの悪い林の中で30メートル以上あることからもわかるように、写って

ヨーウィが写ったという2007年の写真。（出典：※「Compton Yowie Photos」より）

いるものは小さすぎる上に不鮮明。そのため、この写真から何が写っているのかを論じることは難しい。

■レックス・ギルロイの足跡

　写真や動画の他には、足跡がある。これは主にヨーウィ研究の第一人者といわれるレックス・ギルロイが発見したもの。

　しかし、そうした足跡は科学者たちから正式に認められていない。

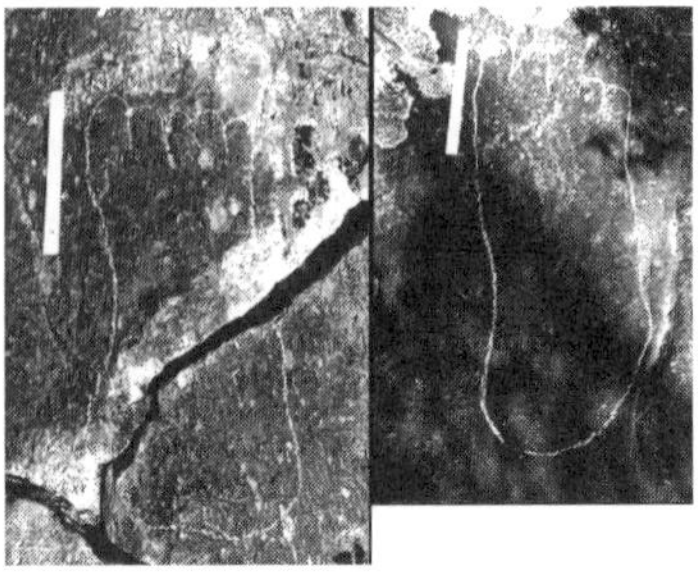

ギルロイが発見したという足跡（出典：『Mysterious Australia Newsletter』より）

それもそのはずで、実はギルロイが発見したという足跡は、石膏で成型されたものを見せられると足跡っぽくも見えるものの、実際に地面などに残されているというものを見ると、まるで足跡には見えないものばかりだからだ。

　たとえば左上の画像をご覧いただきたい。はたして、これらが足跡といえるだろうか。白い線で輪郭を描かれても、なぜ足跡だと考えられたのか、まるでわからない。

　他の「足跡」とされるものも同様の状態で、中には頭蓋骨の化石とされるものまで発見されているが、残念ながら筆者には、ただの石にしか見えない。

　もはやギルロイが「発見」したとしているものは「創作」に近く、ヨーウィの実在の証拠とするには相当無理がある。

■正体をめぐる2つの説

　さて、最後はヨーウィの正体として考えられている説を2つ紹介しておきたい。

　ひとつはカンガルー誤認説。目撃情報の中には、夜間、もしくは薄暗い時間帯に目撃して、最初にカンガルーだと思ったというものがある。

しかし目撃者の多くは、「大きさの点で違うと思った」とカンガルー誤認説を却下してしまう。ところが実はカンガルーの中には体長が2メートル以上、体重は100キロを超える筋骨隆々の大型個体も確認されている。また、カンガルーは基本的に夜行性でもある。

そのため暗い時間帯や、物影から体の一部を目撃した場合などは誤認される可能性が考えられる。

もうひとつは、メガントロプス生存説。こちらは前出のギルロイが主張したことで知られている。メガントロプスとは100万年以上前に生息していたとされる大型の原人で、このメガントロプスが氷河期にオーストラリア大陸へと渡り、現在まで生き残っているのではないかという。

もともとメガントロプスの話は、1939年と41年に、インドネシアのジャワ島で発見された2つの顎の骨片に始まる。それらの骨片は従来のものより比較的大きかったことから、ホモ属とは別の大型の原人がいたのではないかと考えられ、巨人を意味する「メガントロプス」属が提唱された。

この巨人説は魅力的だったため、UMA研究家の間で人気を博し、やがてメガントロプスは2メートル50センチ以上の巨人だったという俗説まで生まれるようになっていった。

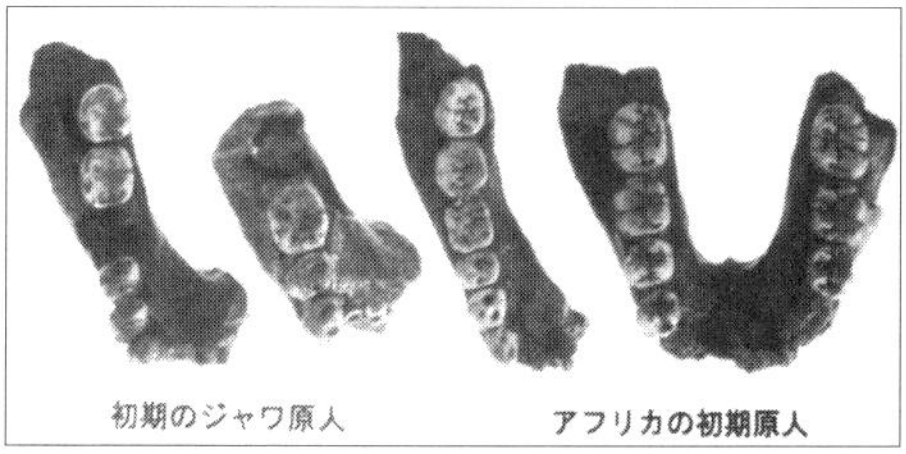

左の2つが、かつてメガントロプスと主張された下顎の骨と歯（初期のジャワ原人）。現在は研究が進み、大きさは右にあるアフリカの初期原人のものとほとんど変わらないことが判明している。（出典：『生物の科学 遺伝・別冊』No.20, 2007より）

ところが、こうした俗説への発展の一方で、学術的な研究も大きく進んだ。その結果、現在では他にも発見された骨などから、当初、特別視された骨も、新たに属をつくらなければならないほど特別なものではなく、ホモ・エレクトスという原人の中の初期段階に見られる男女差だったのではないか、という説が提唱されるようになっている。

ちなみにホモ・エレクトスは身長が160〜170センチほどで、巨人ではなく、全身が毛むくじゃらでもない。さらにオーストラリアでは化石も見つかっていない。

そのためメガントロプス生存説はもとより、ホモ・エレクトスの生存説を仮に考えても可能性は低い。むしろそれならば、アボリジニを見慣れない人たちによる誤認説の方が、存在が確認されているという点では、まだ可能性があるかもしれない。

何にせよ、今後はメガントロプス生存説のように、数十年以上前の古い情報で止まっているのではなく、新しい情報も踏まえた上で考察されていくことが望ましい。

（本城達也）

【参考文献】

Tony Healy, Paul Cropper『The Yowie In Search of Australia's Bigfoot』(Anomalist Books, 2011)

Loren Coleman, Jerome Clark『Cryptozoology A To Z: The Encyclopedia Of Loch Monsters Sasquatch Chupacabras And Other Authentic M』(Touchstone, 2013)

※「Australian Yowie Research」

ムー特別編集『世界UMA大百科』（学習研究社、1988年）

※Craig Woolheater「Yowie Video – Is This Australia's Bigfoot?」

※「pbase Artist Marco Nero」

※Loren Coleman「Yowie Photo」

※Loren Coleman「Compton Yowie Photos」

Rex and Heather Gilroy『Mysterious Australia Newsletter』(June 2012)

※7News「Giant kangaroo intimidates Brisbane's North Lakes」

馬場悠男「ジャワ原人の到来・進化・絶滅？」『生物の科学 遺伝・別冊』(No.20, 2007)

川端裕人、海部陽介『我々はなぜ我々だけなのか』（講談社、2017年）

【UMA事件30】

タキタロウ

Takitaro
27/10/1985
Pond Ootori, Yamagata, Japan

タキタロウは山形県鶴岡市（旧朝日村）大鳥の山奥にある大鳥池に住むという伝説の巨大魚である。

最大体長は2メートルとも3メートルとも伝えられており、日本の淡水魚としては最大である北海道のイトウが1・5メートル程度ということを考えると異様に巨大な淡水魚と言えるだろう。もし存在が確認できれば日本の淡水魚の記録を塗り替えることになる。

1975年に『釣りキチ三平』で「O池の滝太郎」として登場したことで有名になったが、地元では古くから捕まえた話や食べた話が伝えられており、大鳥池のみに生息する固有の魚と考えられている。

■実在するUMAの最有力候補

現在までに二度ほど、タキタロウの大規模な科学的調査が行われている。

1983年に行なわれた最初の調査のきっかけは登山中の一行が大鳥池の湖面に見た多数の巨大魚の魚影であった。湖面を双眼鏡でのぞくと、黒く丸い巨大魚の背面が水上に見えかくれしたという。魚の大きさは波しぶきから考えて2〜3メートル前後と思われた。信憑性の高い目撃報告によって科学的調査が開始されたのである。

タキタロウの想像図（CG: 横山雅司）

調査の目的はタキタロウの棲む大鳥池の環境を調べることであったため、残念ながらタキタロウを捕獲することはできていない。しかし、どちらの調査でも通常の魚が生息しない湖の深い位置（20〜40メートル）で大型の魚影を捉えることに成功している。通常10メートルを超えるような湖の深い位置では無酸素状態となるため魚は存在しないのが普通であるが、大鳥池では水深20メートルでも溶存酸素があることがわかっているため、タキタロウが生息していても不思議はない。実際、体長80センチのタキタロウの幼魚ともいわれる魚が1985年に捕獲・剥製にされている。

タキタロウは警戒心が強く、水深が深くて水温が低いところに生息し、イワナなどの魚を主に食べていると考えられている。

三つ口で下あごが上向きに発達していて尾びれが大きく、体表にぬめりがあるという話もある。赤身の魚であるとも白身の魚であるとも伝えられており、小さな頃はイワナと区別がつかないが味がより美味

タキタロウの正体に対する専門家の見解
天然記念物調査員・橋本賢助『山形県の淡水魚』→ **ヒメマス**
庄内博物学界大鳥湖調査隊　実物といわれる魚を見て → **マス**
京都大学・宮地伝三郎『原色日本淡水魚類図鑑』→ **ヒメマス**
県総合学術調査会『朝日連峰』→ **ヒメマスの生長変形したもの**
酒田市教育長・杉原千代太　標本を現物確認して → **エゾイワナ**
加茂水族館館長・村上竜男 → **イワナのオス**
櫛引町教育長、生物学者・相馬新 → **イトウ**
タキタロウ調査隊、地理学専門家・五百沢智也 → **イトウ**

いので区別がつくという。

■正体の候補

タキタロウの正体について、過去に複数の専門家らが言及している。意見をまとめたのが上表である。1985年に捕獲されたタキタロウとされる標本を鑑定した結果は「アメマス系のニッコウイワナ」とも「オショロコマに近いエゾイワナ」ともいわれ、専門家でも意見の一致を見なかった。

このことから謎の新種であることが判明したという主張もあるが、どちらも分類学的にはサケ目サケ科サケ亜科イワナ属である。魚類は環境や成長具合によって見た目もガラッと変わるものが多いことから厳密な区別はそもそも難しい。実物を根拠にしたといわれる鑑定結果はイワナ属に収束するようだ。

タキタロウの特徴からはサケ目サケ科イトウ属のイトウが候補に上がっている。

イトウは幻の魚として知られ、1メートルを超え

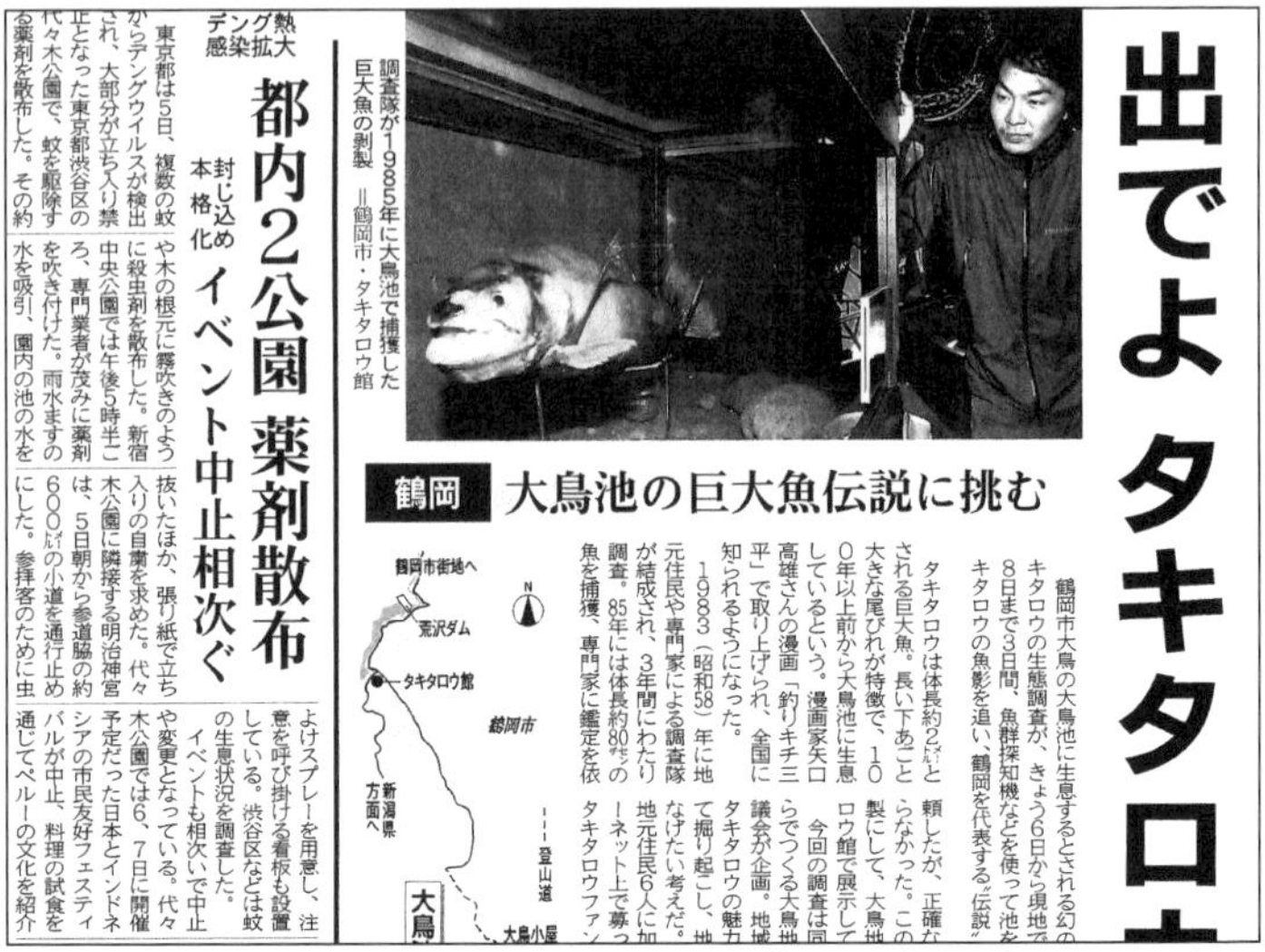

出でよ タキタロ

調査隊が1985年に大鳥池で捕獲した巨大魚の剥製 ＝鶴岡市・タキタロウ館

鶴岡 大鳥池の巨大魚伝説に挑む

鶴岡市大鳥の大鳥池に生息するとされる幻のキタロウの生態調査が、きょう6日から現地で8日まで3日間、魚群探知機などを使って池をキタロウの魚影を追い、鶴岡を代表する"伝説"

タキタロウは体長約2㍍とされる巨大魚。長い下あごと大きな尾びれが特徴で、100年以上前から大鳥池に生息しているという。漫画家矢口高雄さんの漫画「釣りキチ三平」で取り上げられ、全国に知られるようになった。

1983（昭和58）年に地元住民や専門家による調査隊が結成され、3年間にわたり調査。85年には体長約80㌢の魚を捕獲、専門家に鑑定を依頼したが、正確な…らなかった。この…製にして、大鳥地…ロウ館で展示して…

今回の調査は同…らでつくる大鳥地…議会が企画。地域…タキタロウの魅力…て掘り起こし、地…なげたい考えだ。…地元住民6人に加…ーネット上で募っ…タキタロウファン…

デング熱 感染拡大

都内2公園 薬剤散布

封じ込め 本格化

イベント中止相次ぐ

東京都は5日、複数の蚊からデングウイルスが検出され、大部分が立ち入り禁止となった東京都渋谷区の代々木公園で、蚊を駆除する薬剤を散布した。その約…や木の根元に霧吹きのように殺虫剤を散布した。新宿中央公園では午後5時半ごろ、専門業者が茂みに薬剤を吹き付けた。雨水ますの水を吸引、園内の池の水を抜いたほか、張り紙で立ち入りの自粛を求めた。代々木公園に隣接する明治神宮は、5日朝から参道脇の約600㍍の小道を通行止めにした。参拝客のために虫よけスプレーを用意し、注意を呼び掛ける看板も設置している。渋谷区などは蚊の生息状況を調査した。

イベントも相次いで中止や変更となっている。代々木公園では6、7日に開催予定だった日本とインドネシアの市民友好フェスティバルが中止、料理の試食を通じてペルーの文化を紹介

1985年に捕獲されたタキタロウの幼魚とされる剥製（「山形新聞」2014年9月6日より）

る大型の個体もおり、冷水を好み、美味であるという点で、タキタロウの特徴に一致する部分も多い。ただし、こちらは物的証拠ではなく伝聞情報のみを根拠とした推測である。

大鳥池に生息する魚たちは海に降りることはないため、通常なら20センチから大きくても80センチぐらいだ。基本的に海に降りる魚（降海型）は大きくなるが、海に降りないもの（陸封型）はそれほど大きくならない。

海に降りることで大きくなる種類の魚であれば、遺伝子的には大きくなる可能性を持っているという言い方もできる。なんらかの刺激により大きくなる遺伝子が働き、環境が整った場合は海に降りなくとも巨大化する可能性はあるとも言えるだろう。例えば、遺伝子三倍体や放射線による突然変異などである。ただ、タキタロウは単体で目撃される魚ではなく、少なくとも数十匹オーダーで生息していると考えられているため稀に出現する異常体ではなさそうでもある。

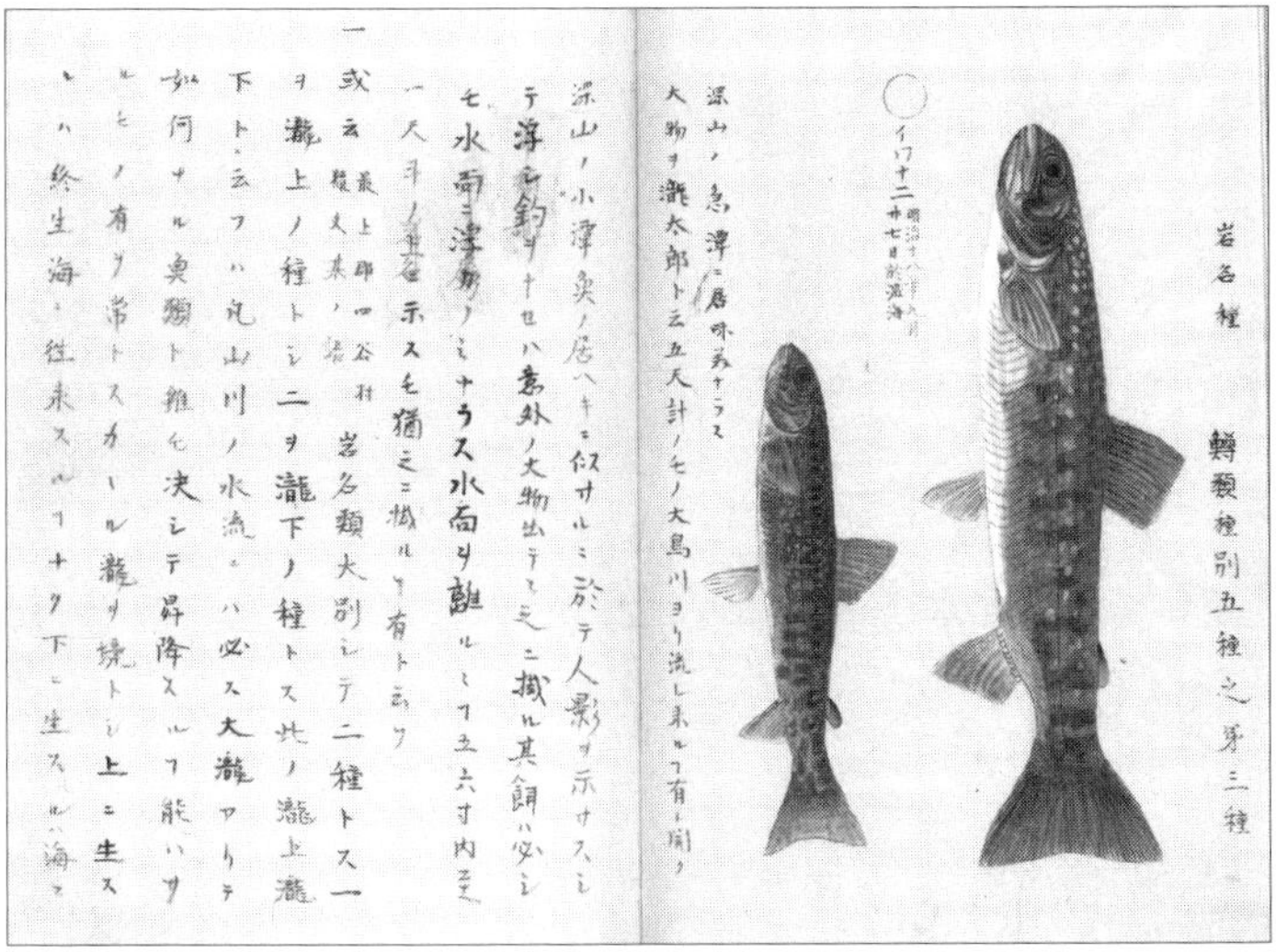

『両羽博物図譜』では岩魚種の項目で瀧太郎に触れている

■正体特定のための大きな問題

タキタロウは1985年に捕獲された標本から剥製が作られており、普通に考えれば正体特定は容易なはずである。

しかし、正体特定だと宣言されていない裏には根本的な問題が存在する。この標本は1メートルに満たないサイズの魚であり、タキタロウの特徴といわれる三つ口や発達した下あごを持たない。「小さい頃はイワナと区別がつかない」という証言とは合致するのだが、端的に言って剥製はサイズが大きめなイワナ属の魚でしかないのである。

1983年の調査では大鳥の住民に対して目撃・体験談の聞き取り調査が行われた。

証言を読む限りは地元の方々が同じものをタキタロウと呼んでいるのか疑問が生じる。肉質も白なのか赤なのか、ピンクなのか意見が分かれる。45センチ〜1メートルに満たないサイズでもタキタロウ

タキタロウの候補のひとつ「イトウ」

と呼ばれている。イワナと違う種類の魚を釣り上げたからタキタロウだなどという意見もあった。ウナギ状の巨大魚をタキタロウと呼んでいる例も存在するほどである。

　日本博物学のはしりでもある『両羽博物図譜』の岩魚種の項目では「大物ヲ瀧太郎ト云」という記載もある。もしかしたら固有種と考えられている現在とは異なり、当時は大型のイワナをタキタロウと呼んでいただけだという可能性もあるだろう。

　現在の状態ではタキタロウと呼ばれる1メートル程度の魚を釣り上げ、正体を鑑定したところイワナであった……という事件があったとき、それが「釣り上げられたのはタキタロウではなくイワナであった」を意味するのか「タキタロウの正体はイワナであった」を意味するのか確定する方法はない。

　つまり、タキタロウの正体は2メートル超級の実物が捕獲されるまでは謎のままなのである。

（蒲田典弘）

【参考文献】
大鳥池調査団「大鳥池調査報告書」（山形県朝日村企画課、1983年）
タキタロウ調査隊『タキタロウ調査報告書』（大鳥地域づくり協議会、2014年）
※デイリーポータルZ「伝説の巨大魚、タキタロウ調査隊に参加してきた」
「いたぞ タキタロウ」（「山形新聞」1983年9月17日）
「出でよ タキタロウ」（「山形新聞」2014年9月9日）
※謎の巨大生物UMA「タキタロウ特集」
松森胤保『両羽博物図譜』（1885年）

【UMA事件31】

リザードマン

Lizard Man
29/06/1988
South Carolina, USA

リザードマンは、アメリカのサウスカロライナ州ビショップビルで目撃される怪人型UMA。

体長は2メートル～2メートル70センチ。「リザードマン」（トカゲ男）の名のとおり、顔はトカゲのようで、目は赤く、全身は緑色でウロコに覆われているという。

性格は凶暴とされ、車を破損させるほどの攻撃力があるといわれている。

■主要な事件

リザードマンが大きな注目を集めたのは1988年のことだった。この年の夏に、ビショップビルで奇妙な報告が相次いだのである。主要なものは4つで、一般には次のように言われている。

●クリストファー・デービスの事件

6月29日の午前2時30分過ぎ頃、当時17歳のクリストファー・デービスが、夜勤から車で帰宅途中にリザードマンに遭遇。デービスは慌てて逃げようとしたが、車の屋根に跳び乗られるなどの襲撃を受けた。自宅に着いた頃にはパニック状態で、父親が車を確認すると、破損したミラー、それに屋根には引っかき傷が残っていたとされる。

●メアリー・ウェイの事件

7月14日の未明、ビショップビルのブラウンタウンに住むメアリー・ウェイ所有の車がリザードマンによって破損。朝になって通報を受けた保安官は現場で傷つけられた車を確認。毛と足跡も採取された。

●ロドニー・ノルフの事件

7月24日の午前2時前、10代のロドニー・ノルフはハイウェイを走行中、リザードマンに遭遇。通報を受けて付近の森を捜索した保安官は、へこんだドラム缶と散乱したゴミ、それに3つのカギ爪がついた大きな足跡を発見。足跡は石膏型が取られた。

●ケネス・オアーの事件

8月5日の午前6時頃、サウスカロライナ州のショー空軍基地に勤務するケネス・オアーが、車で出勤途中にリザードマンに遭遇。銃で撃って一発が首に命中したが、近くの森に逃げられてしまった。しかし現場からはリザードマンのウロコと血が採取された。またリザードマンのスケッチも残された。

■日本では知られていない情報

これらの事件では、話だけではなく、何らかの物的証拠が残っているとも言われている。

ところが実際には証拠と呼ぶには厳しいものばかりだった。

●メアリーとデービスの事件の情報

これらのうち、最初に保安官のもとへ通報があったのはメアリー・ウェイの事件である。その前に起きたとされるクリストファー・デービスの事件は、ウェイの事件が新聞で報じられてから出てきたものだった。

デービスが父親に連れられて警察で話をしたときには、すでに事件から2週間以上が経過しており、車の傷もリザードマンによるものかはわからなかっ

リザードマンの想像図（イラスト：横山雅司）

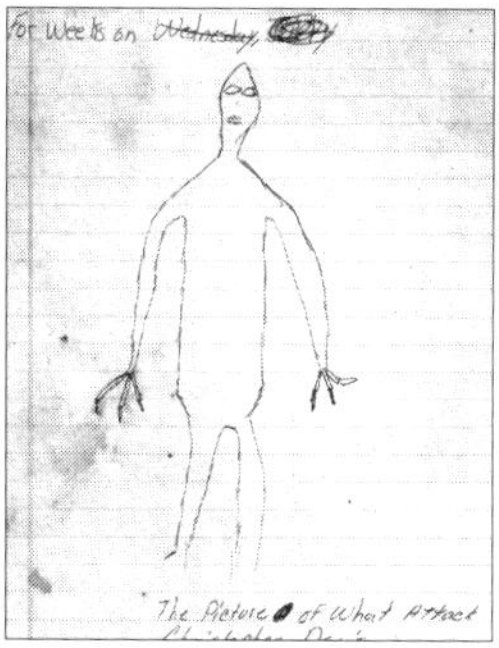

【上】デービスが最初に描いたリザードマンの絵。当初はシンプルだった。（Lyle Blackburn『Lizard Man The True Story of the Bishopville Monster』より）

た。

実はデービスは２００９年6月17日に、自宅で２人組の男に射殺されている。原因は麻薬絡みの揉めごとである。自宅の台所からは10グラムのマリファナが押収され、デービスが麻薬をやっていたことが明らかになった。

そのため１９８８年の事件も、麻薬を使ってハイになって起こした事件だったのではないか、という指摘も出ている。ただし今となっては、真相はわからない。

一方、メアリー・ウェイの事件は、現場の車から採取された毛が調べられた結果、正体はアカギツネの可能性が高いとされた（そもそもメアリーはリザードマンを目撃していなかった）。キツネが車を破損させられるとは思えないという反論もあるが、実際は同じイヌ科の犬でも破損させられることがわかっている。

２０１０年にはモンタナ州で、２０１２年には南カリフォルニアで、それぞれ犬が車を破損している

（破損状況はウェイの車より酷い）。理由はいずれも車のエンジンルームに隠れた子猫を狙ったものだった。ウェイの車もそうした理由で傷つけられてしまった可能性がある。

それでは足跡の方はどうか。こちらは現場の車から23メートル離れた場所から発見されたもので、アメリカクロクマのものだと推測されている。その足跡は近くにあるスケープオレという沼に向かっており、その沼の周辺では時折、アメリカクロクマが目撃されていた。

●ノルフとオアーの事件の情報

ノルフの事件では鮮明な足跡が発見されている。これはリザードマンの実在を示す最も強力な証拠だという。

しかし、リザードマン事件を詳細に追った研究家のライル・ブラックバーンは、この足跡の不自然さを指摘している。

足跡は3つのカギ爪と2つの肉趾からなるが、どれも跡が完全に残りすぎだという。通常、動いている生物の大きな足跡はこのようにはならない。野生生物の専門家からも、この足跡の不自然さは指摘され、作り物によって偽造されたものだと結論されている。

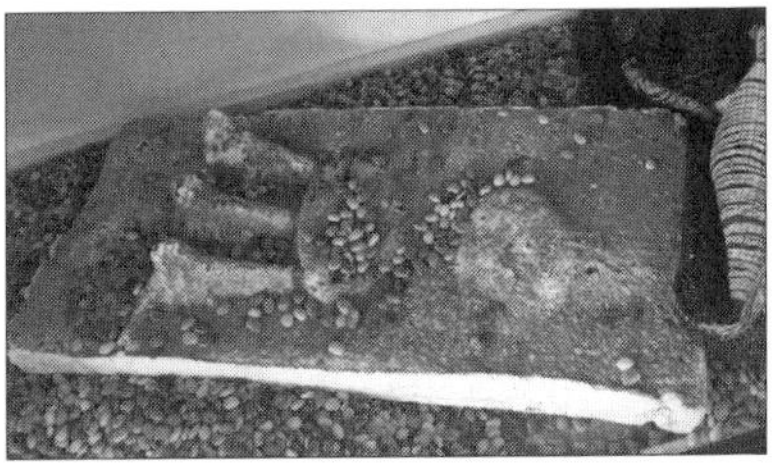

1988年に採取された足跡の石膏型（WCBD「New bigfoot sighting in NC after recent Lizard Man sightings in SC」※より）

また他にも、この足跡を調べたアメリカのテレビ番組「デスティネーション・トゥルース」のジョシュ・ゲイツによれば、地元民が足跡を偽造したことを認めているという。

最後に、ケネス・オアーの事件は、提出されたウロコを確認した保安官が、魚のウロコだったと指摘している。また、目撃したリザードマンのスケッチとされたものは、地元で売られていたTシャツの絵のパクリで、車はトヨタ製に偽装されており、さらに持っていた拳銃は無許可のものだったことなどがバレている。

つまり、オアーは空軍勤務という肩書きはあったものの、実はまったく信用できない人物だったわけである。彼は警察の追及を受けて、すべてイタズラだったことを認めている。

■あまり多くなかった目撃情報

リザードマンの目撃情報は、他のUMAの目撃情報に比べると少ない。1988年が7件で、それ以前が2件（ウェイとデービスの事件が報じられてから実は前に目撃していたと名乗り出るパターン）、それ以降が3件。

このうち、何らかの物証があるとされたのは、前に紹介した4件と、2011年に車が傷つけられたという事件（コヨーテが犯人だとされた）のみである。

さらに目撃情報にしても、必ずしもリザードマンのようなものは目撃されておらず、数件は毛むくじゃらのビッグフットのような情報まで含んでいた。

率直にいって、これでリザードマンの実在を主張するのは苦しい。

けれども、地元でのインタビューなどを見ていると、リザードマンは本当にいると信じられているというよりは、土着のキャラクター的な怪人として定着している印象もあった。

まだ歴史は短いものの、100年後くらいには日本のカッパのような存在になっているのかもしれない。

（本城達也）

【参考文献】
Lyle Blackburn『Lizard Man The True Story of the Bishopville Monster』(Anomalist Books, 2013)
「世界の何だコレ!?ミステリー」（フジテレビ、2017年9月20日放送）
※CBS News「Pit bulls maul Calif. minivan chasing kitten」
※Snopes.com「FACT CHECK: Car Attacked by Mountain Lion」

【UMA事件32】

ナミタロウ

Namitaro
21/07/1989
Pond Takanami, Nigata, Jaopan

新潟県糸魚川市のヒスイの産地、小滝川ヒスイ峡の近くに高浪の池がある。この池に潜むと伝えられるのが巨大怪魚ナミタロウである。

ナミタロウは全長2メートル以上、大きめの目撃証言では5メートル近くもあったとされる巨大な魚で、UMAとしては珍しくかなり信ぴょう性の高い目撃談が多くある。1966年から池の管理人が目撃していたと言われ、1987年6月には釣り人や観光客によって目撃が相次ぎ話題となった。1989年には糸魚川市観光課が、ナミタロウ目当てで集まった観光客を当て込んで「巨大魚フェスティバル」を開催し、ナミタロウの写真に30万円の賞金をかけた。そしてなんと、まさにその開催期間中に水面近くを泳ぐナミタロウの魚影が撮影されたのである。このため、高浪の池には少なくとも2メートル程度の魚が実在することはほぼ間違いないと見られるのである。

■高浪の池の詳細

高浪の池は標高1158メートルの赤禿山が大規模な地滑りを起こしたことによって誕生したせき止め湖であり、標高535メートルにある。いわば山中に突如形成された巨大な水たまりである。そのた

ナミタロウの想像図（CG: 横山雅司）と高浪の池（©Altocumulus.clear）

め流れ込む大きな河川はなく、外部の水域と繋がったことはない。ウグイ、コイ、フナ、ニジマスが生息しているが、外部から持ち込まれ放流されたものである。

外周は1キロメートルにも満たず、長さは300メートルほど、最大水深13メートルほど、平均水深5・8メートルと、それほど大きい池ではない。かつては深いヨシ原に覆われて容易に近づけなかったが、現在は周辺が開発されてレジャー施設の一部になっており、高浪の池で無線LANまで使えるそうである。

すり鉢状で岸から急激に深くなっており、浅瀬は岸近くに限られ広い浅瀬はない。水深10メートル以深では溶存酸素量が非常に少なく、魚類はそれより浅い中層域に主に分布しているようである。手元の複数のUMA本では「池の底に水草が生い茂っていて調査を阻んでいる」とされている。宇留島進著『日本の怪獣・幻獣を探せ！』で取り上げられている高浪の池の水草はカタシャジクモ、フトイ、センニン

1989年に撮影された写真。魚影が写っているというが、暗くてわかりにくい（「東京新聞」1989年11月18日夕刊）

モである。

このうちフトイは浅瀬に根を張って水面から上に伸びる抽水植物で、深い池の底を覆ったりしない。シャジクモの仲間は水草の中では比較的深い場所に密生し、「車軸藻帯」という特に密に育成する部分を形成することで知られる。実際に高浪の池にもシャジクモとセンニンモは分布しているので、届く光の強さなどの環境が適合する部分には密生していると思われる。

ただしカタシャジクモは最も長くて1メートルほどの藻類であり、調査を阻むほどかというとまた別の話である。池の透明度は資料によって1・6メートルから4・2メートル（季節、気候で変化すると思われる）だとされているので、池としては良くも悪くもないだろう。

■目測の大きさは信用できない

ナミタロウは3メートルから5メートルの巨大魚とされているが、実際のところ泳いでいる魚の大きさを目測で推定すると大きい数字になりがちで、そのままデータとして参考にするわけにはいかない。

学術的な発表の場合でも、目測で動物の全長を推定した際は、発表する際に目測である旨を明記する。目測は正確性に欠け、例えばサメなどのように元々人間より大きい魚の場合、その迫力のため目撃者の推定値が大幅に上方にブレて、実測値で6メートル前後を超えたことがないホオジロザメが目撃談では10メートルを超えることもある。

釣りの世界でも「大物は釣り上げると縮む」というジョークが囁かれるほどである。

このため、証言だけの「大物」の大きさは、そのまま仮説を組み立てるためのデータとして使うべきではない。

■ナミタロウの正体？

では、ナミタロウの正体と考えられる巨大魚は、どのような魚が考えられるだろうか。

ナミタロウは巨大なコイではないかという目撃証言がある。では、コイの仲間の場合、どのような巨大種がいるのであろうか。

普通のコイ自体がそもそも1メートル近くになる大型の淡水魚であるのだが、コイ目コイ科の魚にも大型になる種がたくさんいる。コイ科の最大種は東南アジアに生息するパーカーホで、外見は日本のコイを太らせたような姿だが、全長は2メートルを超え、3メートルに達することもある巨大種である。外見が日本のコイそっくりなせいで、人間と一緒に写った写真などを見ると違和感すら抱くほどだ。

東京都心にもほど近い利根川には、アオウオというコイ科（ソウギョ亜科）の巨大魚が生息している。元は在来種ではなく、中国から移入された外来種で、外見はコイをスマートにしたような姿をしている。最大で2メートル近くになり、東京都内から簡単に生息地に行けることから、アオウオに夢中になる釣りファンも多いようである。このアオウオが含まれるコイ目コイ科の中に分類されるソウギョ、ハクレン、コクレン、アオウオは、中国では「四大家魚」と呼ばれている。家で養う4つの代表的な魚という意味である。大きく味がいいこれら4種類の魚は、生息環境がお互いに似ているのに食性が異なる。そのために餌を巡って競合することがなく、一

コイ科の巨大魚（※「Big Fish of the World」）

ソウギョ（©Vladimir Wrangel/shatterstock）

つの池で一緒に飼える利点があり、農業のかたわらで育て、タンパク源として大いに食べられたという。

　中国で1000年以上前に確立された養魚であるが、明治維新後の日本でタンパク源として導入しようという計画が持ち上がり、この巨大魚軍団が日本へと持ち込まれた。現在ではソウギョは全国の各地、アオウオなどは主に利根川や霞ヶ浦などで見られるようである。

　さて、では肝心のナミタロウの正体はなんであろうか。はっきり言ってしまうと推論を組み立てるだけのデータがないというのが正直なところだが、「古代生物の生き残り」だの「宇宙生物」だのを持ち出す必要がないという点では、他の未確認動物に比べると存在する可能性が高いと言えよう。

　高浪の池には魚類を放流してきた歴史があり、昔（江戸末期か明治の頃）放流されたコイが巨大に成長したという言い伝えもあるという。現在最も妥当な仮説は、ソウギョなどの大型コイ科魚類が放流され、それが2メートル程度に成長したものだと考えて良いだろう。


（横山雅司）


【参考文献】

宇留島進『日本の怪獣・幻獣を探せ！』（広済堂出版、1993年）
※「青魚倶楽部」
山室真澄「車軸藻類の石灰化促進による富栄養化軽減技術開発に関わる研究」（東京大学）
※山室研究所「Limnology 水から環境を考える」
田中正明「高浪池の珪藻類」『四日市大学環境情報論集』(11(2), 55-70, 2008-03)
ビクター・G・スプリンガー、ジョイ・P・ゴールド『サメ・ウォッチング』（平凡社、1992年）

【コラム】
怪獣無法地帯 コンゴの怪獣たち

山本　弘

〈MM9〉シリーズの番外編「怪獣無法地帯」（『トワイライト・テールズ　夏と少女と怪獣と』〔角川文庫〕に収録）は、コンゴ共和国北部のリクアラ地方を舞台にしている。コンゴ川の支流のウバンギ川とサンガ川にはさまれた密林地帯。ここにはモケーレ・ムベンベで有名なテレ湖があるが、他にもUMAが——それも「怪獣」と呼びたくなるような異様な生物の伝説がいろいろあるのだ。世界で最も怪獣の多い地帯と言っていいかと思う。

フィクション、それもSFの中では、信憑性にさほどこだわる必要はない。そこで、この地域のUMAを、一編の小説の中に総登場させてみようと思った。さすがに全部は出すわけにいかなかったが、それでも書籍やネットでリクアラ地方について調べまくって、次のようなUMAをリストアップした。

●エメラ・シトゥカ

現地語で「ライオン殺し」という意味。大きなゾウで、一本の角と長い尻尾があるという。想像図ではモノクロニウスのように描かれることが多いが、スピノサウルスの変種とする説も。アンゴラのチペクエと同一視されることもある。

●サマレ

まったく正体不明だが先住民には恐れられている謎の獣。

●マハンバ

体長15メートルもあると言われるワニ。

●ムビエル・ムビエル・ムビエル

背中にノコギリ状の突起を生やしている大型の四足歩行生物。想像図ではステゴサウルスのように描かれる。

●ムリロ

コンゴ、ザンビア、ザイールなどにいると言われる、体長1・2メートルほどの大ナメクジ。

●ンガコウラ・ンゴー

別名バディグイ。大蛇だが、ングマ・モネネと同一視されることもある。

●ングマ・モネネ

ウバンギ川の支流で、1961年と1971年、ジョセフ・エリス牧師によって目撃された大型爬虫類。尾部の長さだけで10メートル、直径は0・5〜1メートル。蛇のようだが4本の脚があるという。想像図を見ると、恐竜というより大型のトカゲという感じだ。

●ンゴイマ

鷲のような怪鳥で、翼の長さは2・7〜4メートル。猿や子ヤギを食べる。

●ンデンデキ

テレ湖から北に40キロほど離れた川で目撃された、スッポンに似た大きな亀。甲羅の長さが4〜5メートルあると言われる。

●ンビジ・ア・ングル

顔がブタのような怪魚。

なお、小説中では少しズルをして、リクアラ地方だけではなく、近隣の別のUMAもいくつか出している。

たとえば作中で最も活躍する巨大猿ンボンガは、ボンドー・ミステリー・エイプの変異体と設定した。

コンゴの怪獣たち

①エメラ・ントゥガ

体長平均3メートル、体重は6トン。体は茶色から灰色で、切り株のような足と太い尾を持ち、頭部にはサイのような角が生えているとされる。（©Tim Bertelink）

②ムビエル・ムビエル・ムビエル

コンゴ共和国のリクアラ地域に住むというUMA。ステゴサウルスの近縁種で、水生で草食性だとされるが、具体的な証拠は一切収集されていない。（※ Cryptid Wiki「Mbielu-Mbielu-Mbielu」より）

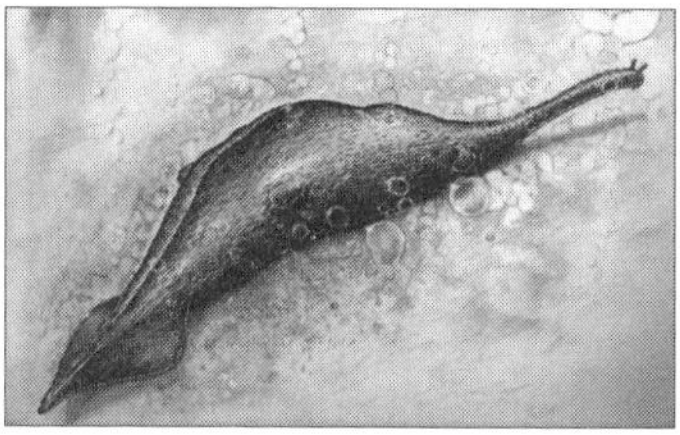

③ムリロ

コンゴの森林に住むとされる巨大ナメクジ。世界最大とされるアッシー・グレイスラッグ（約30センチ）の4倍以上の大きさがあるという。（※ Cryptid Wiki「Mulilo Slug」より）

④ングマ・モネネ

コンゴのウバンギ川周辺に生息するという未確認動物。10メートルを超える長い尻尾を持つトカゲのような生物で、背にはノコギリ状の突起がある。（※ Non-alien Creatures Wiki「Nguma-monene」より）

⑤ンデンデキ

甲長4〜5メートルにもなるという巨大スッポン。実在していれば現在確認されている「最大の淡水亀」のシャンハイスッポンの4〜5倍の大きさがあることになる。（※ New Cryptozoology Tarmola Wiki「Ndendeki」より）

1903年、コンゴ川の上流のボンドー地方（コンゴ共和国の隣のコンゴ民主共和国）で、ドイツ人探検家のオスカー・フォン・ベリンゲが目撃した未知の類人猿。ライオンも殺せるほど大きいので、エメラ・ントゥカと同じく、現地の人は「ライオン・キラー」と呼んでいたという。

また、リクアラ地方はコンゴ共和国と中央アフリカとカメルーンの三国が国境を接している地域で、アイヴァン・サンダースンがコンガマトー（50ページ参照）を目撃したカメルーンの山岳地帯にも近い。作中では、カメルーンから国境を越えてオリティアウ（コンガマトー）がリクアラ地方まで飛んできているという設定にしていた。

チバ・フーフィーも登場させた。脚を広げると長さが1メートル以上になるという巨大なクモで、現地名はまさに「ジャイアント・スパイダー」という意味。英語のスペルはJ'ba Fofiだが、こう発音するらしい。コンゴ共和国だけでなく、コンゴ川流域全体に分布しているらしい。19世紀、アーサー・ジョン・シムズというイギリス人宣教師がこのクモに噛まれ、まもなく死亡したとされている。

無論、こうした遭遇談や伝説がどこまで事実かは不明である。しかし、子供の頃から怪獣が大好きだった者としては、こういう話にはロマンを感じ、胸がときめいてしまうのだ。真偽不明な話については、「そんなものいるわけない」と決めつけず、温かく見守りたいものである。

【参考文献】

新博物学研究所『空想博物誌シリーズ［1］ 驚異の未知動物コレクション』（グラフィック社、2002年）
ジャン＝ジャック・バルロワ『幻の動物たち 上・下』（早川書房、1987年）
レドモンド・オハンロン『コンゴ・ジャーニー 上・下』（新潮社、2008年）
※「Cryptid Wiki」
※「New Cryptozoology Tarmola Wiki」
※「UMAファン～未確認動物」

【第五章】

1990年代のUMA事件

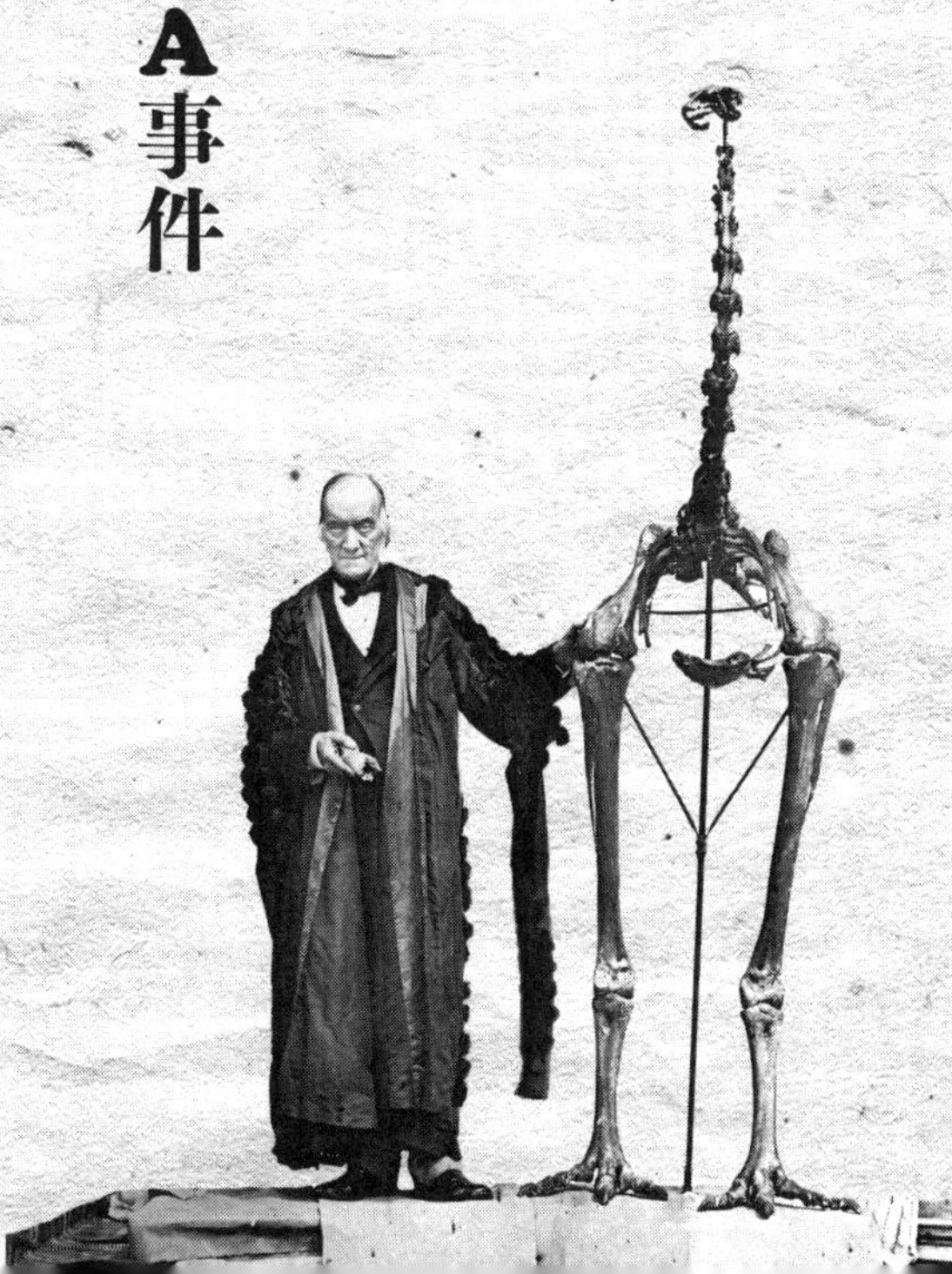

【UMA事件33】

オゴポゴ

Ogopogo

Lake Okanagan, British Columbia, Canada

07/11/1991

オゴポゴは、カナダのブリティッシュ・コロンビア州にあるオカナガン湖で目撃されるUMA。

体長は6～20メートル。頭は馬かヤギに似ていて、角があり、あごヒゲのようなものが生えていると考えられている。また体はヘビのように長く、背中には複数のコブがあるとされる。体色は黒、濃い緑、グレー、もしくは濃い青。

知名度は高く、キャディと並び、カナダの代表的なUMAとなっている。

■91年に鮮明な写真が撮られた？

オゴポゴの目撃例は比較的多いが、近年、日本のネットでよく取り上げられるのは、1991年にカナダ軍の救助隊によって目撃されたという事例。

この事例ではオカナガン湖上空を飛行するヘリコプターからオゴポゴが目撃されただけでなく、鮮明な写真が12枚も撮影されたという。そのうち、水面から大きな背中を出している写真と、横顔のアップの写真が2枚出回っている。

撮影されたのは1991年11月7日。この日、オカナガン湖で、リドリー・サムエルとエマ夫妻がボートに乗っていたところ転覆し、ブリティッシュ・コロンビア州にあるアボッツフォード空軍基地に救助

画像1

画像2

【画像1】カナダの切手に描かれたオゴポゴの想像図。モノクロで分かりにくいが、カラフルに描かれている。【画像2】SARのヘリから撮影されたという写真。ほかに水面から背中を見せている写真もある。（出典：飛鳥昭雄『［超保存版］ＵＭＡ完全ファイル』）

要請が入った。要請を受け、同基地の救助隊「ＳＡＲ」の隊員シドニー・Ｈ・パワーズ、ジョン・Ｔ・ウィリアムス、トム・Ｐ・マシェーズの3人はヘリに乗り込み、オカナガン湖に救助へ向かった。

しかし懸命の捜索にもかかわらず、ボートも夫妻も見つからない。そうした中、通報から1時間が経った頃、湖面に奇妙な波が目撃される。目をこらす一同。そこにいたのは、水面から姿を見せるオゴポゴらしき巨大な生物だったという。

その生物はヘリの存在に気づくと、すぐに湖の中へ姿を消してしまった。けれども写真は12枚撮影され、そのうちの2枚が流出したといわれている。

この話と写真は本当なのだろうか？　調べたところ、最初は２００５年にオカルト作家の飛鳥昭雄氏によって紹介されていたことがわかった。飛鳥氏によれば、情報源はハワイ在住のＵＭＡ研究家、エドワード・Ｊ・スミスなる人物だという。

ところが、この名前は偽名だというのだ。詳しい素性は明かせないらしい。もうこの時点で怪しく思えるが、試しに「エドワード・J・スミス」の名前を英語で検索してみても、該当する情報はまったくヒットしなかった。前出のオゴポゴの話や写真も海外では紹介されておらず、文献でも見たことがない。

つまり、それらの情報が存在するのは、飛鳥氏が書いた記事と、彼の情報をもとにした日本のネット記事のみということになる。

本来であれば大スクープであるはずの情報と写真が、公開から10年以上経っても日本の一部でしか流通していないというのは、おかしな話である。

おそらく、エドワード・J・スミスなる人物は実在しないのではないだろうか。もちろん、そうした人物が情報源の話や写真も、同様に信憑性はきわめて低いと判断せざるを得ない。

■その他の動画を検証する

それでは、他の目撃情報はどうだろうか。ここからは写真より比較的検証に向いている動画をいくつか取り上げる。検証を担当したのは超常現象研究家のベンジャミン・ラドフォードとジョー・ニッケル、それにビデオ鑑定の専門家で、FBIにて顧問を務めるグラント・フレデリクス。

●1968年のアート・フォールデンの動画

まず、1968年8月にアート・フォールデンという人物が撮影した動画（画像3）。これはフォールデンが家族とドライブの途中、水面で何かが動くのを目撃し、8ミリビデオで撮影したもの。

これまで、映っているオゴポゴらしきものは岸から270メートル離れたところを泳いでいたとされ、そこから体長は推定約20メートルといわれてきた。

ところが、ラドフォードとニッケルが現場でGPSを使い、岸からの距離を計測したところ、実際は約25メートルだったことが判明した。つまり10倍以上も過大に距離を見積もられていたことになる。ということは、当然、距離から推定された大きさも過大だったと考えられる。

【画像3】フォールデンの動画より。中央やや左下に見える細長い線のようなものがオゴポゴとされる。（出典「都市伝説～超常現象を解明せよ！～湖の怪物」）

【画像4】タールの動画より。中央あたりの横に白く波立っているのが、オゴポゴだと言われているもの。（出典「都市伝説～超常現象を解明せよ！～湖の怪物」）

映像を検証したフレデリクスは、黒い物体の先に、明るい色の物体が見えることを指摘。それは動きなどから、おそらく魚の群れで、その魚群の後にできる波が黒い線に見えていると考えられるという（彼はオカナガン湖でよく釣りもしている）。

●1980年のラリー・タールの動画

次は1980年8月11日に、ラリー・タールによって撮影された動画。

この日、家族でオカナガン湖に遊びに来ていたタールは、岸辺の観光客たちが沖の方を指差しているのにつられ、その方向にビデオを向けて撮影した。そのフィルムの一部が画像4。中央付近で横に白く波立っているものがオゴポゴだという。

けれども、この映像を検証したフレデリクスは次のように述べている。

「単なる波の動きと考えて問題ない。何か特別な現象のようには見えない」

これと同様の見解は、ディスカバリー・チャンネ

【画像5】デマーラの動画より。水面に浮かんでいるものがオゴポゴとされる。（出典「都市伝説〜超常現象を解明せよ！〜湖の怪物」）

【画像6】デマーラの動画より。水上スキーヤーが旋回する際に接触する。（出典「都市伝説〜超常現象を解明せよ！〜湖の怪物」）

ルの「超常現象調査隊」という番組でも出された。同番組では実際に波が起きた映像とオゴポゴだと言われている映像を比較し、両者がよく似ていることを確認している。

●1992年のポール・デマーラの動画

最後は、1992年7月24日に、ポール・デマーラによって撮影された動画。

この動画が特徴的だったのは、ボートに牽引された水上スキーヤーがオゴポゴとされる物体と接触していることだ。もしオゴポゴであれば決定的瞬間をとらえた映像になる。

ところが、この映像をよく見ると、スキーヤーは接近時も、接触後に水没し、浮き上がってから去って行く時も、慌てた様子がないことがわかる。

オゴポゴがいたのであれば考えられない反応だ。それでは一体何がその場にあったのだろうか？映像を検証したフレデリクスによれば、浮き沈みを繰り返す流木の可能性が高いという（曲がった幹や枝の一部が水面から出ている)。

ちょうど現場のあたりは水流が激しく、ものが流されやすい。水上スキーヤーに慌てた様子がなかったのも、流木というありふれたものだったのであれば納得がいく。

その他に誤認されうるもの

さて、この他に前出のジョー・ニッケルは、オゴポゴの目撃報告330件を調査している。その結果、たとえばオゴポゴとされるものの色は、緑、茶、黒、グレー、白など様々で、大きさも2・5～20メートルまで幅広いことがわかったという。報告されている内容にはかなりのばらつきがあり、とてもひとつの生物を目撃したとは考えられないとしている。

そうしたことから、ニッケルは目撃者が誤認した可能性があるものとして、波の跡、流木、ビーバー、カワウソ、魚の群れなどをあげる。

このうち、カワウソは他の水棲UMAの誤認例としてもよくあげられるもので、数匹が水面から体の一部を出して泳いでいる姿は、コブ状のものが水面から出ている姿と誤認されやすい。

オゴポゴという名前の由来

なお最後は、「オゴポゴ」という一風変わった名前の由来について紹介しておきたい。この名前は、1924年にイギリスで人気になった曲のタイトルが由来だといわれている。そのタイトルは「オゴ・ポゴ：おかしなフォックス・トロット」。

「フォックス・トロット」とは社交ダンスの一種で、「オゴ・ポゴ」は歌詞に出てくる謎の生物につけられた名前だった。当時のジャケットにはその「オゴ・ポゴ」の姿が描かれている。(画像7)

見たところ、オカナガン湖のオゴポゴとは似ていないが、実は歌詞には、「私はオゴ・ポゴを探している。彼の母さんはハサミムシでした。彼の父さんはクジラでした」という部分があり、この部分が後にカナダで替え歌になるのだった。

具体的には1926年8月23日のことで、この日、オカナガン湖の近くにある都市バーノンで開かれた社交団体の昼食会にて、H・F・ビーティという人物が、当時のオカナガン湖のUMAの特徴を交えて替え歌を作った。彼はオリジナルで母親が「ハサミムシ」になっていたのを「ヒツジ」に変更し、それをウィリアム・ブリンブルコムという人物が歌ったところ、人気を得たという。

その結果、もう翌日には『バンクーバー・デイリー・プロビンス』紙のロナルド・ケンビンが、「オゴポゴ」はオカナガン湖のUMAの公式ネームであると宣言。以降、その名前で定着していったのだという。

なお、オリジナルの曲の方はオーケストラ版がYouTubeにアップされている。「Paul Whiteman Orchestra - The Ogo-Pogo」で検索すればヒットするので、興味をお持ちの方はぜひお聴きいただきたい。

（本城達也）

オリジナル曲のジャケット。こちらの「オゴ・ポゴ」は手足の他に水かきとウロコがあり、緑色っぽい体色をしていた。（出典：※「WHEN OGOPOGO WAS GOING FOR A SONG!」）

【参考文献】

George M. Eberhart『Mysterious Creatures : A Guide to Cryptozoology - Volume 2』（CFZ Publications, 2010）

飛鳥昭雄、三神たける「カナダ軍が接近撮影に成功!! これが湖底怪獣オゴポゴだ!!」『ムー』（学研、2005年5月号）

飛鳥昭雄『［超保存版］UMA完全ファイル』（ヒカルランド、2012年）

Benjamin Radford, Joe Nickell『Lake Monster Mysteries』（The University Press of Kentucky, 2006）

「都市伝説～超常現象を解明せよ！～湖の怪物」（ナショナル・ジオグラフィック・チャンネル）

「超常現象調査隊」（ディスカバリー・チャンネル）

※ Karl Shuker「WHEN OGOPOGO WAS GOING FOR A SONG!」

※ Mark Chorvinsky「NESSIE and Other Lake Monsters」

【UMA事件34】

フライング・ヒューマノイド

Flying Humanoid
21/03/1992
All over the world

フライング・ヒューマノイドは、メキシコやアメリカをはじめ、世界中で目撃報告されるUMA。体長は1～2メートル。外見は「ヒューマノイド」の名のとおり人型のような場合もあるが、不定型の場合もあり、海外ではUFOと一緒にされている場合もある。

目撃されるのは上空で、何らかの飛行装置を持たずに浮遊しているとされることも多いことから、通常のUMAよりは超常的な要素が強い。

■最初に写真が撮影された事例

「人のようなものが空を飛んでいる」という目撃報告自体は昔からあった。たとえば日本では詳細不明だが、寛文6年（1666年）の3月26日に、人の形をした長さ約6メートルの光る物体が江戸の東方で目撃されたという記録が残っている。

けれども写真はなかった。こうした中、世界で初めてフライング・ヒューマノイドの姿を撮影したといわれているのが、1992年のメキシコでの事例である。同年3月21日、メキシコのテオティワカン遺跡にあるピラミッドを、ジャーナリストのマルコ・アントニオ・ビジャサナが撮影したところ、空中を浮遊する奇妙な黒い物体が写っていたという。

この事例は、日本でUMAを紹介する本では、世紀末と絡めるためか「1999年」と書かれている。けれどもメキシコのUFO研究家アナ・ルイサによれば、先述のとおり1992年のことだという。

また、撮影時に数千人が目撃したとも書かれるが、実際は撮影時には誰も気づいていなかったという。ただし、それ以上の詳しいことはわからない。写真もかなり探してようやく1枚を見つけたものの、確認できるのはその不鮮明な1枚しかなかった。そのため残念ながら、これだけの情報から正体が何かを推測することは難しい。

■2006年の空飛ぶ魔女

とはいえ、フライング・ヒューマノイドの姿を撮影したという報告はその後も続いている。ここからは話題になったものをいくつか取り上げてみたい。

まずは2006年のメキシコの事例。こちらは同年5月17日にメキシコのモンテレイで撮影されたもの。撮影者はディアナ・チャパという地元の女性で、UFO同好会の集まりの際、空を飛ぶ奇妙な物体に気づいて動画を撮影したという。その物体の姿は、魔女のようにも見えることから、「空飛ぶ魔女」とも呼ばれている。日本のテレビ番組でもよく紹介されるため、ご存知の方も多いかもしれない。

正体は一体、何だったのだろうか? これについてはアメリカの『嘘か本当か超常現象ファイル』という番組が、ディアナにも取材をした上で検証を行っている。

まず番組では、背中に背負った装置からジェットを噴射するジェットパックが使われた可能性と、ロープと滑車が使われた可能性をそれぞれ検証した。これらは動きやスピードはよく似ていた。しかし、ジェットパックは飛行時間が短いという弱点があり、ロープと滑車の方はロープを長く張り続けるのは困難という弱点があった。

そこで次に検証されたのは、ラジコンを使ったバルーンの可能性。これは、UFOを撮影する目的で

【画像1】1992年にメキシコで撮影されたというフライング・ヒューマノイドの写真（※Ana Luisa Cid「OBJETOS LUMINOSOS EN GUERRERO」より）

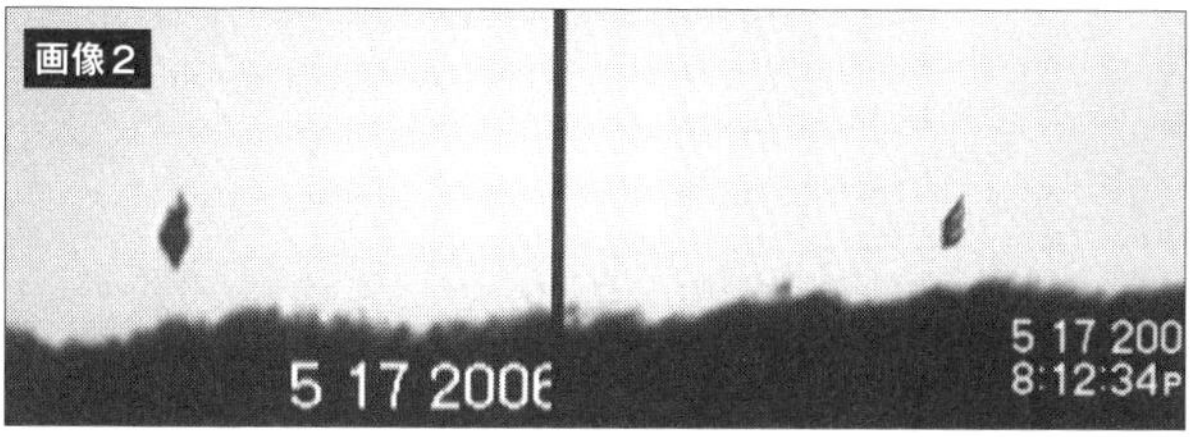

【画像2】2006年にメキシコで撮影された「空飛ぶ魔女」。左がオリジナルの映像で、右が再現映像。（『嘘か本当か超常現象ファイル』より）

集まった人たちの前に現れたというタイミングの良さと、２年前に隣町で起きた事件（警官が魔女のようなフライング・ヒューマノイドに襲われたとされる）との関連性から考えられた。

つまり、何者かが２年前の事件をもとにイタズラを仕掛けたという可能性である。ラジコンは飛行の安定性を高めるためで、遠隔操作もしやすいというメリットがあった。

実際、バルーンを取りつけて飛ばしてみると、外見や飛び方、スピードも似ており、一定の高さをキープすることもできた。背景を合成すると、どちらがどちらかわからなくなるほどである。そのため現状では、バルーンとラジコンを使ったイタズラの可能性が最もありそうだと考えられている。

■２０１４年のフライング・マン

次は、２０１４年にインドのクトゥブ・ミナールで撮影されたという動画。これはＹｏｕＴｕｂｅに

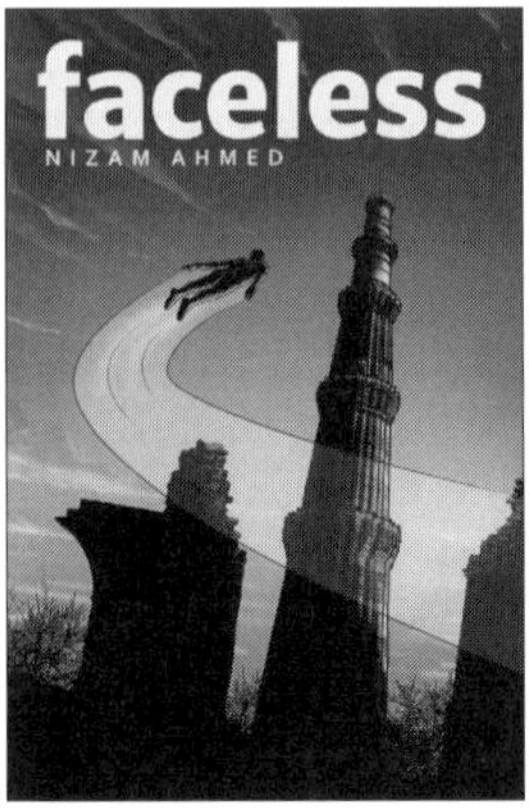

小説『フェイスレス』の表紙。動画と同じく、主人公のスーパーヒーローがクトゥブ・ミナールの塔のまわりを飛ぶ構図になっている。

2014年にインドで撮影されたという映像（※YouTube『SHOCKING VIDEO!!! Shot at Qutub Minar in Delhi』より）

投稿されて有名になった。

　映っているのは明らかに人のようなもので、しかも浮遊しているのではなく、まるでスーパーマンのように自らの意思で飛び回っているように見える。

　これは一体何だろうか？　動画の説明文をよく読んでみると、「このミステリアスなフライング・マンについては、わくわくする本を読んで」と書かれてあった。そして、その下にはAmazonへのリンクがはってあり、クリックすると、『フェイスレス』という本の購入ページが表示された。

　この本はスーパーヒーローが主人公の小説である。本の発売日は2014年の3月10日で、動画の投稿日は同年の4月23日。実は、YouTubeに投稿された動画は、小説に注目を集めさせるためにCGで作られた宣伝用動画だった。

　ちなみに動画の投稿者の名前は「リオナ・カプール」で、このリオナという名前は、小説に出てくる少女と同じ名前。彼女は動画の舞台になっているクトゥブ・ミナールで主人公に救出されるという設定になっており、わかる人が見れば仕掛けがあると気づけるようになっていた。

■15年のカリフォルニアの事例

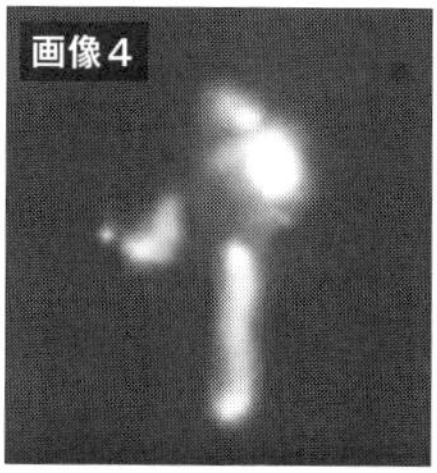

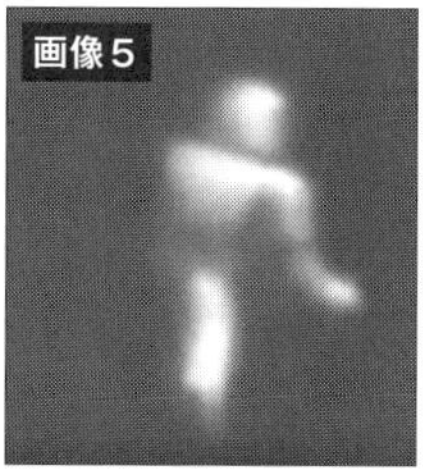

【画像4】2015年に撮影されたフライング・ヒューマノイド。正面から見た画像。右腕の先が黒っぽく見える点に注目。
【画像5】は後ろから見た画像。右腕の肘のあたりに黒っぽい線があるように見える。（※YouTube『Hu-manoid Ufo Anomoly Captured on 3 Cameras over LA W/ Vani-shing Orb In Its Hand』より）

【画像6】実物のバルーン。安定して立たせるため、撮影時、公園にいた子ども達に支えてもらった。元の映像と同じく、バルーンの肘には黒い線があり、手も黒くなっている。（撮影：本城）
【画像7】バルーンのパッケージにある本来の完成した姿。銃があり、テープで貼りつけることによって、手に持たせられるようになっている。

続いては、2015年の8月9日、午後4時頃、アメリカのカリフォルニア州にあるセコイア国立公園で撮影されたという動画。このときはイベントが行われていたことから大勢の目撃者がおり、動画もそれぞれ別の3人によって撮影された。

状況から考えれば、CGなどを使った捏造の可能性は低く、日本のテレビ番組でも信憑性が高い動画としてよく紹介されている。

たしかに、何らかの物体が実際に現場の上空を浮遊していた可能性は高そうだった。

それでは何が浮遊していたのだろうか？　拡大した映像を見ると、人型をしたバルーンの可能性が考えられた。具体的には、映画『スターウォーズ』に登場するストームトルーパーのバルーンである。これは白を基調とした色や、全体の形がよく似ていた。

ただし動画をよく確認すると、問題のフライング・ヒューマノイドは左腕と左脚がないように見える。またストームトルーパーのバルーンが本来手に持っている銃もないように見える。また腕の向きも違うようだった。

これでは同じとは言いがたい。とはいえ似ている部分もある。そこで筆者（本城）は実物を購入して確認してみることにした。その結果、次のことがわかった。

まず、両腕、両脚は胴体とつながっておらず、テープを使って貼る仕組みになっていた。銃も同様である。そのためテープが剥がれれば、それらは簡単に外れてしまい、手脚がなくなっても残った胴体部分が破れてしぼんでしまうことはなかった。

つまり、動画と同じ状態で膨らんでいられることがわかった。また、銃を外すと腕は外側に開くようになっており、その曲がり方もよく似ていることがわかった。さらに全体の大きさも約１８０センチと大きく、地上からも見えやすかったはずである。

おそらく現場がイベント会場になっていたことから、こうしたバルーンが持ち込まれ、重りが外れるなどして上空を浮遊してしまった可能性が考えられる。

■17年のザンビアの事例

最後は、２０１７年3月に、アフリカのザンビアの都市キトウェにあるショッピング・モールの上空で撮影されたという写真。

写っているものは全長約１００メートルにもなり、「巨大ヒューマノイド」、または映画『ハリー・ポッター』に登場する「ディメンター」（吸魂鬼）ではないかと騒がれたという。その異様な光景から海外メディアをはじめ、日本でも取り上げられた。

ところが、このフライング・ヒューマノイドの正体ははっきりしている。マーティン・レスターというアーティストが制作した「スピリット・マン」という特殊な凧である。

問題の写真は、ネットにアップされたこの凧の写真を切り取って合成したものだった。

一部では、その異様さからＣＧを疑う意見もあったが、あくまでも写っているヒューマノイドそのも

【画像8】2017年にザンビアで撮影されたという巨大なヒューマノイド（※ Daily Mail『Human-shaped cloud appears above Zambian shopping centre』より）【画像9】元になった画像。大きな画面でよく見ると、上半身に複数の糸がついていることがわかる。（※『Hdx』より）

のは実在する。ただし合成の際、オリジナルには写っていた複数の糸が消されたことや、かなり珍しい凧が使われたこともあって、見る人に大きなインパクトを与えたようだ。

　空には思いもよらないものが飛んでいることもある。フライング・ヒューマノイドの事例は、そうした想像外のものがあることを私たちに教えてくれているのかもしれない。

（本城達也）

【参考文献】

並木伸一郎『増補版 未確認動物ＵＭＡ大全』（学研、２０１２年）

斎藤月岑・編『武江年表』（国書刊行会、１９１２年）

※ Ana Luisa Cid『OBJETOS LUMINOSOS EN GUERRERO』

『嘘か本当か超常現象ファイル』（ユニバーサル・チャンネル、２０１２年３月18日放送）

『世界の何だコレ!?ミステリー』（フジテレビ、２０１５年10月21日、11月11日放送）

※ YouTube『SHOCKING VIDEO!!! Shot at Qutub Minar in Delhi』

※ Flipkart.com『Faceless - Buy Faceless by Nizam Ahmed Online at Best Prices in India』

※ The Black Vault Case Files「Humanoid UFO Anomaly Captured on 3 Cameras over Los Angeles, California」

※ YouTube「Humanoid Ufo Anomoly Captured on 3 Cameras over LA W/ Vanishing Orb In Its Hand」

※ Daily Mail「Human-shaped cloud appears above Zambian shopping centre」

※「Ｈｄｘ」(http://bit.ly/2InGmIJ)

※ Martin Lester「Martin Lester's Spirit Man Kite at intothewind.com」

【UMA事件35】

スカイフィッシュ

Sky Fish
05/03/1994
New Mexico, USA

棒のような体の側面に膜状のヒレを持ち、それを波打たせて時速200～300キロで高速飛行する。あまりにも飛行速度が速いため、肉眼で見ることが難しい。故に、ビデオカメラが発達した20世紀末ごろに発見された。

この魅力的な設定で一気に人気UMAになったのがスカイフィッシュである。

元々は1994年3月に、映像コーディネーターであるホセ・エスカミーラがニューメキシコ州ロズウェルでUFOの撮影に挑戦した際、5日の撮影分に謎の細長い影が写り込んでいたことにはじまる。3月19日に撮影に再挑戦した際、またしても謎の棒状物体が写り込んでいたため自ら調査、研究を進める一方、インターネットを通じて世界中に情報提供を呼びかけた。結果、世界中でスカイフィッシュが「発見」されることになる。ちなみに海外では棒を意味する「ロッド」「フライング・ロッド」という呼び方が一般的である。

■スカイフィッシュは存在せず

さて、結論から言ってスカイフィッシュなる未確認動物が存在しないことはほぼ間違いない。

スカイフィッシュはその映像がテレビやネットで

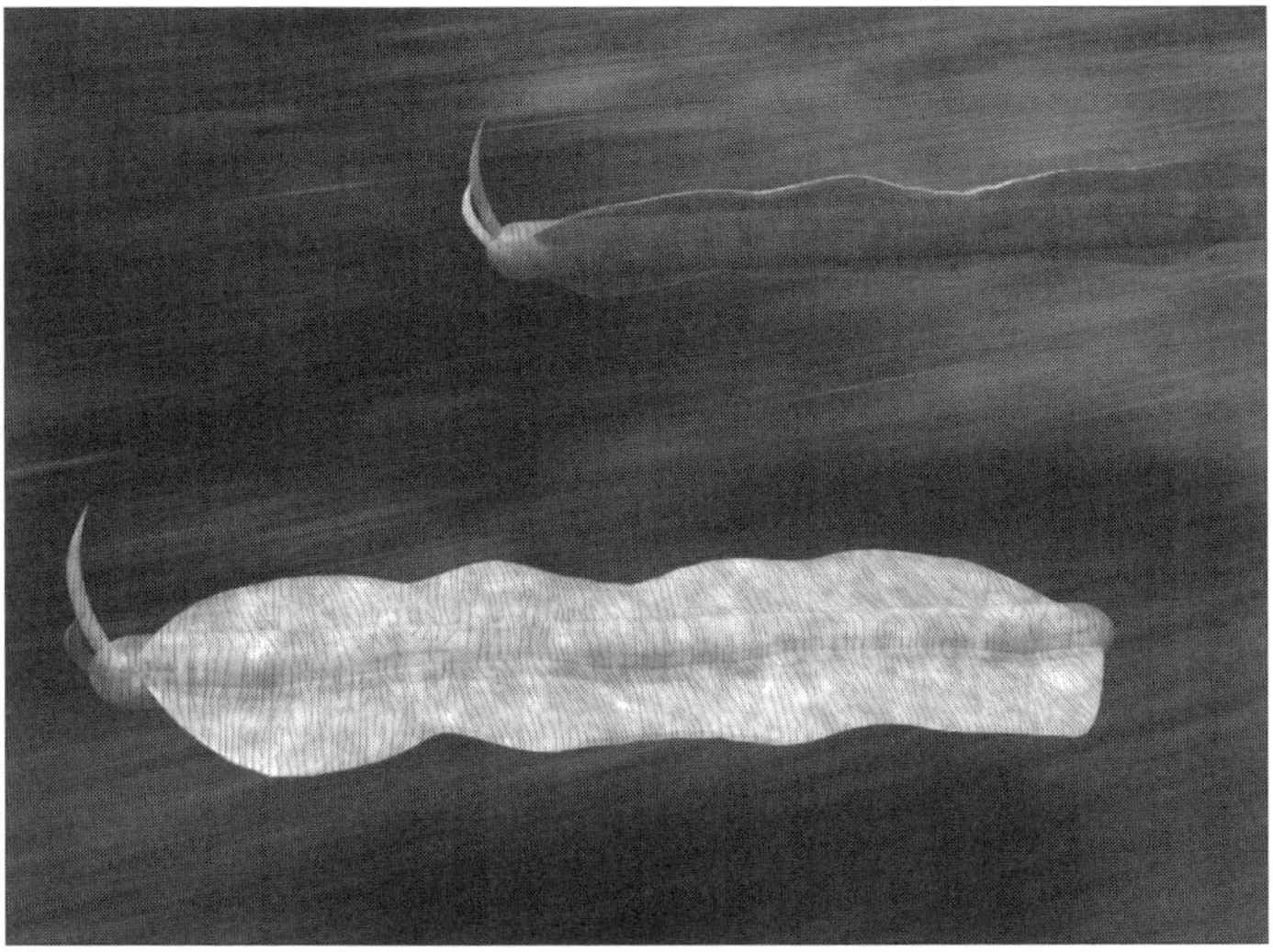

スカイフィッシュの想像図（CG: 横山雅司）

話題になり始めたその当初から「単に飛んでいる昆虫がぶれて映っただけじゃないのか？」という声があった。

そもそも数十センチから2メートルもあるスカイフィッシュが、時速200～300キロで飛んだくらいで肉眼で見えなくなるのもおかしな話である。プロ野球の速球が時速160キロほど、全長約2メートルのレーシングバイクの最高速度が時速300キロほどだが、もちろん肉眼で認識できなくなったりはしない。

カメラのすぐ近くをハエなどの虫が飛んでいるだけなのに、カメラから離れたところを飛んでいる大きな物体と誤認して飛行速度を推定した結果、本当は1秒間に数十センチの距離しか飛行していないのに、十数メートルを一瞬で飛翔したことになって、結果時速200キロというおかしな推論が出てきたのである。例えるなら、遠くに見える富士山の山頂を指で指し、そのまま手を下ろして1秒後に富士山の麓を指した時、指先が秒速3776メートルで移動したことにされたようなものである。

■正体は「モーションブラー」

現在ではスカイフィッシュの正体は、動く物体を撮影した時の映像のブレ「モーションブラー」だと判明している。これは仮説というだけでなく、実際に飛翔する昆虫を撮影し、スカイフィッシュ状に映ることが確かめられている。映像というものは1コマ1コマの静止画を連続で撮影したものである。そのため、1コマの静止画を撮影する間に位置が大幅に動くような速度の物体だと、一コマの間にブレて映ってしまう。

1コマの撮影にかかる時間はカメラの種類や撮影時の状況によって変わってくるが、大まかには暗い場所では光を取り込むのに時間がかかるので長く、明るい場所では短くなる。これは動画だけでなく静止画の撮影でも同じである。そのため撮影場所の明るさ（撮影した後の画像の明るさではないことに注意）によって映り方も変化する。一概には言えないが、薄暗い場所で撮影するとスカイフィッシュの体も長くなることが考えられる。実際、夜間に撮影されたスカイフィッシュの画像には全長が長く、羽の感じがどうも蛾っぽいものが存在する。おそらく蛾がぶれて映ったのだろう。

また、スカイフィッシュのヒレが波打つように映るのも虫が羽ばたいているからに他ならないが、蛍光灯のように光源の方が高速で明滅している場合、降りしきる雪やゴミなども1コマに断続的に映り、スカイフィッシュ状に映る場合がある。

ちなみにこのモーションブラー説が誤解されて「スカイフィッシュの正体はブレて映ったハエである」という偏った説になり、映像によっては「こんなところにハエはいない」という反論が発生したりするが、モーションブラー説の重要なポイントは「動く物体がブレて映ってしまうこと」であって、映り込むものがハエかどうかは関係がない。

ブレて映る可能性があるものなら、水中だろう

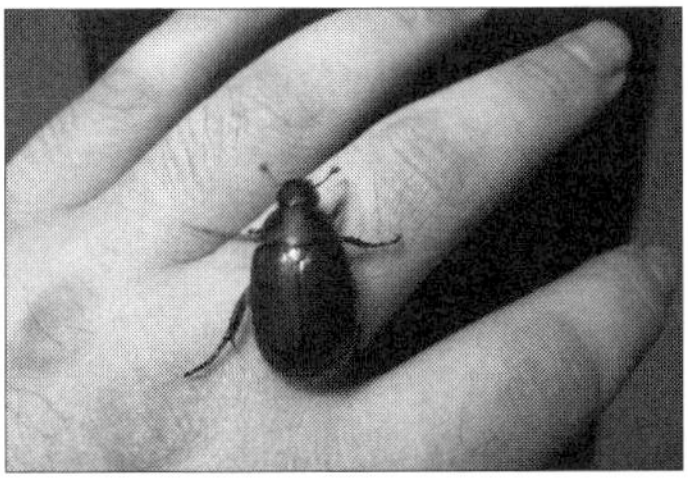

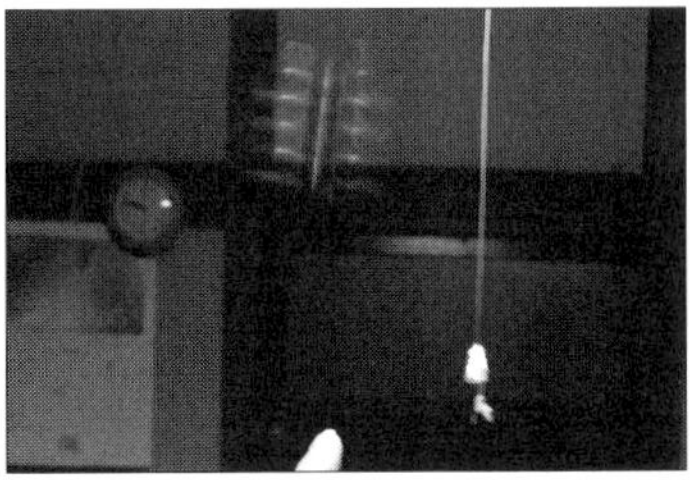

【左】ドウガネブイブイ【右】モーションブラーによってスカイフィッシュ状に映った（撮影：横山）

が地面だろうがスカイフィッシュが撮影される可能性はある。

スカイフィッシュの発見者であるホセ・エスカミーラは、このモーションブラー説に反論し、「スカイフィッシング・プロトコル」を提唱している。これは、常時モーションブラーが起きないほどの高速、2000分の1秒から1万分の1秒でシャッターを切って、スカイフィッシュを撮影するための方法と考え方をまとめたものだという。

このシャッタースピードは、噴水の飛び散る水滴の一粒まで写し、テニスのラケットで打ち返されたボールの潰れた形まで映り込むほどのスピードである。もしスカイフィッシュが実体として存在し空を飛んでいるのなら、ブレた画像ではなくクッキリとその姿が映るはずである。検証法として極めて真っ当で、実践されるなら大歓迎だが、結局のところ十数年経った今も「スカイフィッシング・プロトコル」に則ったクリアな写真は得られていない。

■プラズマ生命体とは？

さて、スカイフィッシュというUMAの実態はこんな感じだが、それとは別に一連のスカイフィッシュ騒動の影響はなかなか興味深い。

そもそもの発端からしてUFOと関連があったスカイフィッシュは、SF的な仮説がよく唱えられがちである。

よく聞く仮説の一つが「プラズマ生命体」説である。プラズマ生命体とは言葉の響きはかっこいいが、具体的にどのようなものなのか、肝心のその部分の詳細な説明はあまり聞いたことがない。プラズマというのは気体が高エネルギー状態で電離したもので、例えばネオンサインも封入ガスが電気でプラズマ化することで光っている。超高温の気体がどう生命として振る舞うのか、設定を練り上げればSF的なワンダーが得られて面白そうではあるが、事実としてどうかはまた別の話であろう。我々はSF小説のアイデアを練っているのではないのだ。そもそもプラズマがヒレを波打たせて飛ぶ必要があるのだろうか。

ちなみに生物学にもプラズマという用語があるが、細胞の原形質や血漿《けっしょう》を意味する言葉であり、それを持つ生命というなら細胞を持つ全ての生物が当てはまることになる。

またスカイフィッシュは宇宙生物であるという説や、小型宇宙船であるという説まで提唱されている。「わからないものはとりあえず宇宙の奴」というのはUMA界隈でよく見られる光景であるが、もちろんなんの根拠もない。「宇宙なんだからすごいのがいるに違いない」と、存在自体仮定のものであるUMAの根拠に、さらに別の仮定の話を持ってきただけである。

生物として見たとき、スカイフィッシュは想像図に奇妙な説得力があり、高速で空を飛べて目に見えない、という設定をなくせば海洋生物として普通にいそうな姿をしている。実際、スカイフィッシュの長いタイプは洞窟内の水中に生息するムカデエビに似ているし、ヒレを波打たせて泳ぐ姿は遊泳中のヒラムシに似ている。

そのせいかスカイフィッシュは、カンブリア紀の海洋生物アノマロカリスが進化し空中に進出したもの、という説が話題になったりもした。この説を提唱したのは生物学者のケン・スワーツだが、UFOサイト「UFO EVIDENCE」によると、スワーツはイカのような生物を想定しており、イカのように体の側面のヒレで泳ぐ化石種として、アノマロカリスをあげたようである。形がなんとなく似ているという以外アノマロカリスとスカイフィッシュになんの

スカイフィッシュとアノマロカリス（CG：横山雅司）

関連性もなく、学術的に筋の通った仮説もない。ちなみにいくつかの本やネットでアノマロカリスを「古代魚」と紹介しているものがあるが、アノマロカリスは魚類ではない。

　また、ホセ・エスカミーラによれば「スカイフィッシュによく似た古代の岩絵」も発見しているという。それはアルゼンチンのサン・ジョルダンという地域にある遺跡だという。ただ、発表された画像を見ても植物の葉のようにも見えるものでスカイフィッシュだとは言い切れないし、具体的にどの遺跡のどの場所かも情報が少なくよくわからない。

　プラズマ生命体にエイリアン、小型宇宙船、遥か太古に絶滅したはずが進化して生き延びていた生物、古代の岩絵。芳醇な豊かさすら感じさせるロマンの満漢全席といった感じだが、スカイフィッシュの正体がモーションブラーであるとするのが定説となって来ている現在では、また別のものが見えてくる。

　これはまさに、人間に豊かな想像力があることの証明に他ならない。ただのピントのボヤけた画像一枚から想像の翼を羽ばたかせてしまう力こそが、ある意味でＵＭＡが世界各地に出現する原動力であることもまた、確かであろう。

（横山雅司）

【参考文献】
並木伸一郎『未確認飛行生物ＵＦＣ「スカイフィッシュ」』（学研、２００４年）
※「UFO EVIDENCE - Scientific Study of the UFO Phenomenon」
※「Roswell Rods - We Review the Facts & Myths - Timeline」

【UMA事件36】

チュパカブラ

Chupacabra
08/1995
Canóvanas, Puerto Rico

ヤギや羊の生き血を吸って殺すことから、スペイン語で「ヤギ（カブラ）の血を吸う（チュパ）もの」と名付けられた吸血怪物「チュパカブラ」。1995年にカリブ海の島プエルトリコで最初に目撃されるや否や、その目撃談はあっという間に中南米各地で相次ぐようになり、今やネッシー、ビッグフットに続く「世界3大UMA」のひとつにも数えられるようになっている。

■一致しない目撃証言

チュパカブラはグレーとも赤毛とも言われる体毛に覆われ、体長は1メートルほど。楕円形の頭に真っ赤な大きな目。後ろ脚で飛び跳ねて移動するとも、羽が生えて空を飛ぶとも言われている。ストローのような口で家畜の生き血を吸って殺す。特に背中に生えている大きなトゲが特徴で、トレードマークとも言える。

問題は目撃証言が一定していないこと。みんなが同じものを目撃しているのかどうかすら明らかでない。カンガルーに似ているという話もあれば、宇宙人のグレイみたいだという話もあり、まさに人によってバラバラ。チュパカブラだとして多くの写真が公表されているが、信頼性のあるものは一枚もな

チュパカブラのイメージ図（イラスト：横山雅司）

い。チュパカブラの死体とされるものも発見されているが、DNA鑑定の結果は多くが野犬に過ぎなかった。1990年代の大流行の後は、目撃も急激に減少している。

目撃されたチュパカブラの多くは、疥癬《かいせん》によって毛が抜け落ちて姿が変わり果てたイヌだったのではないかと見られている。一方で、宇宙からやってきた謎の宇宙生物だとか宇宙人のペットだとか、極秘の遺伝子工学研究所から逃げ出してきたハイブリッド人工生命体なのではないかといった珍説も色々出された。宇宙生物や人工生命体といったヨタ話の類は、こういった話題になると必ず誰かが言い出す定番のトンデモ学説といえるだろう。

だが、チュパカブラの場合はちょっと様子が違っていた。恐ろしいことにどうやら、チュパカブラのルーツは、本当に宇宙生物であり、遺伝子工学で生み出されたハイブリッド人工生命体だったようなのである！（って、少し意味は違うんだけどね）

■チュパカブラのルーツを発見？

この説を唱えたのは、懐疑的超常現象研究家として知られる米国のベンジャミン・ラドフォード。彼は自らを「プロフェッショナルな懐疑主義者」と呼び、米国の超常現象懐疑主義団体のリサーチ・フェローなども務めている人物だ。そんな彼がなぜ「チュパカブラのルーツはハイブリッド人工生命体の宇宙生物」などという結論に至ったのか。そこには、チュパカブラが1995年に急に現れたのはなぜか？背中にギザギザのトゲが生えているチュパカブラ特有のデザインはどこから生まれたのか？といったチュパカブラ誕生のルーツに起因する根源的な謎が関連していた。

ラドフォードはこれらの謎を解くために、世界で最初にチュパカブラを目撃したプエルトリコに住む主婦マデリン・トレンティノに取材を行った。彼女がチュパカブラを目撃したのは1995年8月第2週の平日のある日。場所は実家があるプエルトリコ東部の街カノバナス、時間は午後1時頃と昼間だった。チュパカブラは彼女の実家の窓の外にいた。体長は1メートルほど。濃い灰色の体、吊り上がった大きな目に耳や鼻はなく、ただ穴が2つ空いていたという。手足の指は5本で、カンガルーのように飛び跳ねて森へと消えていったという。

事件後に地元研究団体から受けたインタビューでは、近所の少年がチュパカブラを追いかけて捕まえ、口をねじ開けてみたら犬歯が生えていたなどと答えていたはずだったが、ラドフォードが確かめると「それは大げさな作り話」という証言に変わっていた。また取材に同席したトレンティノの元夫のミゲル・アゴストも「チュパカブラと犬が争っているのを見たことがある」などと言い出し、チュパカブラにはテレパシー能力があってそれで人間を操っているに違いない、などと主張していた。

これらのファンタジックな証言をどこまで本気にするかは難しいところだが、ラドフォードは、トレンティノがチュパカブラを目撃する直前に、あるS

【左】プエルトリコの遭遇事件の目撃者、マデリン・トレンティノが描いたチュパカブラのスケッチ（※ Cryptid Wiki「Puerto Rican Chupacabra」より）
【上】映画『スピーシーズ / 種の起源』に登場するシルの変異体。背中に突き出たトゲや鋭く伸びたツメなど共通点は多い。（※ the musium of Hoax「RIP H.R. Giger, father of the chupacabra」より）

F映画がプエルトリコで封切られていたことに気がついた。それが『スピーシーズ／種の起源』だ。

■SF映画が生んだ幻想

この映画は、プエルトリコにあるアレシボ天文台のシーンから始まる。宇宙からやってきたメッセージに含まれていた未知のDNA配列を人間の女性に組み込む実験が極秘の遺伝子工学研究所で行われた。その結果、ハイブリッド生命体の少女「シル」が誕生した。彼女は一ヶ月で少女にまで急成長したが、彼女が持つ危険性を察知した研究所員らによって毒ガスで殺されそうになった。だが、シルはガラスを突き破って脱走。美しい女性となったシルは、生殖のために男を探し街をさまよい歩いていく、といったストーリーだ。

問題は、変体後のシルの姿にあった。映画『エイリアン』で一躍有名になったH・R・ギーガーの手によるデザインで、イラストのように背中にはギザ

1995年に公開された『スピーシーズ/種の起源』。監督は『ダンテズ・ピーク』などで知られるロジャー・ドナルドソン。興行成績は上々で、後に続編や派生作品も作られた。

ギザのトゲを持ち、まさにトレンティノが見たチュパカブラそのもの。

その上、トレンティノ自身もこの映画を観たと証言している。さらに「背中のトゲとか、チュパカブラと凄くよく似ている。あんなそっくりな映画をなぜ作れたのか」などとまで語っていたのだ。この映画がプエルトリコで封切られたのが1995年7月7日。トレンティノの目撃事件が起きる一ヶ月前だった。事件と映画公開の前後関係は明らかだ。トレンティノが見たとしていたチュパカブラの姿が実は、遺伝子工学で生み出されたハイブリッド人工生命体（あくまで映画での話だけどね）に強く影響を受けていたという可能性が高そうなのだ。

チュパカブラは、「家畜が何ものかに狙われ、血が抜かれて殺される」という恐怖がトレンティノの目撃証言によって姿形を与えられ、ラテン系住民の間で一気に広まった一種の集団ヒステリーによって生み出された「幻の怪物」だったのではないだろうか。

（皆神龍太郎）

【参考文献】
皆神龍太郎、志水一夫、加門正一『新・トンデモ超常現象60の真相（下）』（彩図社、2013年）
Benjamin Radford「Slaying the Vampire Solving the Chupacabra Mystery」『Skeptical Inquirer』（Vol.35 No.3 May/June 2011）
Slaying the Vampire Solving the Chupacabra Mystery（Skeptical Inquirer vol35 No3 May/June 2011）
※ナショナル・ジオグラフィック日本版サイト「UMA〝チュパカブラ〟の正体とは?」

【UMA事件37】

ジャナワール（ジャノ）

Lake Van Monster
17/05/1997
Eastern Anatolia Region, Turkey

トルコ東部にある、同国最大の湖、ワン湖。この湖の中に潜んでいると噂される巨大水棲獣が「ジャナワール」だ。日本では「ジャノ」という名称で知られているが、トルコでは怪物を意味する「ジャナワール」とかより簡単に「ジャナ」、または「ワン湖の怪物」などと呼ばれている。

「ジャナワール」について、多くのUMA本で次のように説明している。

体長約15～20メートル。黒っぽい焦げ茶色の体をしており、首が長く胴体にはヒレやコブがある。正体は、クジラの先祖であるゼウグロドンである可能性が高い。

ジャナワールの目撃談が広まるようになったのは1990年代からと比較的最近で、ニューフェースのUMAと言って良い。ただ1889年4月の新聞に「ワン湖に棲む怪物に男が湖の中へとひきずり込まれた」と書かれていたことが見つかり、ジャナワールの目撃例は130年前からあったともされている。しかし、日本でも明治の新聞には、妖怪やら怪物やらの面白おかしい目撃談がたくさん掲載されていたので、100年以上昔の新聞記事を四角四面に受け取ると、余りろくなことはないかもしれない。

ワン湖の面積はほぼ埼玉県の面積に近い3755平方キロメートルで、日本の琵琶湖と比べると5・

6倍の広さが有る。しかし湖の水質は、水分を蒸発させれば洗剤として使えるほどの強アルカリ性なため、魚の生育に適していない。湖には、地元でインジ・ケファリと呼ばれている一種類の魚しか生息が確認されておらず、そのため生物学の専門家からは、巨大水棲獣が棲むのは無理だと見なされてきた。

■怪獣の姿を撮影したビデオ

そんな「ワン湖の怪物」を一躍世界的に有名にしたのは、ワン湖湖畔で撮影されたとされる一本のビデオだった。撮影者は湖畔にあるユズンジュ・ユル大学助手のウナル・コザック（当時26歳）。彼はトルコの新聞「ザマン」紙の記者も務めていた。

コザックは、ジャナワールに深い関心を寄せ目撃証言などをこまめに集めていたが、ジャナワールの目撃例が多かった湖のアドゥル島で、1997年5月17日に決定的な映像を撮影することに成功したという。

コザックの動画（※youtube「Lake Van Monster」より）

何が映っているのかよくわからない代物が多いUMA映像の中で、コザックのビデオは他に例がないほど鮮明に怪物の姿を映していた。ビデオにはほんの数秒ながら、焦げ茶色の三角形の頭を湖面に出した馬面の生物が、鼻からブクブクと空気を吐き出しているシーンが映っていた。このビデオをCNNが同年6月12日にネット配信したことで、ワン湖の怪物は世界中に知られることになった。

日本国内でトルコの怪物ジャナワールを有名にしたのは、日本テレビ系列で1998年10月5日に放映された特番「衝撃リポート!! 世界の怪奇現象・大追跡スペシャル」だった。草野仁氏が司会を務め、日テレ入社4年目だった羽鳥慎一アナウンサーがト

ジャナワールの想像図（CG: 横山雅司）

ルコまで飛び、水中カメラロボットをワン湖に沈めジャナワールを探すという番組だった。もっともこの手の番組の常として、ソナーに怪しい影は映るもののジャナワールは見つからないまま番組は終わった。

その後、ジャナワールについては写真も動画もほとんど公表されず、ワン湖に本当に巨大水棲獣が存在するのかどうかは、コザックビデオの真偽にかかっているという状態が続いた。

世の中からほとんど忘れられたジャナワールの「その後」について、日本語で詳しく読めるのは、辺境探検家こと高野秀行氏が2007年に講談社から出した『怪獣記』しかない。

■冷め切った現地の反応

高野氏は元々はジャナワールになんの関心も持てず、コザックビデオについても明らかなフェイクだろうと見なしていた。だが、コザックがジャナワールについて書いた本が東京・文京区の東洋文庫に入っていることをひょんなことから気が付き、目撃者の住所氏名入りのこの本を頼りにコザックビデオの真偽を探るべくトルコへと旅立った。

だがトルコで「日本からジャナワールを探しに来た」と伝えるとプッと吹き出されたり、「あの話は終わった」などと大笑いをされた。トルコ内では「コザックビデオは造り物」ということが、広く知れ渡っていたのだ。

コザックがかつて所属していたワン湖のザマン新聞社支局を訪問して全てが判明した。支局のデスク曰く「あー、あいつがヤラセをやったのは本当だよ。仲間たちと一緒に玩具を買って水に浮かべたんだ」。なぜヤラセがバレたのかと言うと、テレビで映像が流れた2、3日後に、玩具屋から「コザックから頼まれて怪獣の玩具を作ったのだけどお金を払ってくれない」と言う苦情の電話が新聞社のオフィスに掛かってきたからだそうだ。ザマン紙は「自社の記者がでっち上げ映像を作った」という記事を潔く載せ、同様の記事を他社の新聞も掲載した。コザックは新聞社を去り、今どこで何をしているかは知れないという。

しかしCNNがビデオを流したすぐ後にインチキビデオであったことが暴露されていたのなら、それから1年以上後になって放映された日テレの特番は、一体なんだったのだろうか？　地元で少し聞けば、彼が撮ったとしていたビデオがインチキであったことなど、すぐに分かったはずだろう。番組内ではインチキビデオであったことにはまったく触れず、ワン湖に水中カメラを下ろし湖底の探査などを大真面目にやってみせていた。

日テレはインチキビデオであったことに、本当に気付かないまま番組を作っていたのだろうか？　もっともインチキビデオであったことに触れていないのはテレビ番組だけではない。ほとんどのUMA本は、コザックビデオの画像を利用しながら、それがフェイクとされることに全く触れずに済ましている。

怪獣騒動のその後

ジャナワールの実在を保証できるような証拠は何もなくなった。では、ジャナワールの探索はフェイクビデオや現地の適当な噂に踊らされた単なるお笑い草に過ぎなかったのかというと、話はこれまたそう単純ではない。

高野氏は、ジャナワールの調査をほぼ終えたその帰り際に、ワン湖で浮き沈みする正体不明の「物体」を目撃し、撮影をしてしまう。その後の顛末は「怪獣記」を直接お読みいただくのが良いだろう。

また、ワン湖でのジャナワール探しも地元の水中写真家らの手で続けられている。怪物は見つかっていないが、その代わりに湖底に眠るロシアの沈没船や石筍、墓石といった遺跡が次々発見されている。

2017年11月には「トルコ最大の湖に怪物がいるという噂を元に10年間行われた探索に焚き付けられ、スゴイものが見つかった」というニュースが流された。ワン湖の湖底に約3000年前のものとみられる古代遺跡が沈んでいたことが発見されたというのだ。

この記事はこう結ばれている。

「怪物を何も見つけられなかったというのは、良いことだったのではないだろうか？」

人間万事塞翁が馬。

（皆神龍太郎）

【参考文献】
高野秀行『怪獣記』（講談社、2007年）
「衝撃リポート!! 世界の怪奇現象・大追跡スペシャル」（日本テレビ系列、1998年10月5日放送）
並木伸一郎『未確認動物UMA大全』（学習研究社、2007年）
並木伸一郎『本当に会った!! 未確認生物目撃ファイル』（竹書房、2007年）
※ NTD Inspired「Rumor that a monster inhabits Turkey's largest lake fuels 10-year search-& something big was found」（December 11, 2017）

【コラム】

出現する絶滅動物たち

横山雅司

地球に最初の生命が誕生してからおよそ40億年が過ぎたとされている。その間多くの生物種が生まれ、そして絶滅していった。

いわゆる未確認動物と言われている生物群の中にも、絶滅動物であることを匂わせる目撃証言を持つものが多い。ネッシーには首長竜説が根強いし、雪男は絶滅したはずの古代類人猿もしくは原人の生き残りだという説が囁かれ続けている。

恐竜時代の末期、恐竜を含む地球の全生物の70パーセントが絶滅したと試算されているが、それに匹敵する大量絶滅時代が地球の歴史上何度もあった。そして現代もまたそのような大量絶滅時代の一つに数えられ、そしてその原因は他ならぬ人類である。人類が動物を絶滅させてしまう理由は、人類という種が大型の動物の割に数が多く、生きるのに大量の食料や広い土地が必要で環境負荷が高いことや、文明が発達して以降は社会が産業化し、仕事として動物の捕獲を行うために捕獲をやめるにやめられなくなるなどの事情がある。

この人類時代の大量絶滅は、そもそも張本人が人類自身ということもあり、絶滅した動物の正確な記録が残っている場合が多い。また、絶滅した時期が比較的最近ということもあり、「実はいまだに生き残りがいるのではないか?」という想像をかきたてる。そのため、いわば「UMA化」し、目撃証言がいくつも存在する種がある。

●オーストラリアの絶滅動物目撃情報

島国であるニュージーランドは鳥類を襲う大型哺乳類がいなかったため、いわゆる「飛べない鳥」が多く生息している。

ニュージーランドの飛べない鳥といえばキーウィが有名だが、他にも絶滅が心配されているタカヘ、飛べない大型オウムのカカポなどが知られている。

そのような鳥たちの中で特に有名なのが「モア」と呼ばれる鳥である。モアは地上性の大型鳥類で10種前後に分けられ、最大種のジャイアント・モアでは、なんと頭までの高さが3・6メートルに達したという。

モア（Heinrich Harder）

現在も生きていたらさぞかし素晴らしいに違いないが、惜しいことに10世紀ごろニュージーランドに上陸したマオリ族によって狩られ、15〜16世紀ごろには全ての種類が絶滅してしまったとされている。ところが、西洋人がニュージーランドに定着して以降、18世紀から19世紀にかけて「モアを見た」という目撃証言がいくつもある。また、モアの筋肉や羽毛などの組織が残された死骸の一部も発見されている。ただしこれらの死骸に関しては、雨の当たらない洞窟内でミイラ化した状態で発見されており、必ずしも最近死んだものとはいえない。そもそも数百年前まで生きていた動物なので、ミイラが残っていても不思議ではないのだ。

最近の目撃例としては1993年に、ニュージーランド南島でハイキングをしていた男性3人がモアに遭遇、写真を撮影したというニュースが流れた。目撃したのは地元ホテルの経営者パディ・フィニーと登山仲間2名。ハイキング中に川のほとりで休憩していたところ、近くの茂みに体高2メートルほどの、体が長い羽毛で覆われた巨大な鳥を発見。急いでカメラで撮影したが、その怪鳥はすぐに逃げてしまった。惜しいことに撮影された写真は極めて不鮮明で、何が写っているのかよくわからなかった。

これがチュパカブラやカッパならそれほど真剣に受け取られることはなかったかもしれないが、目撃談に十分な説得力があったことから議論は紛糾、否定する者もいれば、研究の価値があると考える者もいた。先ほど紹介したニュージーランドの飛べない鳥の一つ、クイナ科のタカへも、実は一時期絶滅したと考えられていた鳥である。19世紀に絶滅したとされたタカへが再発見されたのは1948年。その間、タカへはいわばUMAだったわけだ。そのため、モアの生存説にも一定の説得力があったが、フィニーが見たものがなんだったのか、現在でもはっきりした事はわかっていない。

オーストラリアのタスマニア島には「タスマニアタイガー」が生き残っているという説がある。タスマニアタイガーは日本語ではフクロオオカミと呼ばれているが、トラやオオカミが含まれるネコ目（食肉目）ではなく、コアラやカンガルーなどと同じ有袋類に含まれる。オーストラリアは哺乳類の中でも有袋類の仲間が繁栄した稀有な大陸で、様々な生態の種が誕生した。その中で「大型肉食獣」の生態的地位についたのがタスマニアタイガーである。

タスマニアタイガー

そのタスマニアタイガーも、オーストラリアに人類が上陸すると減り始め、西洋人に家畜を襲う害獣として殺されるなどして激減、ホバート動物園の飼育下にいた最後の1頭が1936年に死亡し、絶滅したとされている。

しかしタスマニアタイガーもまた、生存説が囁かれている。

2017年から、ジェームズ・クック大学のサンドラ・アベル博士が中心となって、目撃証言が多いクィーンズランド州北部ケープ・ヨーク半島に50台もの監視カメラを設置し、調査に乗り出している。

結果が出るのは当分先だろうが、周辺に生息する生物をも包括的に調査し、環境保全に役立てる計画だという。

ちなみに1990年の日本映画『タスマニア物語』は、田中邦衛が演じる元商社マンが山にこもってタスマニアタイガーを探索するのがストーリーの柱となっている。

●日本の代表的な絶滅動物「ニホンオオカミ」

そしてこの日本にも、絶滅動物の生存説がある。

ニホンオオカミは日本で最も有名な絶滅動物である。江戸時代までは神として祀られるなど、人間と微妙な距離を保っていたが、明治時代になると牧畜が盛んになり害獣扱いされたり、致死性の高いジステンパーウィルスが流行するなどして激減、1905年に奈良県で捕獲されたのを最後に絶滅したとされている。

ニホンオオカミは小柄で、外見もオオカミ犬などに似ているため、ニホンオオカミの目撃証言があってもうろついている野良犬の可能性を排除しきれず、写真の撮影に成功してもそれだけでは決定的な証拠にならないのが現状である。

1996年には秩父山中で正体不明のイヌ科動物の写真が撮影された。写真自体は見事に被写体を捉えており、撮影者の八木博氏はすぐさま哺乳類の権威、今泉吉典博士に鑑定を依頼した。

博士は件の動物に「秩父野犬」という仮称をつけて、ニホンオオカミのタイプ標本と特徴の一致点を探した（タイプ標本とは新種を発表する際に、「この標本のことである」と指定される標本。その標本と特徴が一致することをもって同種とみなす）。

結論から言って、博士は判断を保留してい

ニホンオオカミ

る。特徴はよく一致していたものの、はっきりと明言できるほどの材料はなかったようである。秩父野犬の正体もまた、はっきりした事はわからない。

　２０１７年には長崎県対馬で絶滅したニホンカワウソと思われる写真が撮影されている。ニホンカワウソは乱獲と環境悪化で激減し、昭和54年に高知県で目撃されたのを最後に目撃が途絶え、絶滅した可能性が高いとされている。残念ながらこの対馬のカワウソに関しては、発見されたフンからＤＮＡを取り出して調査した結果、韓国などに生息するユーラシアカワウソであると鑑定されている。

●絶滅動物はＵＭＡと言えるか？

　何をもってＵＭＡとみなすか、は意外と難しい問題である。世界には未発見の生物はたくさんいるし、未確認動物というなら毎年発見されていることになる。しかし、裏の雑木林で発見された新種のキセルガイと、オカナガン湖の怪獣を同列に扱うのは何か感覚的にずれている感じがする。

　そういった意味では、近年滅びたばかりの動物というのはＵＭＡであり、またＵＭＡでないという微妙な立ち位置である。タカへもそうだし、さかなクンが再発見に貢献したクニマスや、ニューカレドニアで絶滅したとされた後で再発見されたオウカンミカドヤモリなど、再発見がニュースにはなっても怪獣発見とは言われない。

　しかし、ロマンの大きさということなら絶滅動物の再発見には間違いなくロマンがある。もちろん、人間が絶滅に追い込んでおきながら「ロマンだ」と喜んでいる場合ではないのだが。


【参考文献】

※ジェームズクック大学公式サイト「FNQ search for the Tasmanian Tiger」
D・アッテンボロー『鳥たちの私生活』（山と渓谷社、２０００年）
『世界ＵＭＡ大百科』（学研、１９８８年）
並木伸一郎『未確認動物ＵＭＡ大全』（学研、２００７年）
※環境省公式サイト「対馬におけるカワウソ痕跡調査の結果について」
※「ニホンオオカミを探す会公式サイト」

【第六章】

2000年代のUMA事件

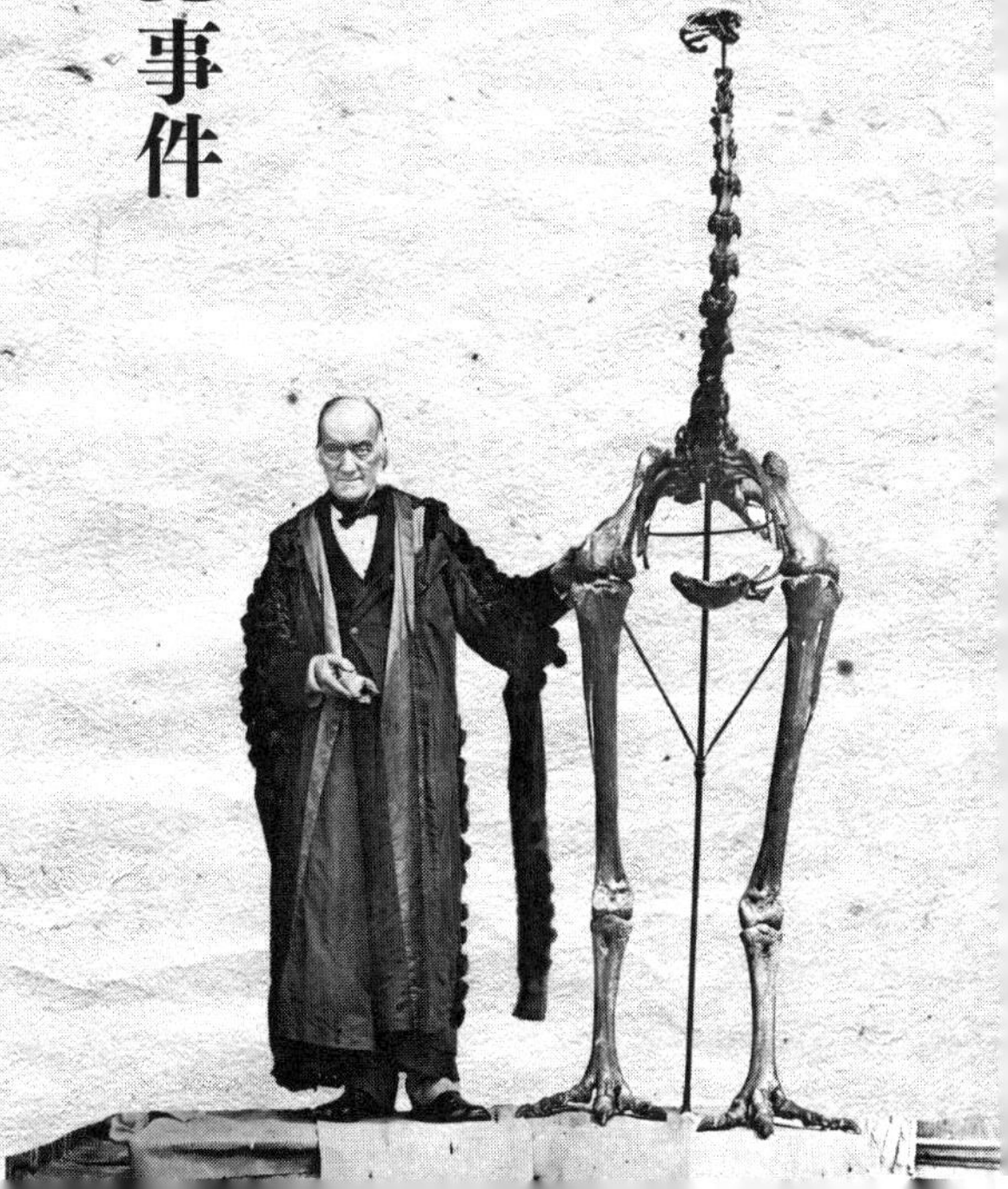

【UMA事件38】

モンキーマン

Monkey-man of Delhi
05/2001
Delhi, India

モンキーマンは、インドのニューデリーで2001年の5月に目撃された人型のUMA。

身長1〜2メートルの半人半猿のような顔つきで眼は赤く光り、手には鋭い爪があり、超人的な跳躍力を持つという。金属製の黒いヘルメットを被っている、ボタンが三つ付いているベルトを付けているといった報告もある。このボタンを押すと姿が透明になるとも。夏の夜、暑さのために戸外で寝ている人などに襲いかかるという。

■目撃者の証言

「カーテンを開けると、手が見えた。そして猿のような声が聞こえた。階段へと向かったところ、それは追いかけてきた。その時私は何かにつまずいてしまい、階段を転がり落ちた。そいつは追いかけてこなかったが、黒い顔と鉄のような手が見えた」

2001年5月16日にはモンキーマンに襲われたという40件もの電話通報があったが、その中には単にネズミにかじられただけの者もいた。襲われて傷を負ったという人々の多くはより古い傷をそう主張しているか、わざと傷を作ってマスメディアに名乗り出た者であるとする報告もある。モンキーマンに襲われた結果、逃げようとして建物の屋上から飛び

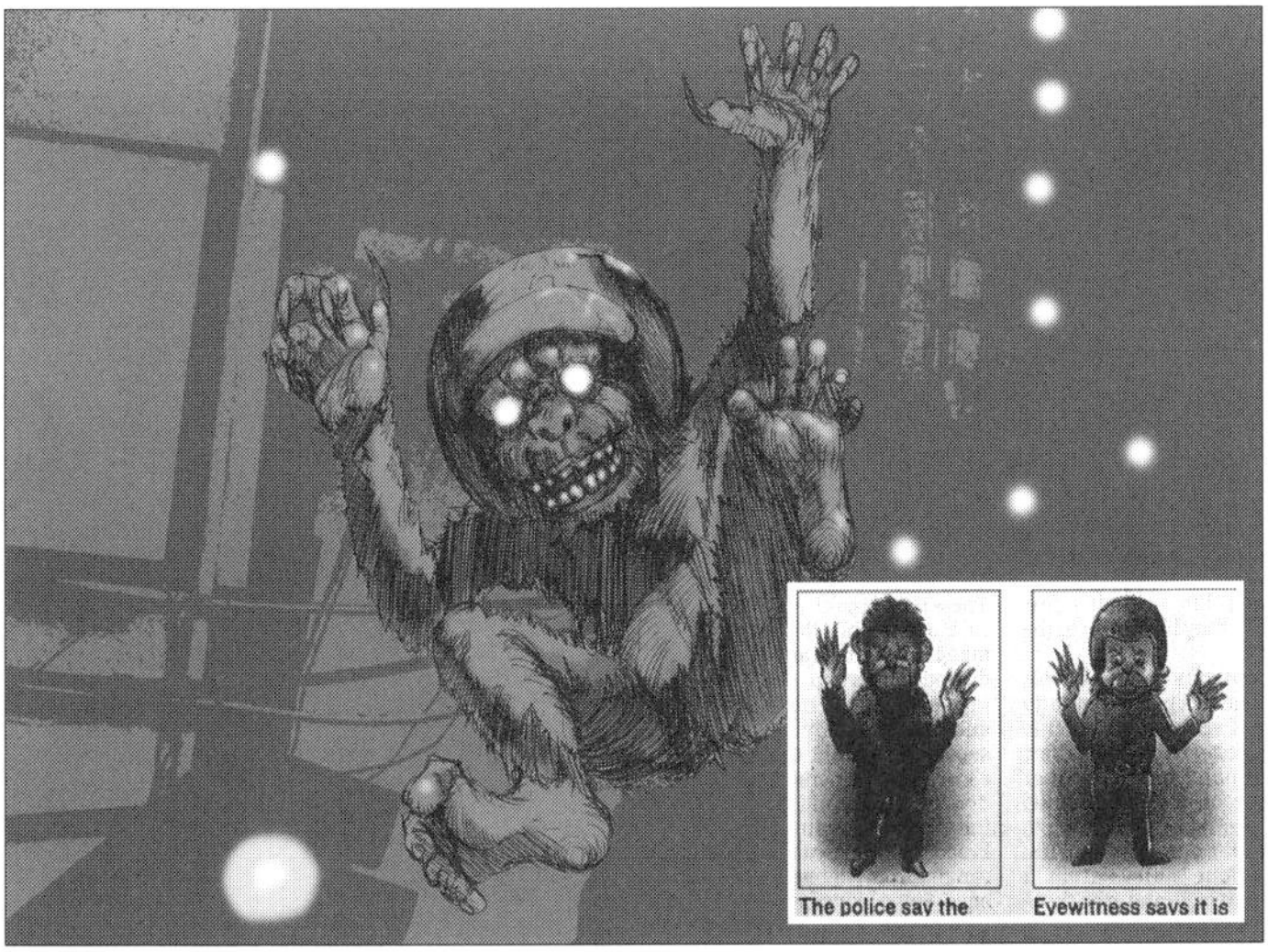

モンキーマンの想像図（CG: 横山雅司）と警察が発表したモンキーマンのイラスト（右下）

降りたり、階段を踏み外したりして死亡した者が二名（三名とも）いると言われているが未確認である。地元の警察は目撃者たちの証言から二種類のモンキーマンの再現イラストを作成し、これがモンキーマンの外見として広く知られている。

■モンキーマンの正体は？

モンキーマンは新たなUMAの出現として大いに注目され、その正体をめぐっては様々な仮説が唱えられた。地球外知的生命体（宇宙人）説、新種の生物説、人間説、既存の動物の誤認説などである。

２００１年５月10日から26日にかけてモンキーマンに遭遇したという報告者51人を調査したところ、その大半は年齢20〜30代の低学歴の男性で経済的には貧しい環境にあることが判明した。その怪我の内容も、大半は夜中に起きて入浴しようとしたときに寝ぼけて転んだりしてついた傷であるとされた。こういった傷を同じ社会層に属する者たちが「猿のような怪人に襲われた時に受けた」と解釈した話が流布し、やがてニューデリー全体に広まって一種の集団ヒステリーを引き起こしたのではないかという解釈が今日では有力視されている。

実際のところ、モンキーマンの目撃報告は警察やメディアに多数寄せられたものの、その実在を示す物的証拠は前述の目撃者たちによる不確かな傷以外には発見されていない。また目撃報告の内容にも幅があり、例えばモンキーマンの大きさを「猫くらい」とするものもあった。

以上のようにモンキーマンは、日本で1979年に流布された「口裂け女」のように人々の語りやマスメディアを通して存在が知られていく都市伝説的な怪人という側面が強い。19世紀イギリスのロンドンに出没したとされる怪人「バネ足ジャック」の伝承との類似を指摘するものもいる。モンキーマンの文化的な側面としてはインド神話に登場する空飛ぶ猿ハヌマーンがイメージの原型としてあるのではないかという説がある。また外見については、1953年にアメリカで製作されたカルトSF映画『ロボット・モンスター』に登場する宇宙人ローマン（潜水服のようなヘルメットを被ったゴリラの格好をしている）から影響を受けているという説がある。

なお、インド国内での類似事例としては同時期にインド北東部のナラバリでは夜になると人を襲い、また透明になることもできる獣人が出現し「ベアーマン」と呼ばれた。また1996年には西部の都市アフマダーバードで19人が二本足で立って歩く狼のような怪物に襲われたと主張する事件が起こっている。どちらもやはり目撃者の証言とその傷以外の物的証拠は報告されていない。


（小山田浩史）

【参考文献】
Hiray Evans, Robert Bartholomew『Outbreak! The Encyclopedia of Extraordinary Social Behavior』（Anomalist Books, 2009）
※ Cryptid Wiki「Monkey Man of New Delhi」

【UMA事件39】

オラン・ペンデク

Orang Pendek
09/2001
Sumatra, Indonesia

オラン・ペンデクは、インドネシアのスマトラ島で目撃されるUMA。体長は90〜150センチ。顔を除く全身が黒色、または茶褐色の毛に覆われているという二足歩行の獣人タイプ。性格は穏やかで臆病、動きは機敏だといわれる。

「オラン・ペンデク」とは、現地の言葉で「小さい人」という意味。海外ではビッグフットの小さい版ということで「リトルフット」とも呼ばれることがある。

■最良の証拠「足跡と体毛」

オラン・ペンデクにまつわる話は、100年ほど前からあったとされるが、物的証拠の発見と分析が進むようになったのは21世紀になってからだった。

そうした中で「最良の証拠」といわれているのは、2001年9月に発見されたオラン・ペンデクの足跡と体毛とされるものである。

これは、イギリスのUMA研究家アンドリュー・サンダーソンとアダム・デビーズによって、スマトラ島にあるケリンチ山近くの林で発見されたもの。体毛はオーストラリアのディーキン大学の法医学者ハンス・ブラナー博士のもとへ送られ、鑑定が行われた。

その結果、既知のどのサルの毛とも一致しなかったとされ、未知の霊長類のものであることが確認されたといわれている。

■DNA鑑定と足跡の分析結果

ところが、後年、サンダーソンとデビーズは、ナショナル・ジオグラフィック・チャンネルの番組『新・都市伝説を解明せよ』という番組にて、より正確な鑑定結果を出すために体毛のDNA鑑定と足跡の分析を別の専門家に依頼した（ちなみにサンダーソンらは日本で「動物学者」といった肩書きでも紹介されることがある。しかし彼らの本業はサンダーソンが旅行業、デビーズは公務員）。

体毛の鑑定を担当したのは、DNA研究の専門家でもあるニューヨーク大学の人類学者トッド・ディソテル教授。彼は鑑定結果について、汚染の可能性を注意事項としてあげつつ、次のように述べている。

「人のDNAと100パーセント一致した。これは完全に人のDNAだ」

残念ながら、未知の霊長類のものだという結果は出なかった。それでは足跡の方はどうだろうか。

こちらは霊長類研究の専門家であるアメリカ自然史博物館のウィル・ハーコートスミスが分析を担当した。彼は分析結果を次のように述べる。

「動物の足跡だとは考えにくい。指が太くて短いのがわかる。霊長類にあるはずの骨の跡は一切見られないし、親指が横についている。少なくとも二足歩行をする動物の足ではない。率直に言うと、今まで見たどの類人猿の足跡とも似ていない。足ではなく手の跡ならあり得るかもしれないが、新種の霊長類の存在を裏付ける証拠にはならない」

こちらも残念ながら証拠としては不十分だった。

ちなみに番組では、オラン・ペンデク研究の第一人者ともいわれる自然保護活動家のデビー・マーティルが発見した足跡も分析している。

その分析結果は、ハーコートスミスによると次のとおり。

「このような形が足として機能するとは考えにく

【左】オラン・ペンデクの想像図。穏やかな性格といわれるとおりの顔が印象的。（©Ant Wallis/Centre for Fortean Zoology）
【上】イギリスのUMA研究家アンドリュー・サンダーソンが発見したというオラン・ペンデクの足跡。最良の証拠とされたが、証拠としては不十分だった。（※BBC NEWS「Explorers find 'perfect' yeti tracks」より）

い。特に指の位置。まるで親指が後から付け加えられたように見える。土踏まずのカーブも不自然。これで歩くのは不可能だろう。二足歩行動物の足ではない。どう考えても、生きた霊長類の足跡だとは言えない」

こちらも、残念ながら証拠にはならないとのことだった。

■期待される新証拠

ちなみにオラン・ペンデクの目撃談についても、サルの誤認説のほか、スマトラ島の先住民であるクブ族の誤認説などがあげられている。

そもそも「オラン・ペンデク」という言葉は、スマトラ島へ移住してきたマレー人たちが自分たちのことを「オランメラユ」（移住した人）と称したのに対し、先住民族には差別する目的で「オラン・ペンデク」（小さい人）と呼び分けたことに始まるという。

　ただし他にも、原人の生き残りが目撃されているのだ、という説も根強くある。もしそうなら歴史的な大発見が期待できるとあって、これまでに調査隊が組まれたことが何度かあった。

スマトラの森（©Alexander Mazurkevich）

　今後、証拠は見つかるだろうか。前出の人類学者トッド・ディソテルは、期待を込めて次のように述べている。

「これを機会に、より確かな証拠が出てくることを期待する。あきらめずに探すべきだ。僕ならいつでも付き合うよ」

　こうした研究者がいる限り、まだ希望はあるのかもしれない。スマトラの森に潜むとされる、小さく穏やかなＵＭＡを探す試みは、今後も続いていくだろう。

（本城達也）

【参考文献】

Michael Newton『Hidden Animals: A Field Guide to Batsquatch, Chupacabra, and Other Elusive Creatures』（Greenwood, 2009）

南山宏・監修『最新版「世界の未確認生物」カラー大百科』（双葉社、２０１３年）

並木伸一郎『決定版　未確認動物ＵＭＡ生態図鑑』（学研プラス、２０１７年）

宮武正道・編『日馬小辞典』（岡崎屋書店、１９３８年）

「新・都市伝説を解明せよ─スマトラの猿人」（ナショナル ジオグラフィックチャンネル、２０１１年2月4日放送）

今泉忠明『謎の動物の百科』（データハウス、１９９４年）

【UMA事件40】

ニンゲン

Ningen
11/05/2002
Antarctic Ocean

「ヒトガタ」とも。南極海に出没するという、人型の白色巨大生物。「2ちゃんねる」（現・5ちゃんねる）にて初めて報告された。

■2ちゃんねる発の海棲UMA

2002年5月11日、2ちゃんねるのオカルト・超常現象板《いた》（以下「オカルト板」）に立てられた「巨大魚・怪魚」というスレッド（以下「スレ」）に、「バイト君」と称する人物が投稿した文章が、最初の情報である。後に明らかにされたところでは、彼女は、知り合いの船乗り「Fさん」からニンゲンの話を聞いたという。

最初の一連の投稿によると、日本が南極で実施している調査捕鯨では、「公に出来ない『ある物体』が数年前から目撃されている」。それは海中から現れるもので、「人型物体」と呼ばれている。大きさは数十メートル、体色は真っ白。形態はいくつかあり、たとえば「人間の形（五体あり）とか、人間の上半身が二つ連結された形とか」である。

こうした情報が公開されないのは、「現在の調査捕鯨の科学的信憑性がひっくり返る」恐れがあるからだという。また、この生物は船には近づかず、接近すると潜ってしまうので、近くから観察することはできない。遠くから撮影した画像を確認すると「表面はつるつるしているようで、しかし、割と不定形」である。だが全体としては氷山のようにしか見えない。出没するのは夏（日本では冬）で、夜間が多い――。

「巨大魚・怪魚」スレはにわかに盛り上がりを見せ、同日中にはニンゲン専用スレが作られた。翌日「バイト君」は専用スレのほうに姿を現し、情報源は知り合いの船員「Fさん」であると明かし、追加情報について語った。

ニンゲンの話を聞いたのは三日前のこと。「南極に、俺達が〝にんげん〟と呼んでいる変な物体がいる」のだという。初めて目撃されたのは約10年前（1990年代初頭）だが、その後しばらく経ってから再び目撃されるようになった。2000年前後には「以後この件については〝人型物体〟と称する」という非公式の文書が回ってきた、という。同月16日未明にも彼女は新しい話を投稿した。ニンゲンには両目と口のようなものがあるという。

ニンゲンについて一般に知られている情報の投稿は、ここで終わりを迎える。だが、2ちゃんねるのニンゲン熱は治まらず、専門スレは同年中に4つ目まで作成された。また、オカルト板の総合案内サイト「2ちゃんねるのこわい話」（現存せず）に紹介されたのをはじめとして、Yahoo!掲示板やUMA関係のウェブサイトで取り上げられるなど、2002年半ば、ニンゲンはUMA界隈を席巻した。

さらにニンゲンスレでは、関連する目撃情報が散発的に書き込まれ、住民たちの興味を煽っていった。代表的なものを挙げてみよう。「俺の出番」という人物によると、瑞洋丸事件（180ページ参照）の翌年、同じ会社の工船が、南アフリカ沖の南極海で「海坊主」の死体を引き上げたという。それは20メートルほどで白く、「人間のような五体があり、足の先には指があった」（2002年5月13日）。また、ブームも落ち着いた第5スレでも、複数の系統からの情報が投稿された。ニンゲンは深海性の哺乳類であり、学名は「存在し得ない海」を意味する（2003

ニンゲンの想像図（CG: 横山雅司）

年9月25日）、西伊豆で見つかった（10月2日）などである。

だが、2003年以降投稿された事例の多くは、一部の住民によって考察の対象となったものの、他の住民たちからは「ネタばかり」として見限られる契機にもなってしまった。オカルト板の専門スレは2005年末、11番目が落ちて以降、復活していない。

2ちゃんねる外部への展開

当時のオカルト系の話題と同じように、ニンゲンの情報もまた、方々のウェブサイトで流通するようになった。それはテキストに限ったものではない。現在ではニンゲンの画像が各種出回っているが、その多くは、当時の2ちゃんねるで創作されたものなのである。早いものは初日に投稿されており、以降、多くのニンゲン画像が発表された。たとえば代表的な【画像1】は2002年7月11日に第4スレに、【画像2】は2003年12月9日に第9スレに（URL

【画像1】
2002年7月11日、第4スレに投稿されたニンゲンの画像。左上にダイバーを配置するなど、クオリティが高く、長く流布している。

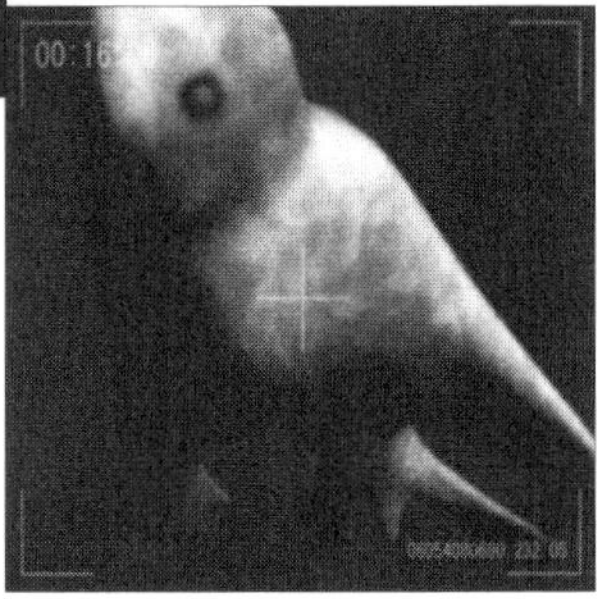

【画像2】
2003年12月9日、第9スレに投稿されたニンゲンの画像。ノイズを加えるなど、こちらも凝ったつくりになっている。

が）投稿されたものである。こうした画像は「創作」という断りのないまま転載されることにより、一部でニンゲンの実在性《リアリティ》を強めることにもなった。

　外部から情報が逆輸入されることもあった。たとえば、現在では北極ならヒトガタ、南極ならニンゲンと区別されることがあるが、これはオカルト板起源ではない。区別の由来は、２００３年の夏ごろ、ウェブサイト「謎の巨大生物ＵＭＡ」の掲示板に、「北の海」にヒトガタという生き物がいて「話しかけると逃げていくときが多いが、時折話し返してくる」などと書き込みがあったものを、同ウェブサイトが編集して「南極のニンゲン／北の海のヒトガタ」というタイトルをつけたことだと思われる。これはニンゲン第10スレに書き込まれ（２００４年１月23日）、オカルト板でも徐々に広まっていった。

　２０００年代前半のブーム終焉後、ニンゲンは２ちゃんねる外部――ブログやコンビニ本、オカルト雑誌などにもその姿を見せるようになる。だが、２ちゃんねる住民がそうしたメディアの情報に興味を

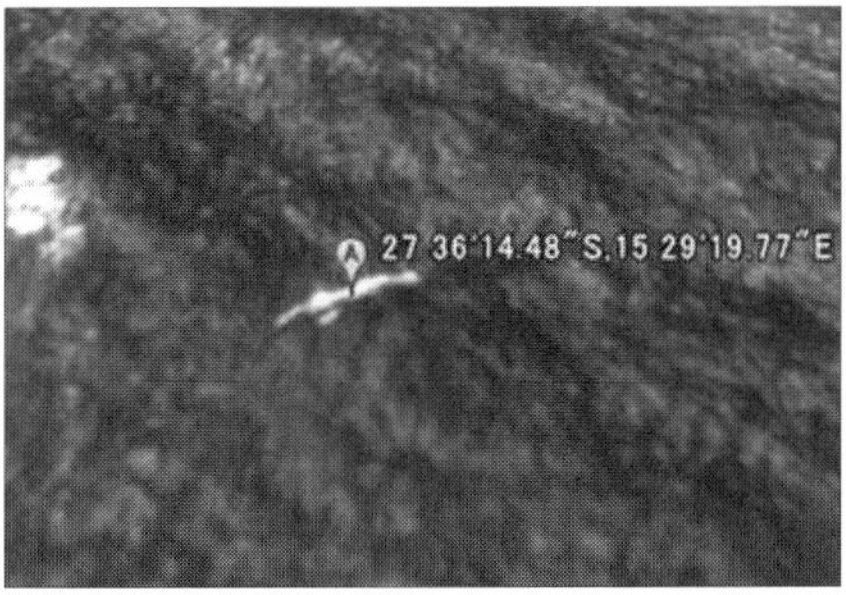

【画像3】Google Earthのナミビア沖に現れた白い影

示すことはほとんどなかった。「一次情報」の現場がオカルト板である以上、ほかの情報源は劣化したか脚色されたものでしかなかったのである。

２００７年以降は『ムー』にもいくつか関係記事が載るほどにもなったが、後まで影響があったのは、Google Earthで確認できる、海上の巨大な白い影の報告である。場所はナミビア沖で、推定サイズは19メートルほど。執筆者の並木伸一郎は、これは「都市伝説などに登場する」ニンゲンかもしれないと記したのみだ。しかしブログなどでは直ちにニンゲン実在の証拠として情報が転載され、これを契機として海外でもニンゲンが徐々に知られるようになっていった。なお、現在は画像が更新されたらしく、見つけることができない。

■ニンゲンの正体あるいは魅惑

スレの住民たちは、目の錯覚から既知の海洋生物、超古代文明の遺産に至るまで、無数の仮説を提示した。なかでも「クジラの奇形」という仮説がもっとも支持されたようだ。だが、そもそも情報量の少ない書き込みをもとになされているため、妥当性を判断すること自体が難しい。

また、多くのUMAと同様、ニンゲンもまた目撃情報自体が個人による創作であるという疑いがなされていた。しばしば「元ネタ」として挙げられたのが『新世紀エヴァンゲリオン』に現れる南極の「光の巨人」である。だが、「バイト君」も「Fさん」もこのアニメを知らなかったと語っている。

穏当に考えるならば、ニンゲンは南洋で日本人

厳しい自然環境の南極海。現代の秘境がニンゲンを生んだか。

船員が出くわした一連の巨大生物――南極ゴジラ、ニューネッシーなど――によって形成されたイメージが変奏された物語なのだろう。口承文芸研究者の伊藤龍平は南極が舞台であることに注目し、そこが現代に残された「秘境」だったからこそ、この物語も受け入れられやすかったのだろうと論じた。加えて、ニンゲン自体の特徴――人間に似ているはずなのだが、なぜか輪郭が曖昧なまま――もまた、人々を魅惑する大きな要因になっただろう。おそらくニンゲンの物語は、「何かがいる」という期待を満たせればそれでよかったのであり、もとより正体が明らかになることは望まれていなかったのかもしれない。

（廣田龍平）

【参考文献】

伊藤龍平『ネットロア　ウェブ時代の「ハナシ」の伝承』（青弓社、2016年）

並木伸一郎「グーグル・アース・ミステリー」『ムー』（学研、2007年11月号）

※オカルト超常現象板「巨大魚・怪魚」

※オカルト超常現象板「～南極周辺海域【人型物体】真っ白で全長数十メートル～」

※オカルト超常現象板「☆南極周辺海域【人型物体】（通称ニンゲン）第4型☆」

※オカルト超常現象板「俺は、【ニンゲン】の話が聞きたいの」第5スレ

※オカルト超常現象板「【人型】ヒトガタ、ニンゲン総合 9人目【物体】」

※オカルト超常現象板「【南極】ニンゲンて結局ナンナンダヨ【北極】」第10スレ

※謎の巨大生物UMA「ニンゲン・パート3／北のヒトガタ、クネクネも」

【UMA事件41】

グロブスター

Globster
07/2003
All Ouve the World

2003年、チリのロス・ムエルモスのプラヤ・ピニュノ（ピニュノ浜辺）に長さ12メートルのゼラチン質の肉塊が漂着した。それは灰色の塊で、見る限り手足もヒレも顔もなかった。

このような、未知の肉塊が海岸に漂着する事例は以前から世界各地で報告されており、未確認動物の研究家アイヴァン・サンダースン博士によってグロテスク・ブロブ・モンスターからの造語「グロブスター」と命名された。

例えば1960年8月、オーストラリアはタスマニア島の西海岸を台風が直撃、嵐の後の海岸に正体不明の巨大な肉塊が打ち上げられていた。このグロブスターは5・4メートル×6メートル、不定形の白い肉塊で表面が柔らかい毛に覆われており、目や口、四肢も確認できない未知の物体だった。

しかし、興味を持たれなったのか、肉塊は調査されることなく2年も放置され、ようやく調べられたときの結論は「なんだかわからない」だった。

グロブスターは記録されているものだけでもタスマニア島、オーストラリア、アメリカ、ニュージーランド、カナダ、チリなど、世界中で確認されている。1960年のタスマニアの事例のように、ただの腐った肉として無視された例を合わせると、記録された事例の何倍もあるに違いない。ちなみにグロブスターに類似の物体として「ブロブ」と呼ばれるものもあるが、ブロブとグロブスターに分けて考えるほどの違いはないようだ。

●正体は巨大なタコ？

2003年にチリで発見されたブロブは、巨大なタコ「オクトパス・ギガンテウス」がその正体ではないかとの仮説が出された。オクトパス・ギガンテウスとは1896年、アメリカはフロリダのセント・オーガスティンの砂浜で発見された巨大な肉塊を、イェール大学のアディスン・ヴェリル教授が全長30メートルの超巨大なタコの死骸であると推測して命名した仮定の種である。

つまり、19世紀にブロブの正体として仮定された未確認動物を、21世紀にブロブの正体として持ち出してきた訳で、あまり筋のいい話ではない。

ちなみにオクトパス・ギガンテウスの断片は博物館に保存されており、60〜70年代のオカルトブームの折に科学的な分析を受けている。その際はやはりタコの組織である、という結論が出た。

しかし、90年代以降のより精密な分析で、「オクトパス・ギガンテウス」の組織は哺乳類のもので、おそらくはクジラだろうとの結論になった。また、サンチアゴにあるチリ国立自然史博物館のセルジオ・レテリエ博士によると、チリのブロブの正体も結局は腐ったクジラではないかと考えられるという。

■表面を覆う毛の正体？

ところで、ブロブにしろグロブスターにしろ、タコでは説明がつかない特徴がある。それは全身が細かい毛で覆われていることである。この「全身に毛が生えている」という外見上の特徴が、グロブスターが単なる腐ったクジラではないという反論の根拠となっている。クジラの皮膚は滑らかで、わずかな感覚毛（洞毛）を除けば体毛には覆われていない。ヒゲクジラ類ならプランクトンや小魚を捕食するため

2003年7月にチリの海岸に漂着したグロブスター。12.5メートル×5.5メートルという大きさだった。（※SPIEGEL ONLINE「Rätsel um Seeungeheuer-Funde: Glibber des Grauens」より）

の髭を持っているが、これは口の中にしかないので細かい体毛が全身を覆うわけがない、というわけだ。

しかし、実はクジラの体を覆う脂肪層の内部には繊維状の物質が入っている。クジラの表皮の下は脂皮という分厚い層で覆われており、捕鯨が盛んだった頃はここを煮て油を搾り取っていた。その残った絞りカスを羊毛のかわりとして利用できないか研究されていたほどである。１９３０年代には、ナチスドイツが新しい鯨油利用方法の開発の過程で、搾油した脂皮の繊維から合成ウールを作る研究をしていたし、ほぼ同時期に日本でもカネボウでこの繊維の研究が行われていた。

ここから考えれば、腐敗して脂肪層がむき出しになったクジラが、あたかも全身毛に覆われたようになっても不思議ではない。骨格がないのも、腐敗が進行し死体がぶよぶよになった際、水より重い骨格などが海底に沈降し、水に浮く脂肪だけが海面に残ったと推測できる。

１９２４年には、南アフリカのマーゲート海岸に

1896年にアメリカのフロリダ州の海岸に漂着した「セント・オーガスチン・モンスター」。長年、超巨大タコの死骸とされてきたが、現在ではクジラであることが明らかになっている。

1924年に漂着した「トランコ」

15メートルもある白い毛に覆われた謎の怪物が打ち上げられた。この怪物は数日前に二頭のシャチと戦う姿が海水浴客によって目撃されていたという。この怪物には特に「トランコ」という名前が付けられている。しかし、これは単にシャチがクジラの死体もしくは死体に群がるサメなどを食べようと、一方的にアタックして暴れていただけなのかもしれない。ちなみに、トランコにはゾウのような長い鼻（英語でトランクという）があったとされ、これがトランコの特徴の一つになっている。トランコは「戦い」が目撃された後海岸に打ち上げられたが、またしても放置されしっかりした調査は行われず、残された写真も形のわからない腐乱死体であり、本当に鼻と呼べる器官（なんとなく長い部分ではなく）がはっきりと識別できていたのか疑問である。

■未知の生物が漂着する可能性

他の漂着死体系UMAにも言えることだが、そもそも腐乱して崩れた死体が元の動物の原型を保っているはずがない。それを、見た事がないものだからといってホイホイUMAということにしてしまうという行為に、果たして意味はあるのだろうか。

無論、本当に未知の動物が漂着する可能性はある。巨大な口を持つメガマウスザメは、1976年にハワイ近海において、海軍の船が船体を安定させるために海中165メートルにおろしていたパラシュートアンカーを引き上げた時に、偶然引っかかっているのを発見されたのが初の記録である。

そんなまるっきり偶然で発見されたメガマウスザメの、世界初のメスの標本が得られたのは1994年、なんと大都市福岡市のすぐそば、しかも地域最大の水族館「マリンワールド海の中道」の目と鼻の先、東区の干潟に漂着したのである。わざわざ希少動物の方から専門家の拠点に流れ着くという、考えられないような偶然は関係者を大いに驚かせた。

このような極端な事例でさえ起こりうるのだから、「馬鹿馬鹿しいからグロブスターの類も放っておけ」とは言わない。むしろ調査できる体制があるなら調査すべきである。調査して「未発見の生物である」と確定した時に、初めて「やったぞ！　未確認動物だ！」と喜べばいいのである。

（横山雅司）

【参考文献】
並木伸一郎『決定版　未確認動物UMA生態図鑑』（学研プラス、2017年）
山下渉登『捕鯨〈2〉』（法政大学出版局、2004年）
中濱敏雄、長谷川政雄「鯨皮下脂肪層に存在する繊維に關する研究」（鐘紡山科理化學研究所、1940年）
並木伸一郎『未確認動物UMA大全』（学研、2007年）

【UMA事件42】

ナウエリート

Nahuelito
15/04/2006
Lake Nahuel Huapi, Argentine

ナウエリートは、アルゼンチンのパタゴニア地方にあるナウエル・ウアピ湖で目撃されるUMA。体長は4・5〜10メートル。ヘビのような頭に長い首があり、背中にはコブを持つとされる。その外見から「パタゴニアのプレシオサウルス」とも呼ばれる。

■数百年前から目撃されていた？

「ナウエリート」という名前は、現地の言葉で「小さなジャガー」という意味。これは目撃場所の湖「ナウエル・ウアピ」が「ジャガーの島」という意味になることに由来するという。

ナウエリートの目撃は、数百年前からされていたという話がある。

しかし、この話を調べたアルゼンチン在住で『パタゴニアのモンスター』の著者オースティン・ホイットールによれば、ヨーロッパからの入植者たちの記録にはナウエリートを目撃したと考えられるものがなかったという。

他方で、先住民のマプチェ族に伝わる「クエロ」というモンスターとナウエリートを同一視する意見もある。

ところが、これも実際の言い伝えにある「クエロ」の描写とナウエリートとでは、まったく一致し

【画像1】ナウエル・ウアピ湖（©Wernerluis）

ないという。もともと「クエロ」とは革の意味で、牛の皮を伸ばしたような姿から名づけられたものだった（モデルとなった生物としてはエイの可能性が考えられている）。

大きさは1・2メートルほどで、体の端には鋭い爪があり、頭には触手と飛び出した赤い目を持つといわれる。また口は体の中央の下にあり、人を殺して吸引器のように口から体液を吸うともいう。ナウエリートとは似ても似つかない。

■1910年の目撃談

こうした話を除くと、ナウエリートの最初の目撃事例としてよくあげられるのは、1910年のものになる。

これは、会社経営者のジョージ・ギャレットという人物が、ナウエル・ウアピ湖でシーサーペントのようなものを目撃したというものだった。

ギャレットによれば、湖に5メートルほどの物体が現れて、水面から2メートルほど首を出したかと思うと、数分後に姿を消してしまったという。

ところが、この話は目撃直後のものではなく、1922年の4月6日にカナダの『グローブ』紙が報じた記事がもとになっている。

つまり、目撃から12年も経ってから海外で報じられた情報だった。そのため今日伝えられている情報が、どこまで正確な情報を伝えているのか疑問は残る。また、当時の詳しい状況もわかっておらず、残念ながら正体が何だったのかについては判断ができない。

■アルゼンチン海軍が追われた？

それでは他の事例はどうだろうか。ここからはいくつか有名な事例を取り上げてみたい。

まず、1960年にアルゼンチン海軍の潜水艦がナウエリートに追跡されたという事例。これは追跡されたという話と、逆に追跡したという話がある。どちらにせよ、本当であればビッグニュースだ。

そこで調べてみたところ、話の出所としてたどり着いたのは、1960年2月22日号の『ニューズ・ウィーク』誌の記事だった。

もともとの記事の内容はこうである。南大西洋にあるアルゼンチン海軍基地近くの海底で、「未確認の物体」が沈んでいるという情報があった。これはアルゼンチン以外の国の潜水艦がスパイ活動をしている可能性が考えられたことから、記事ではその可能性について論じられていた。

しかし一方で、記事には次のような冗談も書かれていた。

「それは鯨でしたか？　あるいは水陸両用の空飛ぶ円盤？　もしくは迷子のネッシー？」

そう、実はこの最後の冗談が、潜水艦と結びつき、やがてナウエリートになり、先の話へと発展していったのだった。まるで伝言ゲームのようである。

■2006年と2008年の写真

続いて取り上げるのは、2006年と2008年にナウエリートを撮影したとして大きな話題となった写真。

まず2006年に撮影されたという写真（303ページの【画像2】と【画像3】）は、同年4月22日に地元の『エル・コルディジェラーノ』紙に掲載されたことによって知られるようになった。

記事によれば、ある男が3枚の写真が入った封筒と手紙を新聞社の受付に残していったことに始まるという。その手紙には次のように書かれてあった。

「これは風変わりな丸太でも、波でもありません。ナウエリートが顔を見せたものです。日時は4月15日の土曜日、午前9時。場所はナウエル・ウアピ湖でした。この先、迷惑を被りたくないため、私についての情報はお知らせできません」

2006年に話題となった写真。全部で3枚あるとされたが、公開されたのは上記2枚。（出典：【画像2】※「Habría reaparecido "Nahuelito" en Bariloche」【画像3】※「¿Reapareció "Nahuelito"?」）

【画像4】フランク・サールによって撮影された写真。上記の写真は、このサールの写真を手本にしたのではないか、との疑惑がある。（出典：※「Argentinean Lake Monster Doc」）

残念ながら情報はこれだけしかなかった。けれども、この写真については1960年代に撮られたネッシー写真をもとにしたものではないか、という指摘が出ている。

それはネッシーの写真を何枚も撮ったことで知られるフランク・サールによる写真で、サールは、絵はがきから恐竜のイラストなどを切り取って偽造したことでも知られている悪名高い人物。

2006年の写真は、そのサールの写真に見られるシルエットや、口を開けた頭部、それにコブなどの特徴が似ている。そのため、サールの写真に触発された誰かが偽造した可能性が指摘されている。

一方、2008年の写真はどうだろうか。こちらは、同年11月20日に前出の『エル・コルディジェラーノ』紙に掲載されたものだった。残念ながら写真に関する詳細は不明。

ただし、こちらも偽造の可能性が指摘されている。具体的には画像編集ソフト「フォトショップ」などを使い、木の幹、もしくは亀の頭部を加工した可能

【画像5】2008年に話題となった写真（出典：※「¿Es ?El Nahuelito??」）
【画像6】目を消すとただの流木（出典：※「New Nahuelito Mystery Photo」）

性だ。実際、目のような部分を消した画像を見ると、ただの木の幹と区別がつかない。

このように2006年と2008年の写真は大きな話題とはなったものの、その信憑性はどちらも低い。

■正体は何か？

最後は、ナウエリートの正体として考えられている生物を紹介しておきたい。

よく言われるのは、古代に絶滅したプレシオサウルスなどの海棲爬虫類説。これは大抵の本で紹介されているため、ここでは省く。

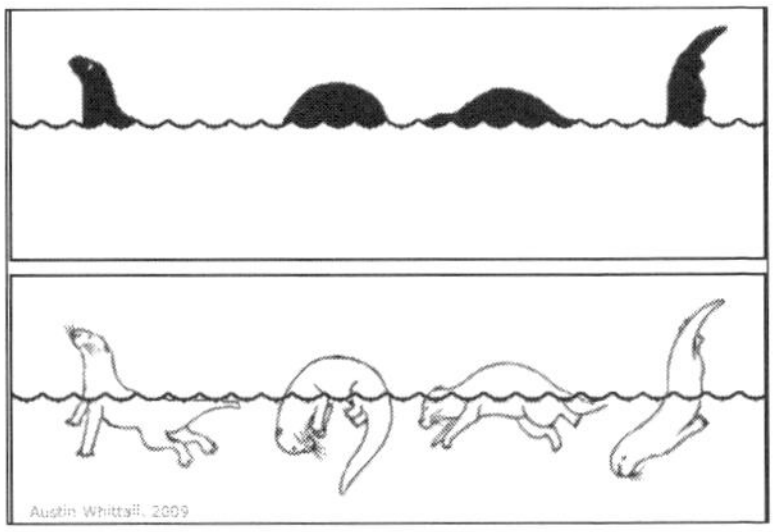

【右・画像7】カワウソの誤認例をイラストで示したもの（©Austin Whittall）【上・画像8】実際にカワウソが並んで泳いでいる様子（出典：※「Yasuni_Wildlife」

他方、日本でほとんど紹介されない説としては、実際に生息している生物の誤認説がある。具体的にはチリカワウソ説。カワウソは遊び好きで、直線状に列を作って泳いだり、潜水や浮上を繰り返したりする。

その様子は少し離れたところから見た場合、コブを出して泳ぐ細長い生き物のようでもあり、ナウエリートに誤認される可能性が指摘されている。

また他には、魚の群れ、カモ、流木の誤認説のほか、珍しいものとしては、アカシカとイノシシの誤認説がある。

アカシカは、繁殖期にオスが湖に隣接するウェムル半島から湖の中央にあるビクトリア島へメスを探して泳ぐ。それが見慣れない目撃者にとっては誤認の原因になるという。

またイノシシの方は、１９１１年に狩猟用としてウェムル半島に持ち込まれた動物で、こちらもアカシカ同様、ビクトリア島まで泳ぐことがあり、誤認されるという。

なお、もちろんその他に未知の生物説もある。ただし前出のオースティン・ホイットールは、そもそも目撃者のナウエリートについての描写自体が様々だと指摘している。

そのためどういった生物にしろ、何かひとつで、すべてが説明できるわけではないということには留意しておいた方が良さそうである。


（本城達也）

【参考文献】

Michael Newton『Hidden Animals: A Field Guide to Batsquatch, Chupacabra, and Other Elusive Creatures』（Greenwood, 2009）
George M. Eberhart『Mysterious Creatures : A Guide to Cryptozoology - Volume 2』（CFZ Publications, 2010）
※ Austin Whittall「Nahuelito - the "hide"（El cuero）」
「THE AMERICAS - ARGENTINA: The Wily Whatzit?」『Newsweek』（February 22, 1960）
※ Austin Whittall「Swimming otters - mistaken for monsters」
Benjamin Radford, Joe Nickell『Lake Monster Mysteries』（The University Press of Kentucky, 2006）
※ el territorio「Habría reaparecido "Nahuelito" en Bariloche」
※ infobae「¿Reapareció "Nahuelito"?」
※ infobae「¿Es ?El Nahuelito??」
※ Loren Coleman「New Nahuelito Mystery Photo」
※ John Kirk「Argentinean Lake Monster Doc」
※ British Columbia Scientific Cryptozoology Club「Nahuelito（Lago Nahuel Huapi）」
『プログレッシブ スペイン語辞典 第2版』（小学館、２００４年）

【UMA事件43】

ラーガルフリョート・オルムリン

Lagarfljótsormurinn
02/02/2012
Lagarfljót, Iceland

ラーガルフリョート・オルムリンは、アイスランドのラーガルフリョート湖で目撃されるUMA。

体長は10〜90メートル。手や足がないヘビのような体をしていて、水面からアーチ状の背中を見せるといわれる。その名前は、アイスランド語で「ラーガルフリョート湖のワーム（細長い虫）」という意味。ラーガルフリョートには「海のように大きな川」という意味がある。

■2012年に話題になった動画

ラーガルフリョート・オルムリンの目撃の歴史は1345年に始まるという。アイスランドの歴史書に「湖で大きな島を見た」という記述があり、その島は動いていたとされる。

けれども残念ながら情報はこれしかなく、その真偽はわからない。しかし湖で何か奇妙なものを見たとの報告は、これまでに100件以上（ラーガルフリョート湖では湖底の堆積物からメタンガスが発生するため、そのガスが水面から吹き出る様子を誤認した可能性は指摘されている）。1996年3月には地元のエイイルスタージル町議会が、証拠写真に賞金50万円を出すとの発表も行った。

そうした中、2012年2月2日、ついにラーガ

【画像1】ラーガルフリョート・オルムリンの泳ぐ姿を撮影したといわれる映像からとったキャプチャー画像。（※ YouTube「Lake monster seen in Iceland Original HQ uncut version」より）

【画像2】動画が撮影されたラーガルフリョート湖。アイスランド東部の湖で、深さ最大112メートル、長さ約30キロ、幅最大2.5キロと細長い形をしている。（©Henry Oude Egberink/shutterstock）

ルフリョート・オルムリンの泳ぐ姿をとらえたと言われる動画が撮影される。

動画を撮影したのは湖畔に住む70歳のヒョルトゥル・ケェルールフという人物。彼は偶然、台所の窓から奇妙な物体に気づき、左右に体をくねらせながら泳ぐ大蛇のような生物を撮影したという。

その動画は甥が勤めるアイスランドの国営放送へ送られた。動画に信憑性があると判断した放送局は公式サイトで公開。すると大反響があり、ＹｏｕＴｕｂｅの方にも公開された動画は、再生回数が５００万回を突破した。さらに２０１４年には、アイスランドの第三者委員会が動画を公式に本物と認定。最初の情報発信元が国営放送だったことに加え、この第三者委員会の本物認定の話が続いたことで、信憑性は大いに高まった。

■動画に映ったものの正体は？

動画ではＣＧなどが使われている可能性は低かっ

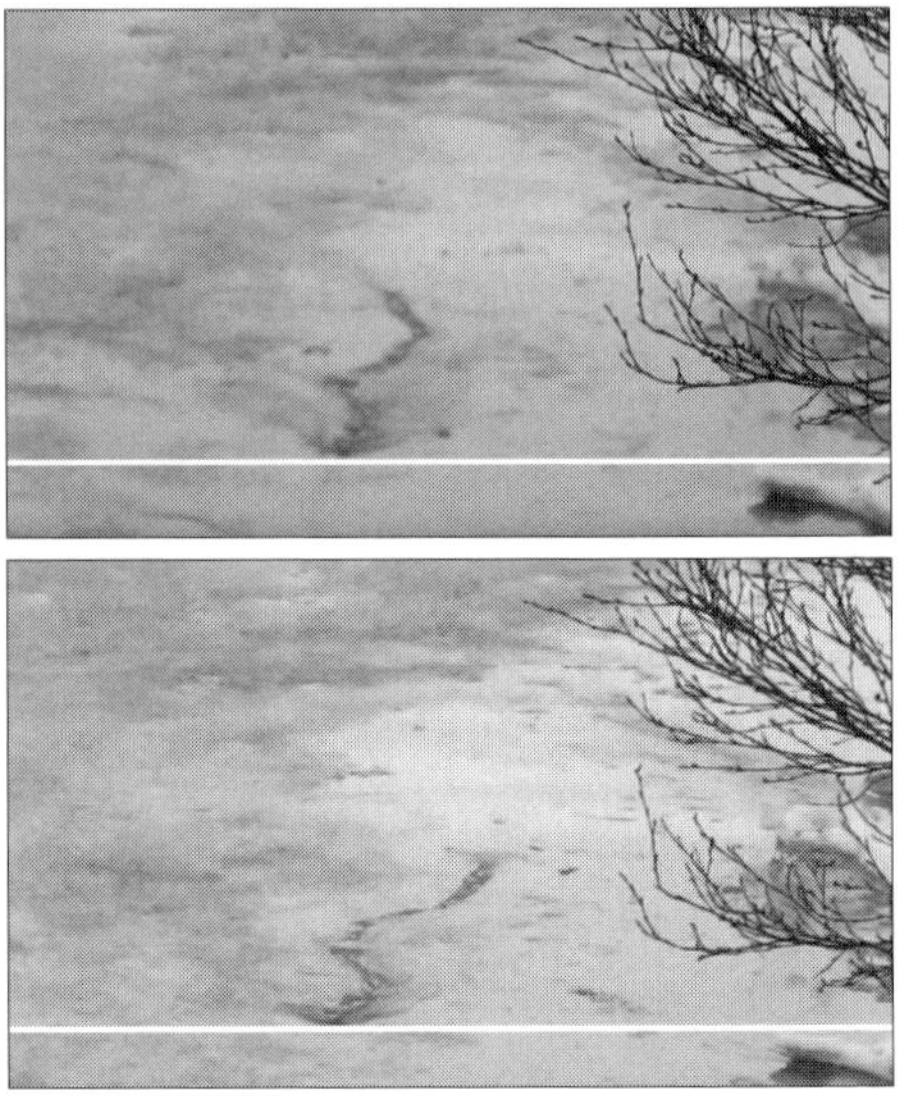

【画像３・上】はノーカット版の開始から６秒のキャプチャー画像。【画像４・下】は同じ動画の19秒のキャプチャー画像。動画ではだいぶ前進しているように見えたものの、実際に比較してみるとまったく変わっていなかった。（※ YouTube「Lake monster seen in Iceland Original HQ uncut version」より）

た。それでは映っていたものは一体何だったのだろうか？

問題の動画を分析したフィンランドの研究者ミーサ・マキオーンによれば、最も考えられるのは、水中にある岩か木に引っ掛かった漁網などが氷で固まったものだという。

実は動画に映っている右側の岸を基準にしてよく観察すると、問題の物体は時間が経っても、まったく前進していないことがわかる（【画像3】、【画像4】）。

泳いでいるように見えるのは錯覚で、実際は同じ場所に留まったままだった。これは撮影者のヒョルトゥルの話とも一致する。

彼は最初に、岸の出っ張った部分の近くにある物体を台所の窓から見た際、コーヒーを淹れようとしていたという。しかし、そのコーヒーを淹れて全部飲み終わってもまだ同じところに物体が見えたので、カメラを取りに行き、外に出て撮影を始めたと話している。

その間に数分は時間が経っていた。しかし物体はずっと同じ場所にあった。やはり泳いでいるわけではなかったのである。

けれども動画を見ると物体は左右にくねくね動いている。この動きは一体どうして起きるのか。

これを検証したのは、NHKの「幻解！ 超常ファイル」という番組だった。同番組では、実際に現地へ行き、同じ場所で長さ8メートルの網の先端だけ杭を打って固定。網がどういった動きを見せるのか検証を行った。

すると最初まっすぐだった網は、次第に左右にくねるようになり、やがて動画の物体とまったく同じ動きを見せることがわかった。

番組によれば、こうした動きが発生するのは、近くの岸が出っ張っていることに関係があるという。動画が撮影された場所は川が湖に注ぎ込むところで、動画にも映る右側の岸がその川に突き出た場所だった。

すると本来の川の流れと、突き出た岸にぶつかってカーブを描く流れの2つができる。問題の物体は、ちょうどその2つの流れがぶつかる場所にあった。そのため異なる流れを受け、結果として、くねくねとした動きが生まれてしまったのだという。

つまり、今回のラーガルフリョート・オルムリンとされた物体の動きは、自然の地形によって生み出された興味深い現象が原因だったのである。

■第三者委員会による認定の真相

とはいえ、動画は第三者委員会によって本物と認定されたのではなかったか。実はこの話は、「幻解！ 超常ファイル」の現地での取材によれば、実態が違っていたという。

第三者委員会のメンバーは全部で13人だったが、そのうち専門家と呼べそうなのは生物学者とカメラマンの2人のみ。あとは町議会議員や牧師など地元の名士が中心だった。

委員会の本来の目的は、ラーガルフリョート・オルムリンが実在するか検証することではなく、町の懸賞金の支払いをどうするか考えることにあったという。

その委員会が下した決定は、投票の内訳が賛成7票、反対4票、どちらともいえないが2票で、支払いを認めるというものだった。

もともと地元のエイイルスタージルでは、町の紋章にラーガルフリョート・オルムリンがデザインされているほど、昔から湖のモンスターと深い関係があった。地元の人たちも愛着を持っている。

そうした背景も考えると、委員会の決定は順当だったのだろう。動画が話題になって、町が活性化することが重要でもあるのだから。

ちなみに動画が話題になった当初、アクセスが最も多かったのはアメリカと日本からだったという。

VISIT EGILSSTAÐIR

エイイルスタージルの観光誘致のロゴにも登場

日本ではオカルト番組でもよく取り上げられていた。もしかしたら日本からの観光などでも現地を訪れる人が出て、町の活性化に少しは役立ったのかもしれない。

（本城達也）

【参考文献】
「幻解！　超常ファイル　ダークサイド・ミステリー」（ＮＨＫＢＳプレミアム、２０１８年5月3日再放送）
「アイ・アム・冒険少年」（ＴＢＳ、２０１５年4月19日放送）
※アイスランド国営放送「Er þetta Lagarfljótsormurinn?」
※ YouTube「Lake monster seen in Iceland Original HQ uncut version」
※ YouTube「The Iceland Worm Monster（Lagarfljóts Worm）Caught on Camera[Original]」
※ Benjamin Radford「Icelandic River Monster Mystery Solved」
※ IceNews「Iceland Loch Ness Monster cameraman says his footage “no joke”」
浅井辰郎、森田貞雄『アイスランド地名小辞典』（帝国書院、１９８０年）

【UMA事件44】

セルマ

Selma
07/2012
Lake Seljord, Norway

セルマは、ノルウェーの首都オスロから約120キロ南西にあるセルヨール湖で目撃されるUMA。体長は3～12メートル。大きな黒い目に、頭は耳がない馬のようで、首は細長いという。色は黒。1～5つのコブが報告される場合が多い。ノルウェーのシーサーペントとも呼ばれる。

■複数のコブをとらえた動画

セルマの泳ぐ姿をとらえたとして最も話題になったのは、2012年7月に撮影された動画である。

これはリスベットという少女が家族とセルヨール湖を訪れた際に撮影したもの。撮影場所は湖畔に建てられた展望台で、セルマを目撃したい人たちのために市が建設したものだという。

動画は全部で2分2秒。貴重なノーカット版はフジテレビの番組「世界の何だコレ!? ミステリー」で放送された。動画には黒っぽい複数の物体が太陽の光を反射しながら、水面から出たり入ったりする様子が映っている。シーサーペントのようなものが体をくねらせながら泳いでいる姿に似ているかもしれない（313ページの【画像1】参照）。

これはセルマだろうか？

確認のため、動画をコマ送りにしてじっくり見て

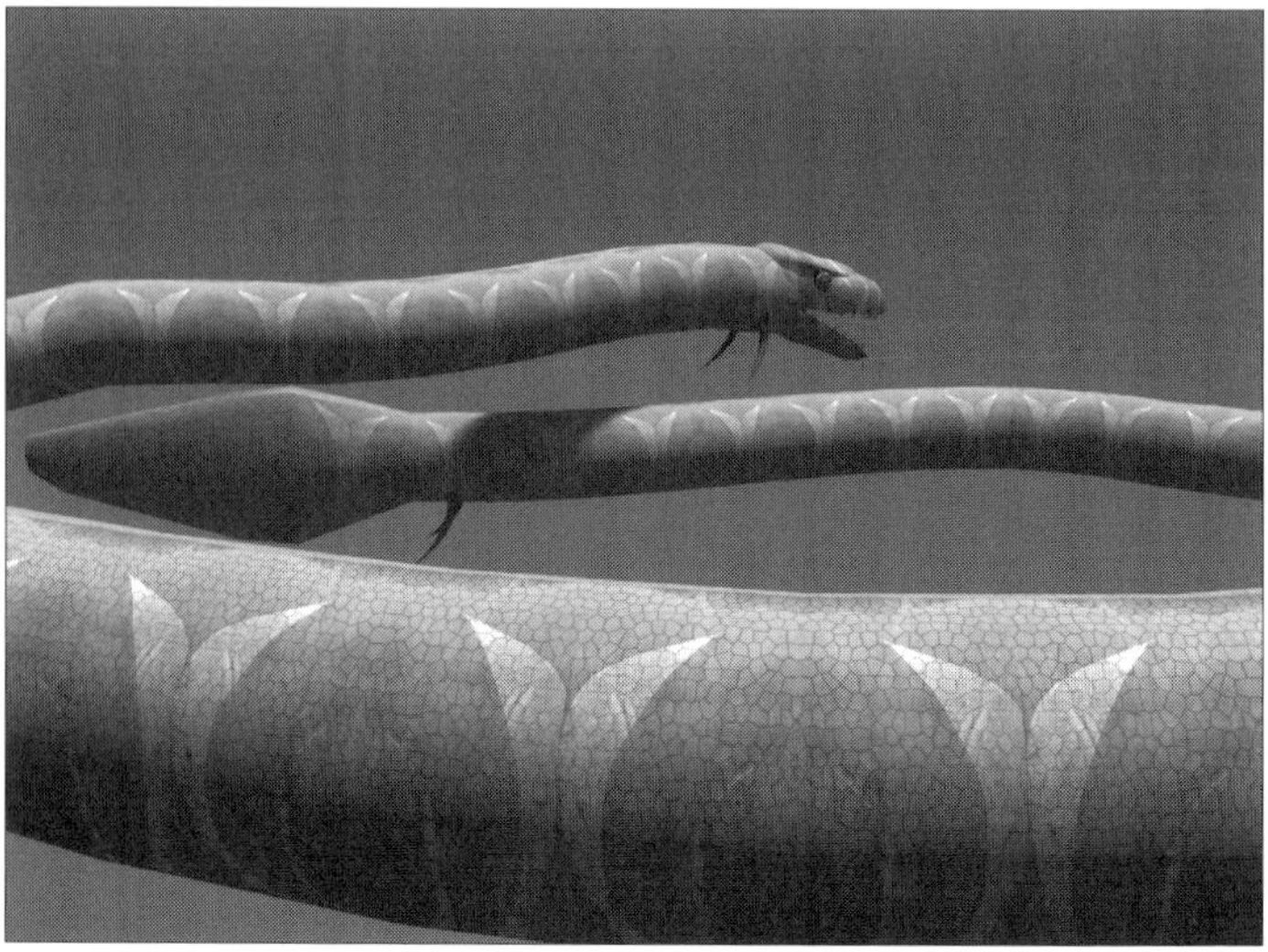

セルマの想像図（CG：横山雅司）

みた。すると次のようなことがわかった。

・物体はライン上にしっかり並んでおらず、少しずつズレている。
・水面から出たり入ったりするタイミングが、物体によって少し違いがある。
・物体は画面の横方向に並んでいるが、終盤、縦方向に水面から出る物体がひとつある。

これらは、細長い生き物が体をくねらせながら泳いでいると考えると辻褄が合わない。しかし、小型の生き物が複数匹まとまって泳いでいると考えれば説明ができるかもしれない。

では、その生き物とは何か。筆者（本城）はカワウソの可能性を推測する。カワウソは水棲UMAの誤認例の常連で、その泳ぐ姿は時にコブ状のものが複数並んで水面から出たり入ったりしているように見える。

実際にその姿をとらえた写真をご覧いただきた

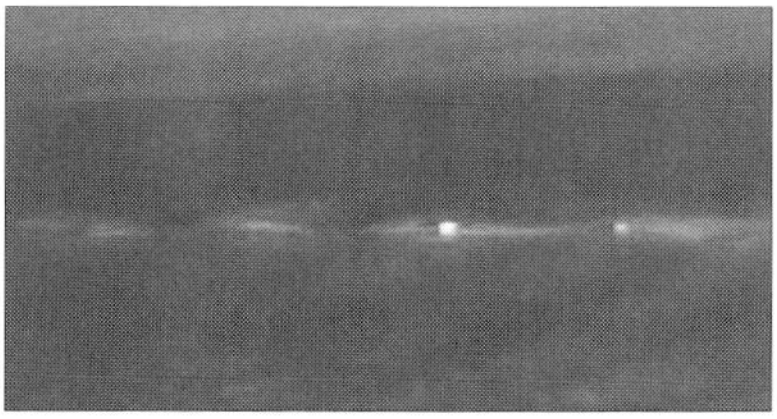

【画像1】2012年に撮影されたセルマをとらえたという動画の一部（※YouTube「Loch Ness Monster Migrates to Norway?」より）

【画像2】2015年に撮影されたカワウソの写真。（※Deadline News「Loch Ness Monster? You otter know better, says wildlife expert」※より）

い。画像２は野生生物の専門家ジョナサン・ウィルス博士が２０１５年５月に、スコットランドのラーウィックの近くで撮影したもの。そこにはコブ状のものが３つ水面から出ているように見えるが、被写体になっているのはメスのカワウソなのだという。

　ただし、セルヨール湖で撮影された動画の方は距離が離れているため、ズームされても細かい部分はわからない。またノルウェーにカワウソは生息しているものの、セルヨール湖に生息しているかどうかは、残念ながらノルウェー語がわからなかったため確認ができなかった。

　よって、動画に映っているものがカワウソだとは断定できない。他の水棲哺乳類などの可能性もあるかもしれない。いずれによせ、こうした生物が複数匹で泳いでいた可能性は検討の余地があると考える。

■万人が記録者になる時代へ

　ちなみにセルマといえば、大抵のＵＭＡを扱った本ではUMA研究家のヤン・スンドベルのことが紹介されている。彼はスウェーデンの「GUST」という水中探査チームを率いた代表で（2011年に死去）、これまでに何度もセルマの調査を実施して写真や音などを記録してきた。

しかし、それらは不鮮明であったり、対象とのつながりが不明確だったりするものばかりだった。

GUSTの元メンバー、カート・バーチフィールによれば、スンドベルは曖昧なものを大げさに宣伝するところがあったという。その姿勢は真実より利益を優先するというもので、真面目な方法論によってセルマを探査したかったバーチフィールはスンドベルのチームを脱退している。

とはいえ、そのスンドベルも今はいない。2012年の動画を撮影した少女のように、撮影機器が身近になった現代においては、一般の訪問者でも貴重な映像を残すことができるようになった。

きっと、これからはそうした人たちがセルマの可能性がある記録を残してくれるに違いない。良い証拠が出てくることを期待している。

（本城達也）

【参考文献】

George M. Eberhart『Mysterious Creatures : A Guide to Cryptozoology - Volume 2』（CFZ Publications, 2010）

※CNN「Expedition sets out to trap Norwegian 'sea monster'」

Benjamin Radford, Joe Nickell『Lake Monster Mysteries: Investigating the World's Most Elusive Creatures』（The University Press of Kentucky, 2006）

「世界の何だコレ!?ミステリー」（フジテレビ、2017年6月28日放送）

※Deadline News「Loch Ness Monster? You otter know better, says wildlife expert」

【第七章】

UMA人物事典&UMA事件年表

ローレン・コールマン

（*Loren Coleman*　１９４７〜）

ローレン・コールマンはアメリカの未知動物学者、奇現象研究家。精力的な活動とメディアへの露出によりアメリカの代表的な未知動物学者として知られる。

コールマンは１９４７年アメリカのバージニア州ノーフォークに生まれ、その後イリノイ州に引っ越す。幼少時から動物や自然に関心があったコールマン少年は、12歳の時にテレビで雪男を題材にした日本映画『獣人雪男（Half Human）』（東宝、１９５５年）を観たのがきっかけとなって雪男の実在を確かめようと決意した。

自分の住むアメリカ中西部でのビッグフットについての調査を始めたコールマンは、アイヴァン・T・サンダースンやベルナール・ユーヴェルマンなどと親交を結び、彼らから未知動物学の教えを受けた。１９６２年にはイリノイ州南中央部でビッグフットのものと彼が考える足跡を発見している。南イリノイ大学で人類学と動物学を学んだ後、70年代以降は調査を基にした執筆活動も活発に行う。中でもアメリカ各地の奇現象を紹介したご当地ミステリー本『ミステリアス・アメリカ』（１９７３年）はヒットし、現在も版を重ねるロングセラーとなっており、コールマンの代表作として知られる。２００３年にはメイン州ポートランドに国際未知動物学博物館を設立し、現在もその館長を務めている。イギリスの奇現象雑誌『フォーティアン・タイムス』やアメリカのオカルト雑誌『フェイト』にUMA関連のコラムを長年連載し、またラジオやテレビにも数多く出演するなど、各種メディアへの露出も多い。

ローレン・コールマン

コールマンはビッグフットやサンダーバードと

いったアメリカのUMAに対して新聞記事の調査などから忘れられていた目撃報告を発掘し、過去の事件の目撃者にインタビューを行う形での再調査を行うことを得意としている。

また、サンダースンの盟友であったUFO・奇現象研究家ジョン・A・キールの影響を受けており、UMAを動物学的な観点からのみならず奇現象の一環としてとらえる場合もある。70年代にはUFO研究家ジェローム・クラークとの共著でUFO本を二冊出しており、UFOやUMAに対する包括的なアプローチとして精神投影説を採用した時期もあった。現在もUMA事例に対してキール的な「超地球的存在」の関与という視点からの分析を行い、ブログで公開している。そのほか、未知動物学・奇現象研究以外にもメディア論の研究でも著作があるなど多様な領域で活動している。

（小山田浩史）

※画像はローレン・コールマンのオフィシャルサイトより。

ベルナール・ユーベルマン

（*Bernard Heuvelmans*　１９１６〜２００１）

ベルナール・ユーベルマンはフランスの動物学者、未知動物学者。未知動物学（Cryptozoology）の成立に尽力したことから、「未知動物学の父」と呼ばれる。

ユーベルマンは１９１６年10月10日フランスのル・アーブルで生まれ、その後ベルギーにて暮らす。幼いころから自然や動物を好んだユーベルマンは、ジュール・ベルヌの『海底二万哩』やコナン・ドイルの『ロスト・ワールド』を読んだことがきっかけで未知の生物や絶滅したと思われている生物の生存に興味を抱くようになる。ベルギーのブリュッセル自由大学で動物学の博士号を取得する一方、ジャズにも熱中。第二次大戦中はドイツ軍に捕らわれるも脱走し、パリでジャズシンガーとして生計を立てていた時期もある。その後１９４８年にサタデー・イブニング・ポスト紙に掲載されたアイヴァン・T・サンダースンのコラム「恐竜は現代にも生き残っている」に感銘を受け、本格的に未確認の動物の研究に着手。生物学的な視点と、文献資料を組み合わせて世界中の様々な謎の生物を取り上げた『未知の動物を求めて』を1955年に刊行すると、実績ある動物学博士による科学的なUMA研究の書として学界でも広く読まれ、また一般読者からも好評を得た（なお、今井幸彦氏による邦訳『未知の動物を求めて』（講談社、1981年）は抄訳）。

ユーベルマンはやがて自分の研究を「未知動物学（Cryptozoology）」と呼ぶようになるが、これは彼の発明した言葉ではなく、1959年にフランスのルシアン・ブランコウが著作の中でユーベルマンを「未知動物学の大家」と評したのが初出という説と、1947〜48年にサンダースンが大海蛇についての著述の中で初めて用いた（そしてそのことをユーベルマンは知っていた）という説がある。

サンダースンとは互いに影響を受け合う仲として親交を結び、1968年にはミネソタ・アイスマンの調査をともに行っている。また大富豪にしてUMAの調査・研究を行ったトム・スリックとも親交があり、スリックのヒマラヤ遠征時にはイエティに関する未刊行の資料を提供したという。

ベルナール・ユーベルマン

1982年にロイ・マッカルらとともに国際未知動物学会を設立すると初代会長に選ばれ、死ぬまで同職を務めた。

ユーベルマンは著作『未知の動物を求めて』では陸上の動物を主に扱い、1965年の『大海蛇を追って』では未知の海洋生物について言及したが、湖の大型水棲獣についての著作はない。ネッシーを筆頭とする湖のUMAに関して、ユーベルマンは資料を集めいずれは本を書くつもりであったが、最終的にはピーター・コステロの『湖底怪獣』（1974年邦訳『湖底怪獣　その追跡と目撃』〈ベストセラーズ、1976年〉）への資料提供という形になったという。

また1984年のインタビューでは全20巻からなる「未知動物学百科事典」の執筆を構想していると語ったがこれも実現することはなかった。

1990年代後半からは健康上の問題からマスメディア等への露出がなくなり、2001年8月22日にフランスのル・ヴェジネの自宅にて、愛犬の傍らで安らかに死去した。享年84歳。

近年では資料の扱いに懐疑的な視点が不足している点や、盟友サンダースンと同様にものごとを誇張して紹介する癖があることを指摘されてもいるが、ユーベルマンの名と「未知動物学の父」としての功績は今後も研究者やUMAファンの記憶に残り続けるであろう。

（小山田浩史）

※画像はローザンヌの動物学博物館のサイトより引用。

ロイ・P・マッカル

（*Roy P. Mackal*　1925〜2013）


ロイ・P・マッカルはアメリカの生化学者、生物学者、未知動物学者。シカゴ大学に長年在籍しネス湖のネッシーやコンゴのモケーレ・ムベンベなどのUMAの調査・研究を行った。

1925年8月1日ウィスコンシン州ミルウォーキーにて出生。第二次大戦中はアメリカ海兵隊に所属していた。1953年にシカゴ大学で動物学博士号を取得後、同大学の生物学教授となる。大学では主に生化学とウィルス学の研究を行い、1990年まで在籍。また工学者として観測用ロケットの回収用自動パラシュートシステムや気象観測気球用の水素生成装置の開発を手掛けたことでも知られる。

一方でUMAにも強い関心を示し、1960年代に入るとネス湖のネッシーについての調査・研究を開始。アメリカで資金調達を行い、1965年から

ロイ・P・マッカル

10年間にわたりネッシー調査プロジェクトの科学指導を行った。マッカルは〝生検銛〟と名付けたDNA採取用の銛と発射用のボウガンを設計しネッシーのDNA採取を目論んだが、実際に使用する機会には恵まれなかった。プロジェクトはネッシー実在の証拠を発見するには至らなかったが、マッカル自身は調査を通じて1970年にネッシーを目撃しており、ネス湖にはなにかがいると確信していたようだ。

　1982年にはリチャード・グリーンウェル、ベルナール・ユーベルマンらとともに国際未知動物学会を設立し、同時に副会長に就任。その後1998年に同会が活動を停止するまで副会長を務めた。

　1980年代前半にはアフリカ・コンゴのリクアラ地方に棲息するとされたUMAモケーレ・ムベンベの調査を手掛ける。ムベンベの捕獲や目撃、写真撮影などはかなわなかったものの、さまざまな情報を入手している。マッカルは80年代にリクアラ地方でのムベンベ調査を三回行ったが、四回目の調査を熱望しつつも資金が集まらずその後現地調査を行うことはできなかった。

　なお、1985年にアメリカで製作された映画『恐竜伝説ベイビー』はアフリカの熱帯雨林を舞台にモケーレ・ムベンベをモチーフにしたUMAをめぐるストーリーが展開されるが、パトリック・マクグーハンが演じているエリック・キヴィアット博士というキャラクターはマッカルがモデルだという（なぜか悪役側）。

　晩年はカナダの未知動物学団体BSCCや、ローレン・コールマンが館長を務める国際未知動物学博物館の設立に協力した。

　2013年9月13日、心不全により死去。マッカルは長年シカゴ大学の生物学教授という職に就きつつネッシーやモケーレ・ムベンベの調査・研究を行い、未知動物学の学術的な側面を担ってきた点を評価されている。

（小山田浩史）

※画像は「University of Chicago Photographic Archive」より

ジェフリー・メルドラム

（*Jeffrey Meldrum*　1958〜）

ジェフリー・メルドラムは米国のマスコミでも人気のビッグフット研究の権威で、アイダホ州立大学教授である。1989年にニューヨーク州立大学で博士号を取得後、デューク大学などにポスドク（有給博士研究員）として勤務。1993年からアイダホ州立大学で教鞭をとる。

1996年、捏造を暴く目的でワシントン州のビッグフット研究家が持つ足跡を調査したことがきっかけで、ビッグフット研究に興味を持つようになる。

人間の足裏は〝土踏まず〟があり地面をけるとき足裏は曲がらないが、樹上で生活するゴリラやチンパンジーの足は枝をつかみ易いよう足裏が2つに折れる（足の中折れ：Midtarsal Break）関節になっている。

調べたビッグフットの足型にはこれを示すものがあり、有名なパターソン－ギムリン・フィルムの足型にもあった。また指紋が見える足跡や、走った跡と思える足先だけでかかとがない足跡があり、調べた足型がすべて捏造とは考えにくかった。さらにゴリラ・猿の親指は外向きに付いているが、足型の親指は人間のように他の指と並行だった。

ジェフリー・メルドラム

こうした観察からメルドラム教授は、ビッグフットは猿と人間との中間的生物で、例えばギガントピテクス・パラントロプスに似た原生人ではないか、と考えた。

その後、メルドラム教授はビッグフットに関する研究に本格的に着手。論文を次々と発表しているが、論文が掲載された雑誌は必ずしも専門分野で評価されたものではなく、従来の論文誌には掲載が難しいなど、メルドラム教授のビッグフット研究が学術的に認められているとは言い難い。

捏造が疑われる「パターソン＝ギムリン・フィルム」を好意的に評価していることでも知られており、２０１７年にはアイダホ州の歴史自然博物館で「パターソン＝ギムリン・フィルムから50年」と題した講演会を実施。新しい分析法や最新科学でパターソン＝ギムリン・フィルムの信ぴょう性に新しい光が当たったと主張している。

２００７年に『Sasquatch: legend meets science（サスカッチ：伝説が科学と出会うとき）』を出版。ビッグフット・ファンから歓迎された。


（加門正一）

※画像は「Idaho State Journal」より。

アイヴァン・T・サンダースン

（*Ivan Terence Sanderson*　１９１１～１９７３）


アイヴァン・テレンス・サンダースンはアメリカの動物学者、作家、奇現象研究家、未知動物学者。ベルナール・ユーベルマンと並ぶ未知動物学のパイオニアである。

「もうひとりの未知動物学の父」アイヴァン・T・サンダースンは１９１１年１月30日にスコットランドのエジンバラで生まれる。本人が言うところではモザイク双子として生まれたので腎臓が三つあったとのことだが、真相は不明。十代後半から世界各地を旅行し、さまざまな動物の伝承を収集する。

１９３２年にはカメルーンを旅行中に地元民が「オリティアウ」と呼ぶ怪鳥と遭遇したと自著の中で述べている。１９３０年代後半から、旅行記や収集した動物の伝承をまとめた著作を発表し、１９４０年代に入るとアメリカの雑誌サタデー・イブニング・

ポストに海の怪物や現代に生き残っている恐竜といったテーマでの記事を執筆。このころ既にチャールズ・フォートの著作などから奇現象研究の影響を受けており、動物学と奇現象研究のクロスオーバーとしてUMAを調査していた。サンダースンの一連の記事を読んだベルナール・ユーベルマンは大いに感銘を受け、後に「未知動物学」と呼ばれる領域を生み出す源流となっていく。

1950年代に入るとサンダースンはラジオやテレビ番組に「動物の専門家」というキャラクターで出演するようになる一方、精力的に湖の怪物やイエティ、そして「アメリカの忌まわしき雪男」としてビッグフットやサスカッチといったUMAの記事を執筆し、さまざまな雑誌に掲載された。サンダースンの記事の読者の中からはやがて、ビッグフットやサスカッチを調査する者たちが数多く出現することとなる。

アイヴァン・T・サンダースン

1961年には彼の代表作である『忌まわしき雪男：伝説から現実へ』を刊行。525ページにも及ぶこの大著は、イエティやビッグフットといった類人猿型UMAに関する古典的名著として多くの読者に親しまれ現在も版を重ねている。ビッグフット研究家マーク・ホールは『忌まわしき雪男』こそがビッグフットやサスカッチを個々の湖の怪物のような「ご当地UMA」を超えた、北米全域のUMAとして認識させた名著だと高く評価している。

1965年には奇現象研究団体SITU（Society for Investigation of The Unexplained）を設立。ユーベルマンとともにミネソタ・アイスマンの調査を行なったほか、ブラック・パンサーや巨鳥サンダーバードといったUMAの探索にも挑戦している。

1973年2月19日死去。享年62歳。

サンダースンは奇現象・UMA研究においてはいくつかの現象の「名付け親」としても記憶され

ている。発見された時代や地域にそぐわない奇妙な物品を「オーパーツ（OOPARTS, Out of Place ARTfactS　場違いな工芸品の意）」と呼び、空から奇妙なものが降り注ぐ現象を「ファフロッキーズ（FAFROTSKIES, Falls FROm The SKIES：空からの落下物の意）」と名付け、これらは現在も奇現象研究で用いられている。UMAでは浜辺に漂着する正体不明の大型の生物の死骸を「グロブスター（Globster）」と名付け、これも今日に至るまで使われている。

未知動物学とともにUFOや奇現象を研究したサンダースンは孤高のUFO研究家ジョン・A・キールとも親交があったが、フォートやキールとは異なり自身を科学者であり唯物論者であると考えていたという。話を盛るところがあるなどの批判点もあるが、サンダースンの情熱的な未知動物への探究が現在の未知動物学を生み出した底流のひとつなのは事実である。

（小山田浩史）

※画像はIvan T Sanderson『Book of Great Jungle』より

實吉達郎（「実吉達郎」表記もあり）

（さねよし・たつお　1929〜）

広島県呉市出身。東京農業大学卒。千葉県成田市の三里塚御料牧場（宮内庁下総御料牧場、1969年閉場）、神奈川県横浜市の野毛山動物園で勤務した後、1955年から62年までブラジル在住。当時は秘境と呼ばれていたアマゾンにまで足を運んで現地の動物を研究、帰国後にノンフィクションライターとしての活動を開始した。テレビ・ラジオなどでの出演も多数。日本シャーロック・ホームズ・クラブ会員、動物文学会会員。シンガーソングライター・さねよしいさ子、ロックミュージシャン・リネヨシの父親でもある。

時代小説、中国白話小説（『西遊記』『水滸伝』など）、推理小説についての造詣が深く、日本のシャーロキアンとしては現存最古参のひとりである。それらに関する知識が生かされた著書としては『動物から推理する邪馬台国』（文化出版局、１９７５年）『シャーロック・ホームズと金田一耕助』（毎日新聞社、１９８８年）『西遊記動物園』（六興出版、１９９１年）『本朝美少年録』（光風社出版、１９９３年）『豪傑水滸伝・梁山泊１０８星の世界』（光栄、１９９７年）などがある。

實吉は古典文学に関するエッセイにおいて、登場する動物に着目し、その形状や生態に関する描写を実際の動物の形状や生態と比較するという手法をしばしばとっている。

實吉達郎

さて、その手法はいわゆる動物奇談においても共通で、ネッシーや雪男の目撃譚を扱う場合も既知の動物の形状や生態との比較から、その正体を探るという論法をとっている。

實吉の重要な功績としてはＵＭＡ（未確認動物）という和製英語を定着させたことが挙げられる。この造語は南山宏が考案し、實吉の著書『ＵＭＡ（ユーマ）謎の未確認動物』（スポーツニッポン新聞社出版局、１９７６年）の書名として最初に用いられた。考案者の南山が自分の文章で用いるのは避けたこともあり、この用語は当初、實吉の著書やエッセイを通じて広められたのである。實吉は後に「絶滅したことになっているのだが生存説もある動物たち」を意味するＥＭＡという造語も作っている。

ＵＭＡ関係の著書としては他に『謎の雪男追跡！』（徳間書店、１９７５年）『不思議ビックリ世界の怪動物99の謎』（二見書房、１９９２年）『ＵＭＡ解体新書』（新紀元社、２００４年）『ＵＭＡ／ＥＭＡ読本』（新紀元社、２００５年）などがある。

今から20年以上前の話だが、私が東京都内に住んでいた頃、自宅が實吉宅に近かったため、しばしば訪ねては動物の生態や古典文学、ＵＭＡなどについてお話をうかがったものである。

（原田実）

※画像は『ＵＭＡ（ユーマ）謎の未確認動物』（スポニチ出版）より

カール・シューカー
（*Karl Shuker*　1959～）

イギリスの動物学者。未知動物研究家。UMAとの出会いは13歳のとき。たまたま本屋で見かけたベルナール・ユーベルマンの本を誕生日プレゼントにもらったことに始まる。その本を何度も読み通したシューカー少年は、それ以来、UMAに深く魅了され、関連する本や記事を収集するようになった。

UMAに対する興味は大人になっても失われることなく、バーミンガム大学では比較生理学と動物学で博士号を取得。

大学での研究生活には馴染めなかったため、その後はフリーの研究家、ライターとして活動を行うことになった。これまでに執筆した本は20冊以上に及ぶ。

現在はイギリスのウェスト・ミッドランズ在住。ロンドン動物学会、英国昆虫学会、国際未知動物学会の会員。

シューカーは、かつてオゴポゴの名前の由来になったイギリスのレコード（幻の品）を偶然、フリーマーケットで見つけたことがある。そのレコードは約300円で売られていたが、その価値を知る彼は、「伝説的」「値を付けられないほど貴重」といった言葉を使って、当時の熱狂ぶりを伝えてみせた。

こうした感覚は一般的には理解されにくいかもしれない。しかし何かにドはまりした経験がある者には痛いほどよくわかる感覚である。そういう意味で、シューカーは未知動物学の第一人者であると同時に、愛すべき生粋のUMAバカでもある。

（本城達也）

カール・シューカー

※画像は「カール・シューカー公式サイト」より。

トム・スリック

（Thomas Baker Slick　1916〜1962）

トム・スリックはアメリカの実業家にして初期未知動物研究の援助者・調査者。

スリックは1916年5月6日、アメリカのテキサス州サンアントニオに生まれる。父親は油田を掘り当てて大富豪になったことで知られる「試掘者の王」トム・スリック・シニア。

スリックは1937年の夏に友人たちとネス湖を訪れネッシーの探索を試み、成果こそなかったものの、ネッシー探しを大いに楽しんだという。このことがきっかけで未知の生物を探すことに情熱を傾けるようになっていく。

トム・スリック

その後は実業家としての才能を発揮し事業を成功させる一方、ベルナール・ユーベルマンの『未知の動物を求めて』に強い影響を受け、1957年には自らネパールに赴きイエティの調査を行った。危険な目にもあったがイエティの目撃者たちを探して、既にイエティの「正体」として推測されていた既知の動物20種類の写真を見せて誤認の可能性を確認するといった聞き取り調査を行った。

翌年の1958年と続く1959年にはスリック-ジョンソン雪男調査隊を結成しそのスポンサーとなりイエティ探索を継続。スリックは当時としては革新的な「複数種類のイエティが存在している」という仮説を持っていたという。

なお、1957年のイギリス映画『ヒマラヤの忌まわしき雪男』に登場する「雪男ハンター」トム・フレンド（西部劇俳優として知られるフォレスト・タッカーが演じている）はスリックをモデルにしているとされる。

スリックはイエティ以外にもインドネシアの猿人

オランダ・ペンデクや、アメリカのカリフォルニア州トリニティ・アルプスのオオサンショウウオといったUMAの調査に積極的に資金を投入したがめぼしい成果は得られなかった。

1962年10月6日カナダから帰国する際に飛行機事故により死亡、享年46歳。

スリックは多趣味かつ精力的な人物で美術品の収集家としても知られ、また超能力や精神世界にも強い興味を示し1958年にはマインドサイエンス財団を設立、同財団は2018年現在も活動を続けている。

その突然の死によりスリックの生涯と業績には不確かな部分が多く、例えばCIAと関係があり、50年代のヒマラヤ遠征にはエージェントとしての隠された別の目的があったのではないかという説が囁かれることもある。近年はローレン・コールマンなどにより未知動物学上の業績の再評価が行われている。

なお、1990年代末にハリウッドで20世紀フォックスによりスリックの伝記映画『トム・スリック：モンスターハンター』が企画され、スリック役にはニコラス・ケイジが予定されていたが、製作は中止されてしまったとのことである。

（小山田浩史）

※画像は「Mind Science Foundation」のウェブサイトより引用。

UMA事件年表

これまで世界では未確認動物に関連した様々な事件や出来事が起きてきた。UMA史を彩るそれらの事件や出来事のうち、本書収録項目を中心に年表にまとめた。

1687年
【アメリカ】クエーカー教徒のダニエル・リーズが暦を出版。周囲のクエーカー教徒と対立し、「リーズの悪魔＝ジャージー・デビル」伝説を生むきっかけとなる。

1834年
【日本】現在イメージされるツチノコの姿に近い絵が井手道貞の『信濃奇勝録』に収録される（出版は1887年）。

1909年
1月16日～23日**【アメリカ】**ニュージャージー州でジャージー・デビルの目撃報告が相次ぎ、騒動となる。

1917年
【ベネズエラ】フランソワ・ド・ロワによってモノスの写真が撮影される。

1922年
【モンゴル】ロイ・チャップマン・アンドリュースが原人の化石探しの一方で、モンゴリアン・デスワームの探索も行う。

1926年
8月23日**【カナダ】**オカナガン湖の近くで、イギリスで流行した社交ダンスの曲が替え歌として歌われる。これがきっかけとなり、翌日にオカナガン湖のUMAは「オゴポゴ」と名づけられる。

1927年
1月14日**【イギリス】**エイリアン・ビッグ・キャットの最古の目撃情報が『デイリー・エクスプレス』紙に掲載される。

1929年
3月11日**【フランス】**ジョルジュ・モンタンドンがフランスの科学誌に初めてモノスに関する論文と写真を発表。

1931年
9月1日**【イギリス】**マン島のしゃべるマングース・ジェフがはじめて現れる。

1932年
【カメルーン】研究家のアイバン・サンダーソンがコンガマトーに遭遇。

1933年
4月10日**【イギリス】**ロンドンで映画「キングコング」が公開される。
4月14日**【イギリス】**アルディ・マッカイがネス湖で2つのコブを目撃。最初期の目撃報告として注目を集める。
7月22日**【イギリス】**ジョージ・スパイサーがネス湖畔で首の長い恐竜のような生物を目撃。ネッシーの具体的な目撃報告として注目を集める。

10月11日**【カナダ】**『ビクトリア・デイリー・タイムズ』紙の編集者アーチー・ウィルズがキャドボロ湾で目撃されたUMAに「キャドボロサウルス」と命名。

11月12日**【イギリス】**ヒュー・グレイが世界初のネッシー写真を撮影。

12月**【イギリス】**マーマデューク・ウェザレルがネス湖で「カバの足跡事件」を起こす。

1934年

4月21日**【イギリス】**ネッシーの「外科医の写真」が『デイリー・メール』紙に掲載され、世界的なニュースとなる。

1937年

【カナダ】最も有名なキャディの写真がナデン湾の捕鯨基地で撮影される。

1951年

11月8日**【ネパール】**登山家のエリック・シプトンがヒマラヤでイエティの足跡を撮影。

1955年

【フランス】ベルナール・ユーベルマンが研究成果をまとめた本『未知の動物を求めて』（フランス語原題『Sur la piste des bêtes ignorees』）を出版。世界9ヵ国語に翻訳され、ベストセラーとなる。

1959年

12月～60年2月**【ネパール】**東大医学部の小川鼎三教授を隊長とした雪男学術探検隊がヒマラヤで雪男の調査を実施。

1960年

4月23日**【イギリス】**ティム・ディンスデールが史上初めてネッシーの映像を撮影する。

1962年

7月19日**【ベネズエラ】**『エル・ウニベルサル』紙にて、エンリケ・テヘーラによるモノスの真相が記された手紙の内容が公開される。

9月**【日本】**『SFマガジン』（1962年9月号）にて、日本で初めて「スクリュー尾のガー助」の記事が掲載される。

10月6日：トム・スリックが飛行機事故により死去。

1964年

12月12日**【オーストラリア】**カメラマンのロベール・セレックがシーサーペントの写真を撮影。

1966年

11月15日**【アメリカ】**ウェストバージニア州でスカーベリー夫妻とマレット夫妻がモスマンに遭遇。新聞等で報道され、大きな話題となる。

1967年

10月21日**【アメリカ】**ビッグフットの「パターソン-ギムリン・フィルム」が撮影されたという話が『タイムズ・スタンダード』紙で最初に報じられる。

1968年

12月16日～18日**【アメリカ】**UMA研究家のベルナール・ユーベルマンとアイバン・サンダーソンが、興行師のフランク・ハンセンの自宅でミネソタ・アイスマンを調査。

1969年

2月10日**【ベルギー】**ベルナール・ユーベルマンがベルギー王立自然科学協会論文誌でミネソタ・アイスマンの論文を発表。

3月11日**【ベルギー】**ユーベルマンの論

文を受けて、ベルギーの新聞がミネソタ・アイスマンについて報道。大騒ぎとなる。

１９７０年

7月20日【日本】ヒバゴンの最初の目撃報告が寄せられる。

１９７１年

4月28日【ニュージーランド】日本の漁船・第二十八金比羅丸がニュージーランド沖でカバゴンに遭遇。

7月17日【日本】毎日新聞がカバゴンとの遭遇談を取り上げる。

１９７２年

【日本】小説家の田辺聖子による朝日新聞での連載『すべってころんで』でツチノコが取り上げられ、ツチノコが全国的に知られるきっかけとなる。

１９７３年

【日本】漫画家の矢口高雄が『週刊少年マガジン』でツチノコ探索を描いた漫画「幻の怪蛇バチヘビ」を連載。第一次ツチノコブームを巻き起こす。

2月19日【アメリカ】アイバン・サンダーソンが死去。

8月23日【日本】屈斜路湖でクッシーが目撃されたという情報が北海道新聞に掲載される。

8月31日【日本】北海道放送が屈斜路湖でクッシーの調査を実施。

9月7日～11月28日【イギリス】康芳夫が1億5000万円の資金を集めて「ネス湖怪獣国際探検隊」を結成。ネス湖で調査を実施。

12月6日【日本】毎日新聞がクッシー騒動を取り上げ、全国的に知られるようになる。

１９７４年

5月1日【中国】湖北省神農架で最初の野人の目撃報告が寄せられる。

１９７５年

1月28日【アメリカ】ジョン・A・キールによるモスマン事件についての本『ザ・モスマン・プロフェシーズ』が出版される。

6月【日本】比婆郡西城町（当時）から「ヒバゴン騒動終息宣言」が出される。

12月7日【イギリス】イアン・ウェザレルによる「外科医の写真」はイカサマだったという話が『サンデー・テレグラフ』紙で発表される。

１９７６年

【日本】南山宏が實吉達郎から相談を受け、「UMA」という用語を考案。その「UMA」は76年7月に實吉が出した本『UMA謎の未確認動物』で初めて使われ、以降、日本では未確認動物を表す用語として定着していった。

7月15日【日本】人とチンパンジーの混血種といわれたオリバー君が来日。

7月19日【日本】放射線医学総合研究所によるオリバー君の染色体検査の結果、チンパンジーだったことが判明。

7月22日【日本】オリバー君の染色体検査の結果を伏せたまま、日本テレビがオリバー君の特番を放送。視聴率24・1％を記録。

１９７７年

4月21日～23日【アメリカ】マサチューセッツ州でドーバーデーモンの目撃報告が相次ぐ。

4月25日【ニュージーランド】ニュージーランド沖でニューネッシーの死骸が

引き揚げられる。
7月5日【アメリカ】シャンプレーン湖でサンドラ・マンシがチャンプの写真を撮影。
7月20日【日本】ニューネッシーについて朝日新聞が最初に報じ、各メディアでも取り上げられるようになって大きな話題となる。

1978年

3月15日【日本】川口浩探検隊シリーズが放送開始。
7月25日【日本】ニューネッシーについての論文をまとめた『瑞洋丸に収容された未確認動物について』（日仏海洋学会）が出版される。
9月3日【日本】池田湖で最初のイッシー目撃報告が寄せられる。

1980年

9月18日【中国・北朝鮮】長白山の天池でチャイニーズ・ネッシーが目撃されたという第一報が現地紙に掲載される。

1982年

【アメリカ】国際未知動物学会（ISC）が発足。会長にベルナール・ユーベルマンが選出される。

1983年

9月13日～17日【日本】大鳥池でタキタロウの最初の大規模調査が行われる。

1985年

8月1日【日本】長崎県対馬で河童らしきものを目撃したとの報告が寄せられる。
10月27日【日本】大鳥池で3回目となるタキタロウの大規模調査が行われ、体長70センチの大型魚が捕獲される。
11月20日【日本】川口浩探検隊シリーズが放送終了。

1988年

3月～5月【コンゴ】早稲田大学探検部がテレ湖でモケーレ・ムベンベの調査を実施。
4月5日【日本】朝日新聞が奈良県吉野郡下北山村で相次いだツチノコ目撃報告や、同村でのツチノコシンポジウムの予定などを報道。他のメディアも次々と続き、第二次ツチノコブームが起きる。
6月29日【アメリカ】リザードマンに襲われたというクリストファー・デービスの事件が発生。
7月14日【アメリカ】メアリー・ウェイ事件が発生し、リザードマンについて新聞等で大きく報道される。

1989年

4月29日～10月31日【日本】新潟県糸魚川市で「巨大魚フェスティバル」が開催され、ナミタロウの写真に30万円の賞金がかけられる。

1990年

【モンゴル】イヴァン・マッケルレがモンゴリアン・デスワームの探索を実施。目撃情報も収集する。

1992年

3月21日【メキシコ】ジャーナリストのマルコ・アントニオ・ビジャサナが世界で初めてフライング・ヒューマノイドの写真を撮影。

1994年

3月5日【アメリカ】ニューメキシコ州ロズウェルで映像コーディネーターのホセ・エスカミーラが世界で初めてスカイフィッシュの写真を撮影。
3月13日【イギリス】クリスチャン・ス

パーリングによる「外科医の写真」はイカサマだったという話が『サンデー・テレグラフ』紙で発表される。

1995年

8月【プエルトリコ】主婦のマデリン・トレンティノが世界で初めてチュパカブラを目撃。

1997年

5月17日【トルコ】ウナル・コザックがジャノの映像を撮影。

1998年

【アメリカ】国際未知動物学会（ISC）が財政難を理由に解散。

2001年

5月【インド】ニューデリーにモンキーマンが出現したとして大騒動となる。

8月22日【フランス】ベルナール・ユーベルマンが死去。

9月【インドネシア】UMA研究家のアンドリュー・サンダーソンとアダム・デビーズによってオランペンデクの足跡と体毛と思われるものが発見される。

2002年

1月25日【アメリカ】ジョン・A・キールによるモスマンの本を原作にした映画『ザ・モスマン・プロフェシーズ』が公開。

5月11日【日本】ニンゲンについての最初の投稿が2ちゃんねるに現れる。

2006年

4月22日【アルゼンチン】ナウエリートの写真が『エル・コルディジェラーノ』紙に掲載され、話題となる。

2008年

11月20日【アルゼンチン】再び、ナウエリートの写真が『エル・コルディジェラーノ』紙に掲載され、話題となる。

2011年

10月31日【アメリカ】メイン州ポートランドにてローレン・コールマン主宰の「国際未知動物学博物館」が再オープン。

2012年

2月2日【アイスランド】ラーガルフリョート湖で体をくねらせながら泳ぐラーガルフリョート・オルムリンの動画が撮影される。

6月2日【アメリカ】オリバー君が、テキサス州サン・アントニオにある動物保護施設「プライマリー・プライメイツ」で死去。

7月【ノルウェー】セルヨール湖で複数のコブが出たり入ったりするセルマの動画が撮影される。

2013年

9月13日【アメリカ】UMA研究家のロイ・マッカルが死去。

2016年

1月【アメリカ】国際未知動物学会（ICS）が発足。名誉会長にポール・ルブロンが選出される。

2017年

11月29日【アメリカほか】イエティの遺物はほとんどがクマのものだったという調査結果が英国王立協会紀要に掲載される。

2018年

6月～【イギリス】国際研究チームがネス湖の水を分析し、ネッシーのDNAを探すプロジェクトを開始。分析結果は2019年1月までに発表予定。

（本城達也）

執筆者紹介

執筆者のプロフィールを五十音順にて掲載しました。「●」はASIOSの会員、「★」はゲスト執筆者。（五十音順）

●秋月朗芳（あきづき・ろうほう）

1968年埼玉県生まれ。生業のWEBプログラマの傍ら、UFOや超常現象マニアを集めた『Spファイル友の会（http://sp-file.oops.jp）』を発足、現在14冊目となる『UFO手帖3・0』の刊行を目指している。好きな作家はジョン・A・キール。最近は暗号通貨の世界に傾倒しつつあり、特にブロックチェーンを利用した宗教（?）「0XΩ（ゼロエックス・オメガ）」に興味津々である。

★小山田浩史（おやまだ・ひろふみ）

1973年生まれ。日々インターネットで国内外のUFO情報を収集する自称・UFO研究家。イーグルリバー事件のような奇妙度の高い事例の「意味」を探る面白さに魅了され、民俗学的・文化人類学的な視点からの「文系UFO研究」を志向。https://twitter.com/magonia00/

●蒲田典弘（かまた・のりひろ）

ロズウェル事件研究家を自称する懐疑論者。ビリーバー（信奉者）として超常現象を調べていくうちに、懐疑論者に転向した。青少年に懐疑的な考え方を身につけてもらおうという、ジュニア・スケプティック活動にも興味がある。ASIOS運営委員。共著に『これってホントに科学？』『ホントにあるの？ ホントにいるの？』（かもがわ出版）などがある。

●加門正一（かもん・しょういち）

国立大学名誉教授。専門は光シミュレーション工学。専門学会で研究会委員長。論文編集委員等を歴任。電子情報通信学会フェロー。大学では専門科目の研究教育の外に教養科目で懐疑思考（Skeptical Thinking）を講義。その教材収集として超常現象の科学的調査にもいそしんだ。著書『江戸「うつろ舟」ミステリー』（楽工社）、共著『トンデモ超常現象56の真相』（楽工社）、『新・トンデモ超常現象60の真相』（彩図社）などがある。

●ナカイサヤカ（なかい・さやか）

1959年生まれ。慶応大学大学院修士課程を考古学で修了後、発掘調査員を経て現在は翻訳者／通訳。翻訳書：『代替療法の光と闇』『反ワクチン運動の真実』（地人書館）、『世界恐怖図鑑』、『探し絵ツアー1～9』（いずれも文溪堂）、『超常現象を科学にした男』（紀伊國屋書店）など。毎月一回東京都内で家庭と育児や医学に関する身近な知識を学ぶ、サイエンスカフェスタイルの勉強会「えるかふぇ」を開催している。

★中根研一（なかね・けんいち）

1972年茨城県生まれ。北海学園大学法学部教授。専門は中国文学・中国文化。「怪獣」をキーワードに、様々な文化事象を多角的に眺めるのが主なテーマ。UMAそのものよりも、事件周辺の人々の物語に強い関心を持つ。著書に『中国「野人」騒動記』（大修館書店あじあブックス）、『映画は中国を目指す――中国映像ビジネス最前線』（洋泉社）、共著に『中国文化　55のキーワード』（ミネルヴァ書房）などがある。

●原田実（はらだ・みのる）

１９６１年広島市生まれ。古代史・偽史研究家。と学会会員。著書『トンデモ偽史の世界』（楽工社）、『日本の神々をサブカル世界に大追跡』（ビイング・ネット・プレス）、『もののけの正体』（新潮新書）、『トンデモ日本史の真相』２巻（文芸社文庫）、『つくられる古代史』（新人物往来社）、『江戸しぐさの正体』（星海社新書）、『オカルト化する日本の教育』（ちくま新書）他。ホームページ「原田実の幻想研究室」（http://www8.ocn.ne.jp/ douji/index.htm）。

★廣田龍平（ひろた・りゅうへい）

１９８３年生まれ。現在、東洋大学非常勤講師。現代人類学・民俗学の立場から妖怪研究に「存在論的転回」を仕掛けようと目論んでいる。最近の論文に「怪奇的自然は妖怪を滲出する」『ユリイカ』（２０１８年２月号）、訳書にM・D・フォスター『日本妖怪考』（森話社）。

●藤野七穂（ふじの・なほ）

１９６２年生まれ。偽史ウォッチャー。J・チャーチワード愛好家。『上津文』『竹内文献』『宮下文献』をはじめとする「偽史」の流布・受容論をフィールドとする。共著に『歴史を変えた偽書』（ジャパンミックス）、『検証 陰謀論はどこまで真実か』（文芸社）、『謎解き古代文明』（彩図社）。論稿に「現伝〝和田家文書〟の史料的価値について」「『偽書』銘々伝」「『古史古伝』未解決の謎」など。現在、連載稿『偽史源流行』の単行本化のため本気で筆入れ中。

●本城達也（ほんじょう・たつや）

１９７９年生まれ。ウェブサイト「超常現象の謎解き」の運営者。２００５年より超常現象の各ジャンルの個別事例を取り上げ、その謎解きを行っていくサイトを運営。２００７年からはASIOSの発起人としてその代表も務める。好きなUMAはツチノコとモンゴリアン・デスワーム。

●皆神龍太郎（みなかみ・りゅうたろう）

１９５８年生まれ。疑似科学ウォッチャー。超常現象やニセ科学と呼ばれるものの事実について、調査、発表するのが趣味。近著に『ipadでつくる「究極の電子書斎」蔵書はすべてデジタル化しなさい！』（講談社プラスアルファ新書）。『検証 陰謀論はどこまで真実か』（文芸社）、『トンデモ超能力入門』（楽工社）、『謎解き超常現象』シリーズ（彩図社）など著書、共著多数。

●山本弘（やまもと・ひろし）

１９５６年生まれ。SF作家。主な作品に『神は沈黙せず』『アイの物語』『詩羽のいる街』（以上、角川書店）、『MM９』（東京創元社）、『地球移動作戦』（早川書房）、『去年はいい年になるだろう』（PHP）など。他にも子供向けのスケプティック本『超能力番組を10倍楽しむ本』、『ニセ科学を10倍楽しむ本』（以上、楽工社）を出している。

ホームページ「山本弘のSF秘密基地」（http://homepage3.nifty.com/hirorin/）

●横山雅司（よこやま・まさし）

イラストレーター、ライター、漫画原作者。ASIOSではUMA担当。最近３DCGを使用した表現を追及中。３DCG漫画「クリア」をPixiv、ニコニコ静画等で発表している。著書に『極限世界のいきものたち』、『憧れの「野生動物」飼育読本』『激突！世界の名戦車ファイル』『本当にあった！特殊兵器大図鑑』『本当にあった！特殊乗り物大図鑑』（いずれも彩図社）などがある。

著者紹介
ASIOS（アシオス）
2007年に日本で設立された超常現象などを懐疑的に調査していく団体。名称は「Association for Skeptical Investigation of Supernatural」（超常現象の懐疑的調査のための会）の略。海外の団体とも交流を持ち、英語圏への情報発信も行う。メンバーは超常現象の話題が好きで、事実や真相に強い興味があり、手間をかけた懐疑的な調査を行える少数の人材によって構成されている。
公式サイトのアドレスは、http://www.asios.org/

UMA事件クロニクル

平成30年8月8日　第1刷
平成30年8月9日　第2刷

著　者　　ASIOS

発行人　　山田有司

発行所　　株式会社　彩図社
東京都豊島区南大塚3-24-4
MTビル　〒170-0005
TEL：03-5985-8213　FAX：03-5985-8224

印刷所　　シナノ印刷株式会社

URL http://www.saiz.co.jp Twitter https://twitter.com/saiz_sha

ISBN978-4-8013-0311-9 C0076